iPad® 达人的50个酷炫项目

[美] Guy Hart-Davis 著
许家乐 译

人民邮电出版社
北京

图书在版编目（CIP）数据

iPad达人的50个酷炫项目 /（美）戴维斯（Davis,G.H.）著；许家乐译. -- 北京：人民邮电出版社，2014.3
ISBN 978-7-115-34345-1

Ⅰ. ①i… Ⅱ. ①戴… ②许… Ⅲ. ①便携式计算机－基本知识 Ⅳ. ①TP368.32

中国版本图书馆CIP数据核字(2014)第002912号

内 容 提 要

本书是《iPhone 达人的 50 个酷炫项目》的姊妹篇，深入解析 iPad 的各种有趣的功能。本书将告诉你 iPad 不仅能用来听音乐、拍照、上网、玩游戏，同时还有更多更强大的功能。例如，可以把它变成你的家庭录音室、汽车音响、专业水准的摄像头，把你的计算机改造成商务计算机，本书还将告诉你在外部环境不利的情况下如何保护你的 iPad，以及如何使用 Wi-Fi 以及许多远程功能等。本书将一步一步指导你如何成为 iPad 技术达人。本书是广大“果粉”专业升级宝典。

◆ 著　[美]Guy Hart-Davis
译　许家乐
责任编辑　紫　镜
执行编辑　魏勇俊
责任印制　彭志环　杨林杰

◆ 人民邮电出版社出版发行　北京市丰台区成寿寺路 11 号
邮编　100164　电子邮件　315@ptpress.com.cn
网址　http://www.ptpress.com.cn
北京天宇星印刷厂印刷

◆ 开本：800×1000　1/16
印张：20
字数：356 千字　2014 年 3 月第 1 版
印数：1- 2 500 册　2014 年 3 月北京第 1 次印刷

著作权合同登记号　图字：01-2013-0778 号

定价：69.00 元

读者服务热线：(010)81055311　印装质量热线：(010)81055316
反盗版热线：(010)81055315
广告经营许可证：京崇工商广字第 0021 号

本书特别献给 Teddy

作者简介

Guy Hart–Davis 是超过 80 本关于计算机书籍的作者，其中包括《iPhone Geekery》、《Kindle Fire Geekery》、《How to Do Everything：iPhone 4S》、《How to Do Everything：ipod touch》、《How to Do Everything：ipod & itunes（第 6 版）》、《The Healthy PC（第 2 版）》、《PC QuickSteps（第 2 版）》、《How to Do Everything with Microsoft Office Word 2007》以及《How to Do Everything with Microsoft OfficeExcel 2007》。

版权声明

Guy Hart-Davis

iPad Geekery: 50 Insanely Cool Hacks and Mods for Your Apple Tablet

978-0071807555

致谢

我要特别感谢以下这些人对本书的帮助：

- 感谢 Roger Stewart 对于本书的建议和提高
- 感谢 Ryan Willard 处理本书的收购事宜
- 感谢 Bill McManus 使用 light touch 多点触摸投影仪对本书手稿进行编辑
- 感谢 Janet Walden 协助本书出版
- 感谢 Anupriya Tyagi 协助本书出版
- 感谢 Cenveo 出版商提供的版面编排服务
- 感谢 Claire Splan 创建索引

介绍

你想让你的 iPad 发挥极限的功能——甚至超越极限吗？

如果你的答案是肯定的话，这本书将非常适合你。

这本书将告诉你如何通过最大限度使用苹果公司推荐你使用的特性来获得 iPad 最大限度的功能——然后用苹果公司并没赋予它的能力来扩展你的 iPad。

这本书都包括什么？

下面是这本书包括的内容

- 章节 1，“音乐和音频技术达人”，本章将揭开本书序幕，向你展示如何从多台计算机上同步向 iPad 传送音乐或者其他内容，而不是只能在一台计算机上操作。然后，你可以学习如何使用你的 iPad 作为家庭音响或者车载音响，如何从你的歌曲里面创建免费的自定义铃声以及如何顺利地在所有设备上共享你的音乐。向你展示如何在 iPad 上录制高品质音频，如何用 iPad 弹吉他，以及如何在 iPad 上录制乐队现场演奏，甚至会告诉你该如何修复唱歌走音的问题（如果你的声音不像我唱歌一样糟糕的话），并且可以使用 iPad 来代替现场乐队。
- 章节 2，“照片和视频技术达人”将告诉你如何将视频和 DVD 放置在 iPad 上以便于在任何地方观看，无论是在 iPad 的屏幕上，还是在你所能连接到的电视上。然后我们将深入挖掘照相技术：使用照片流轻松地分享你的照片，以及拍摄有延时的电影。在这之后，我们将把 iPad 安装在一个用来维持稳定以进行专业等级拍摄的三脚架上，然后建立一个斯坦尼康稳定器，当在移动中进行拍摄的时候用它来固定 iPad。最后，我们来看一看如何在 iPad 上从任何地方查看计算机上的网络摄像头，以及如何将 iPad 变成一个结实的网络摄像头。

带有这种图标的注意段落会提供额外的信息。例如，章节 2 也会展示给你如何将 iPad 转换成计算机的一个额外显示器以及如何将它变成一个车内娱乐系统。

- 章节 3，“将 iPad 作为主要计算机”将向你展示如何利用 iPad 的强大的计算能力和如何实际使用 iPad 作为主要计算机。首先，你要连接一个蓝牙键盘或者其他的硬件键盘，这样的话你才能以最快速度敲入文本。然后，你要学习一些有关快速输入文本以及准确地使用屏幕上键盘的专业技巧。然后我们将通过在 iPad 上面创建服务商的办公文档——Word、Excel、PowerPoint 和 PDF 文件等来使 iPad 不只是作为便携式驱动器而是可以作为家庭网络或者工作组的文件服务器。在本章结束的时候，我们将使你成为邮件应用的高手，并且使你能直接使用 iPad 进行演讲。
- 章节 4，“安全性和故障排除技术达人”将教给你如何通过防止盗窃和非法入侵来保护 iPad，在你将它弄丢以后如何进行跟踪查找，以及在你不能恢复 iPad 上的数据时擦除数据。你还将学习到如何在不安全的网络环境下安全地使用 iPad，如何解决软件问题和硬件问题，以及如何在 iPad 出现软件问题或者你想把它卖掉的时候将它恢复成出厂设置的方法。

高级技术达人

为什么这本书比其他的 iPad 书籍更好?

和其他有关 iPad 的书籍不一样的是，这本书假设你已经知道如何使用 iPad 了——如何导航用户界面、浏览网页、安装应用等。这是你在有关 iPad 的普通书籍中可以学到的东西。

本书假设你已经是一个中级或高级的 iPad 用户——同时你也想在这方面获得更高级

的知识。所以这本书基于此点，整本书为你介绍最有价值也是你最希望获得的知识，而不是在你已经知道的基本功能上浪费时间，最后再以几页简单的高级应用结束。

带有这个图标的技巧段落可以提供小窍门、技巧、提示以及变通方法。例如，如果你需要让 iPad 可以被你的孩子安全地使用，请不要错过第 4 章。

- 章节 5，“蜂窝数据、无线网络和远程技术达人”首先向你展示如何从它的运营商上解锁 iPad，这样的话，你就可以将它连接到任何一个不同的运营商的网络上。然后你将学习到如何通过计算机或者其他设备分享 iPad 的网络连接，如何从 iPad 上操纵 PC 或者 Mac，以及如何在互联网上通过使用一个虚拟的私人网络将 iPad 连接到你的公司的网络上。

带有这个图标的警告段落会对于陷阱进行警示，并且告诉你如何来避免它们。

- 章节 6，“其他先进技术”首先将向你展示如何安全地为 iPad 进行备份，然后将告诉你如何对 iPad 进行“越狱”，将它从苹果公司在其上面设置的限制中解锁出来。然后，你将学到如何寻找并安装苹果公司没有提供的第三方应用，如何通过 SSH 连接到 iPad 上的文件系统，并且向它传输文件，如何在 iPad 上使用一个应用程序管理文件系统。你也可以找到如何从计算机上使用 VNC 连接到 iPad 上的方法，它可以是有趣的、有用的或者两者兼而有之。然后，你可以学习如何应用主题来改变你的 iPad 的用户界面，使用仅在无线网络连接下运行的应用程序在 3G 网络连接下运行，以及在模拟环境下享用家用机和街机游戏。最后——仅仅在你想要的情况下——我们将把 iPad“反越狱”回原来的苹果系统。

本书中使用的约定

为了在不使用更多不必要的词语的情况下来使文章意思表达得更加明确，本书将使用一系列的约定，其中一些值得在此说明一下，这些约定如下所示。

- 注意、提示和警示段落会突出显示信息来引起你的注意。

- 高级技术达人侧边栏会在重要话题上提供深层次关注。
- 管道字符或者竖线表示在 PC 或者 Mac 上从一个菜单中选择一个项目。例如，“选择文件 | 打开”意味着你应该单击文件菜单并且在它上面选择打开项目。使用你喜欢的键盘、鼠标，或者两者同时使用。
- 符号在 Mac 上代表命令键——在绝大多数 Mac 的键盘上，这个键代表着苹果符号和全方位标志。
- 大多数的复选框有两个状态：被选中的（在它们上面会有一个复选标记）和未被选中的（在它们上面没有复选标记）。本书将告诉你选择一个复选框或者清除一个复选框，而不是“单击在框中设置一个复选标记”或者“单击从一个框中移除复选标记”。通常情况下，你将需要分辨复选框的状态，因为它可能已经拥有了所需要的设置——在这种情况下，你就不需要再去点击它了。

CONTENT

目 录

第 1 章
音乐和音频技术达人

无论你将它带到任何地方，iPad 在播放音乐方面都拥有着强大的功能，不管你是使用它内置的话筒、自带的耳机还是另外一副耳机，或者是一个扬声器系统。我确定你知道如何在 iPad 上播放音乐，所以我们在本书中将不会包含这部分内容。但是想准确地将你想要的音乐传到 iPad 上，你将很可能需要把 iPad 连接到除你的主计算机之外的其他计算机上。所以，我们将从如何从多台计算机上同步音乐以及其他内容来开始这一章。

紧接着，我们来了解一下如何才能将 iPad 作为你的家庭音响或者车载音响来使用。然后，我们会探索一下如何创建属于你自己的免费个性化铃声，以及如何通过使用苹果的家庭共享功能和 iCloud 服务在 iPad、计算机还有其他 iOS 设备之间共享音乐。

接下来直到本章结束，我们将会检验一下你如何才能将 iPad 变成一个录音室，这样你就可以录制高质量音频了。我们还会看一看如何通过 iPad 演奏吉他，如何使用 iPad 录制乐队现场演奏，以及如何能够修正你唱歌走调的问题。最后，你将学习如何使用 iPad 来代替乐队为你伴奏。

项目 1：从多台计算机上为 iPad 下载内容

正如你所知道的，你可以通过以下两种方式中的任何一种来同步 iPad：使用苹果的 iCloud 在线服务，或者使用计算机。

云计算是未来的发展潮流，并且 iCloud 是在 iPad、计算机和其他你所拥有的 iOS 设备（例如，iPhone 或者 iPod touch）之间保存已经同步的音乐和其他内容的很好的方式。实际上，你甚至都不需要一台计算机——你完全可以使用 iPad 或者其他 iOS 设备完成所有的计算机工作。

但是如果你有大量的音乐和视频要同步，或者你的网络连接很慢甚至不能用的话，通过计算机同步数据对你来说可能会更好一些。苹果公司已经为你想到了解决的办法——你可以下载最新版本的 iTunes，在 PC 或者 Mac 上安装它，这样，你就可以在几分钟时间内让 iPad 完成同步。

但是如果你想要通过多台计算机而不是一台计算机将内容下载到 iPad 上的时候该怎么办呢？

苹果公司在设计 iPad 和 iTunes 的时候假设你将会从一台计算机上同步你所有的信息。很多人，也可能是大多数人都会这样做。但是鉴于你已经阅读了这本书，你就很可能会成为那些想从多台计算机上下载内容的特殊人群中的一员。

本节将会告诉你如何才能实现这个功能。我们将从局限性开始讲起。

了解什么是能同步的，什么是不能同步的

下面这些内容是你使用多台计算机同步 iPad 时所需要知道的注意事项：

- iPad 每次只能从一个 iTunes 资料库里同步资料。所以，如果使用 iPad 同步了台式机上面 iTunes 资料库中的内容的话，就不能使用笔记本电脑上面的 iTunes 资料库中来进行同步，除非从你的 iPad 上将台式机的资料库擦除。你可以从不止一个资料库里面加载音乐以及其他项目，但是只能使用一个资料库来进行同步。
- iTunes 资料库包含有音乐、电影、电视剧、铃声、广播以及电子书等。如果你想要从另外一台计算机的 iTunes 资料库中而不是从你的 iPad 默认计算机上面的资料库同步这些项目中的任何内容时，你必须删除 iPad 上面已经存在的默认资料库。
- 苹果的应用程序是独立于 iTunes 资料库的，但是你只能将一台计算机上面的应用程序同步到一台 iPad 上。这台计算机可以是另外的一台，而不必是那台你要从上面的 iTunes 资料库同步音乐、电影以及其他资料的计算机。使用另外一台计算机同步应用程序将会删除 iPad 上面现有的所有应用程序（不包括那些内置的应用程序——你需要一个虚拟转换器来转换这些程序）。
- 照片也是和你用来同步音乐的 iTunes 资料库相互独立的，但是你只能使用你的 iPad 从一台计算机上面同步照片。使用另外一台计算机同步照片将会删除你的 iPad 上面已经存在的照片（但不包括那些在你手机上“相机胶卷”相簿中的照片和视频）。

“相机胶卷”相簿包含你使用 iPad 的摄像头拍摄的照片外加任何你已经从网页或者电子邮件信息中保存的图片。

- 那些在 iPad 控制窗口上的“信息”选项卡上出现的项目，比如联系人信息、日历

信息、邮件账户、书签和笔记等也是和音乐分开来处理的。当你开始使用另外一个资料库来为 iPad 同步信息项目的时候，你可以进行两种选择：一种是将新的信息和已有的信息合并，另外一种就是你只需要简单地替换现有的信息。

- 你可以告诉 iTunes，你想要手动管理你的 iPad 上面的音乐和视频。如果你告诉 iTunes 要进行此项操作的话，你可以将 iPad 连接到另外一台计算机，而不是连接到它默认的计算机上，然后从这台计算机上将音乐和视频加载到你的手机上。但是，如果你将默认计算机的资料库调整回自动同步的话，你将失去从其他计算机上同步的所有音乐和视频资料。
- 因为版权的原因，iTunes 将限制你将 iPad 上的音乐和视频文件复制到一台计算机上。例如，你不能将你的 iPad 连接到你朋友的计算机上，然后将你的 iPad 上所有的音乐复制到他的计算机上。请参见本章节结束地方的侧边栏，里面将会告诉你如何绕过这些限制来进行操作——例如，在你的计算机崩溃以后，如何恢复你的 iTunes 资料库。

设置 iPad，使它能从多台计算机上同步数据

现在，你已经知道了有关于同步问题的限制，让我们来看一看如何设置你的 iPad，使它能从多台计算机上同步数据，而不是只有一台。

当你设置 iPad，使它能从另外一台计算机上同步音乐和照片的时候，同步初始化可能会需要几个小时，这个时间将由包含的数据量来决定。相比之下，同步信息（联系人、日历等）通常只会花费几秒钟的时间，同步应用程序可能需要花费几分钟的时间，同步应用程序的时间主要是由一共有多少程序和这些应用程序的开发人员为它们赋予了多少信息量来决定的。所以不要在你急需带着 iPad 去某地的几分钟之前开始同步音乐或者照片。

使用现有的计算机同步 iPad 上面的所有数据

在你想要做出改变之前，先将 iPad 连接到它现在默认的计算机上，然后运行一次同步。这将确保你对 iPad 上最新的信息有了一个备份，一旦在你以后需要它的时候，这将会很有帮助。

改变 iPad 进行音乐同步时候使用的 iTunes 资料库

想要改变 iPad 进行音乐同步时候使用的资料库，按照如下步骤进行操作。

1. 将 iPad 连接到计算机上，这台计算机包含了你想要同步的音乐。

2. 在 iTunes 窗口的“源”列表中的“设备”选项上，点击进入 iPad，从而显示控制器窗口。

3. 点击“音乐”标签来显示“音乐”窗口。

4. 选择“同步音乐”复选框。

5. 使用这些控件来分辨哪些音乐是你想要同步的（见图 1–1）。例如，要么选择“整个音乐资料库”选项按钮来同步整个资料库的音乐（假设你的 iPad 有足够的空间可以放下这些音乐），或者选择“选定的播放列表、表演者、专辑和风格选项”按钮，然后为每一个你想要包含的项目选中对应的复选框。

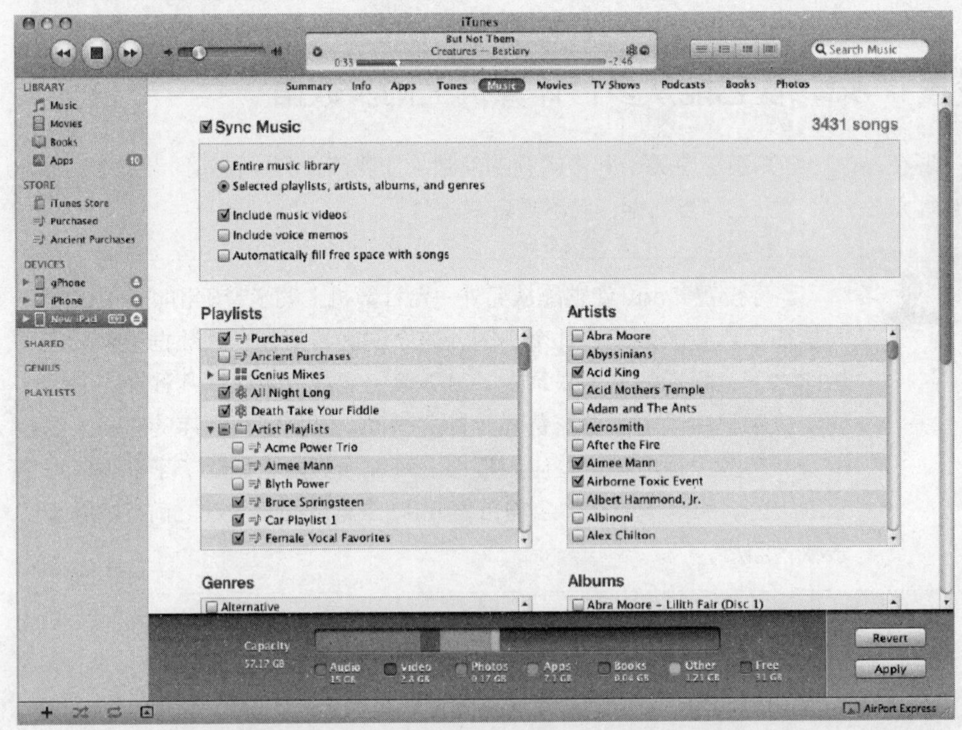

图 1-1　在“音乐”窗口，你可以选择是要同步资料库里面所有的音乐，还是只是选择你已选中复选框的播放列表、表演者、专辑和风格等选项

在这一点上，你也可以为其他项目选择同步设置，这些项目在音乐资料库变化的时候会受到影响，这些项目包括铃声、电影、电视节目、广播和书籍。

6. 点击“应用”按钮，这个按钮在你做出改变的时候会代替“同步”按钮，iTunes 会显示一个对话框（见下图），询问你是否想要抹掉数据并且同步资料库。

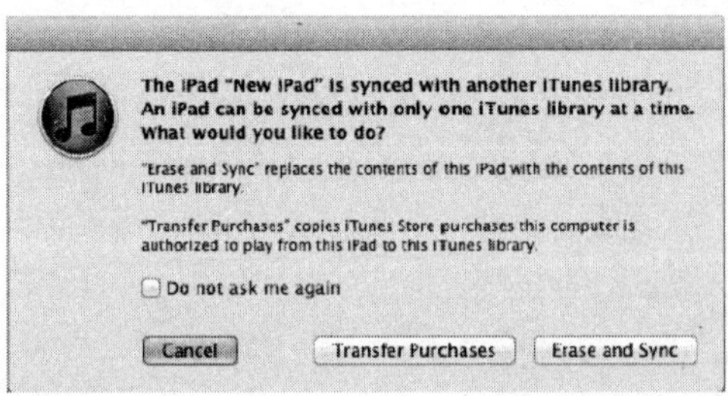

如果对话框包含了“传输已购买项目”按钮的话，你将通常会想要点击这个按钮，从你的已经被这台计算机授权运行的 iPad 上面将所有你已经购买的项目传输到 iTunes 中。

7. 点击“抹掉并同步”按钮。iTunes 将抹掉你的 iPad 上已经存在的资料库项目，并用新的资料库里面你选择的项目代替它们。

改变 iPad 想要用来同步信息的计算机

想要改变 iPad 用来同步联系人、日历、邮件账户以及其他信息时候所使用的计算机的话，请按照如下步骤操作：

1. 将 iPad 连接到包含你想要同步的信息的计算机上。

2. 在 iTunes 窗口的“源”列表中的“设备”选项上，点击进入你的 iPad，从而显示控制器窗口。

3. 点击“信息”选项卡，以便显示“信息”窗口（见图 1-2）。

4. 选择相应的复选框。例如，在一台 Mac 上面，选择“同步地址簿中联系人”的复选框，或者选择“同步个人日历应用程序”的复选框，或者选择“同步邮件账户”的复选框，或者选择“同步 Safari 浏览器书签”的复选框，并且按照是否需要在其他框中选择“同步备注”的复选框。

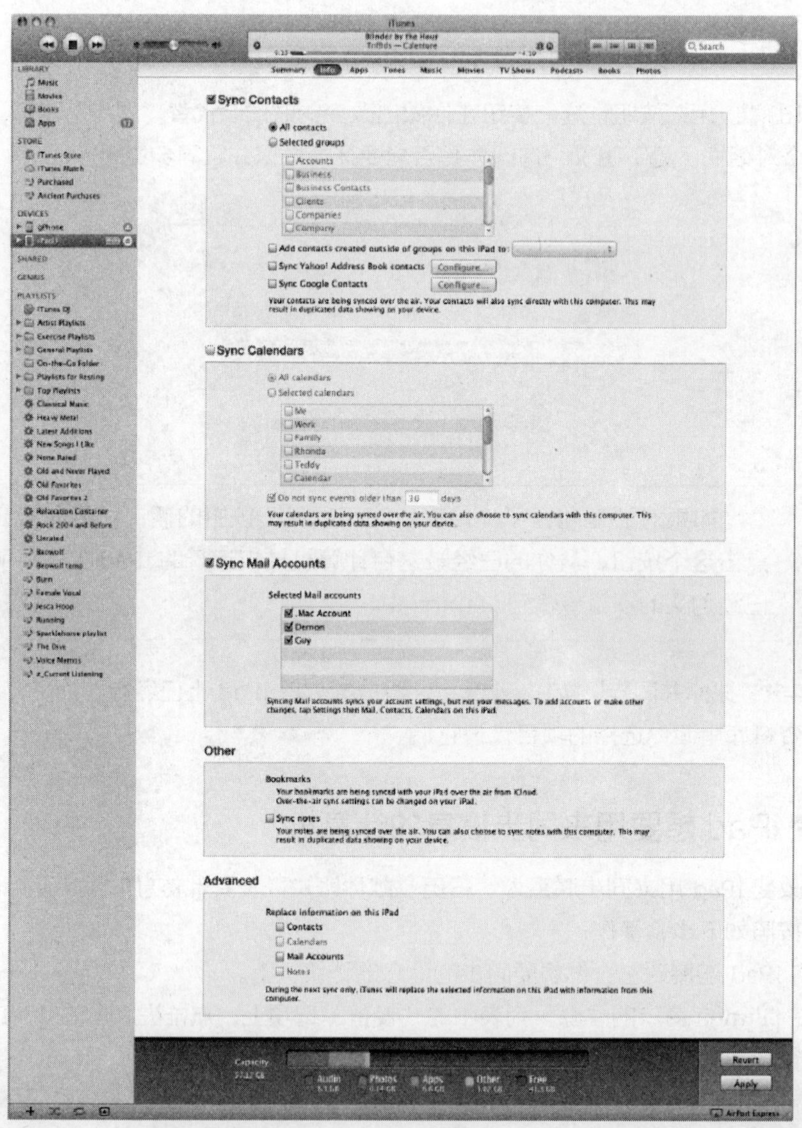

图 1-2 在信息窗口，选择你要从计算机同步到 iPad 上面的项目，这些项目包括通讯录、日历、邮件账户、书签和备忘录等

5. 使用每个复选框中的控制键来分辨哪些是你想要同步的项目。例如，在“所选邮件账户”列表框中，选择要同步的每一个邮件账户的复选框。

6. 单击“应用”按钮，这个按钮在你想要做出改变的时候会代替“同步”按钮，iTunes 会显示一个对话框（见下图），在这个对话框上你有两种选择：一种是在你的 iPad 上面替换原有的信息，另外一种就是取消本次操作。

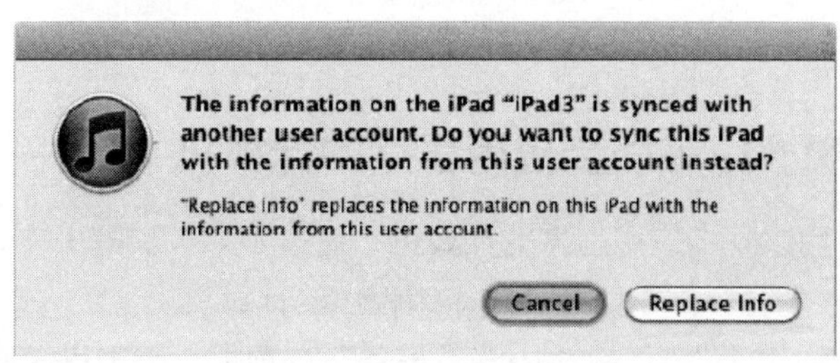

根据你想要同步的是什么信息，iTunes 可能会提供给你一种选择：那就是将新信息与已经存在的信息进行合并。如果是这样的话，在对话框中点击“合并信息”按钮，而不是点击“替换信息”按钮。

7. 如果你想要替换信息的话，那就点击“替换信息”按钮。

高级技术达人

避免重复同步你的通讯录和日历

如果你正在使用 iCloud 服务来同步你的通讯录和日历的话，确保你没有同时使用 iTunes 同步它们。像这样同步两次的话很可能会产生重复的通讯录和提醒事件，而且你会发现移除它们是一件很头疼的事情。

如果你已经设置了 iCloud 同步你的通讯录和日历的话，当你在 iTunes 中的信息窗口上选择“同步联系人”复选框或者“同步日历”复选框的时候，iTunes 会显示一个如下所示的提醒框。点击“OK”按钮来忽略这个对话框，然后按照需要清除“同步联系人”复选框或者“同步日历”复选框。

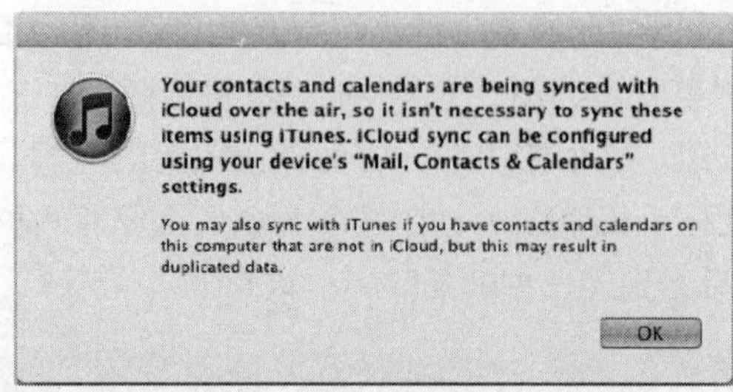

变换 iPad 想要用来同步应用程序的计算机

想要变换 iPad 用来同步应用程序的计算机，请按照如下步骤操作。

1. 将 iPad 连接到包含你想要同步的应用程序的计算机上。

2. 在 iTunes 窗口的“源”列表中的“设备”选项上，点击进入你的 iPad，从而显示控制器窗口。

3. 点击“应用程序”选项卡，以此来显示“应用程序”窗口（见图 1–3）。

图 1-3　在应用程序窗口中，选择你想要同步到 iPad 上的应用程序

4. 选择“同步应用程序”复选框。

5. 在列表框中，取消每一个你不想要同步的应用程序的复选框。所有这些复选框都是默认被选中的。

6. 如果你想让 iTunes 自动将新的应用程序同步到 iPad 上，选择“自动同步新的应用程序”复选框（这通常是很有帮助的）。

7. 点击“应用”按钮。iTunes 会显示一个对话框（见下图），以确认你是否想要用这台计算机的 iTunes 资料库中的应用程序替换掉你的 iPad 上面原有的应用程序。

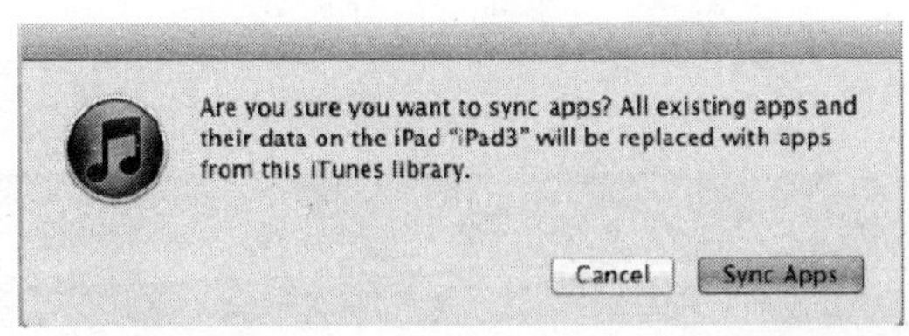

8. 点击“同步应用程序”按钮。iTunes 就会将应用程序同步到你的 iPad 上。

变换 iPad 想要用来同步照片的计算机

想要变换 iPad 用来同步照片的计算机，请按照如下步骤操作。

1. 将 iPad 连接到包含你想要同步照片的计算机上。

2. 在 iTunes 窗口的“源”列表中的“设备”选项上，点击进入你的 iPad，从而显示控制器窗口。

3. 点击“照片”选项卡，以此来显示“照片”窗口（见图 1-4）。

4. 选择“同步照片”复选框。

5. 在“同步照片”下拉列表中，选择照片源。例如，在 Windows 操作系统下选择“图片”文件夹，而在 Mac OS X 操作系统下选择 iPhoto 文件夹。

6. 使用控制键来分辨哪些照片是要同步的。例如，如果你想要同步所有的照片的话，你可以选择“所有的照片、相册、事件和人脸”选项按钮（假设它们都适合在你的 iPad 上显示）。或者选择“选定的相册、事件、人脸和自动包含”按钮，在下拉菜单中选择合适的项目，然后选择你想要同步的每一个相册、事件和人脸的复选框。

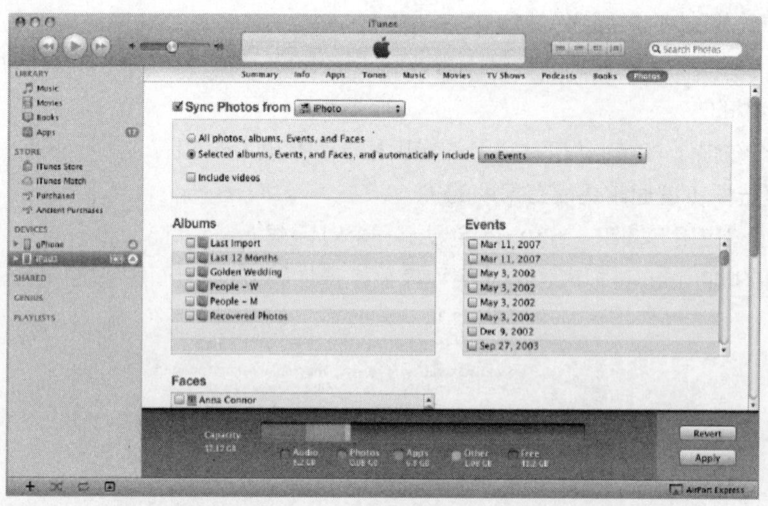

图 1-4　在照片窗口上，选择你想要同步到 iPad 上的照片

7. 点击“应用”按钮。iTunes 会显示一个对话框（见下图），以确认你是否想要替换已经同步到你的 iPad 上的照片。

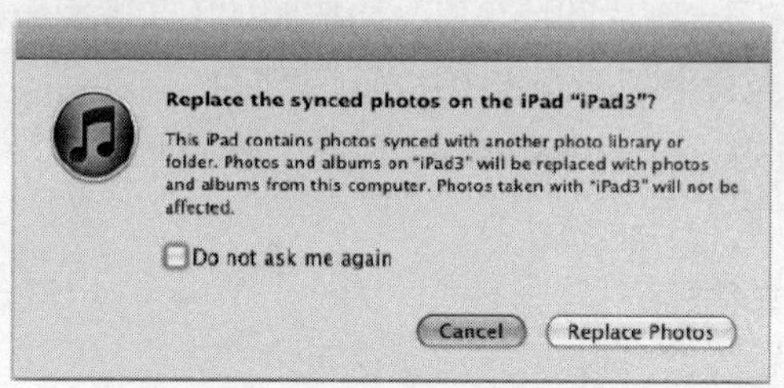

8. 点击“替换照片”按钮。iTunes 会自动替换照片。

> 如果你正在使用一台 Mac 的话，你可以使用 iPhoto 或者“图像捕捉”软件从你的 iPad 上面将照片复制到你的 Mac 上。当你想要将照片按照事件进行收集整理，并且在 iPhoto 中编辑和管理它们的时候，你可以使用 iPhoto。当你只是想要从你的 iPad 中获取照片（或者是窗口截屏，或者是保存的图像），并将它们存放到你的 Mac 的文件系统中的时候，你可以使用“图像捕捉”软件。

高级技术达人

从 iPad 上恢复音乐和视频

当你使用计算机同步 iPad 的时候，iPad 上所有的音乐和视频也会被存放到计算机上的资料库中，这样你就不需要从 iPad 上将音乐和视频传输到计算机上了。这些项目包括在 iPad 上面从 iTunes 商店中购买的音乐和视频。但是，如果你的计算机出现了问题，或者你的计算机被偷走了的话，你可能需要从 iPad 上将音乐和视频传输到新的或者已经修好的计算机上来恢复资料库。

想要从 iPad 上恢复音乐和视频的话，你需要一个工具，这个工具可以读取 iPad 的文件系统。为了帮助你避免失去音乐和视频，iPad 爱好者已经开发出一些功能强大的工具，这些工具可以用来帮助你从 iPad 上的隐藏音乐和视频存储中将文件传输到一台计算机上。

在撰写本文的时候，已经有几个工具可以用来将 iPad 上面的音乐和视频复制到计算机上。DigiDNA 公司的 DiskAid（24.90 美元；www.digidna.net；有试用版可用）对于 Windows 系统和 Mac OS 系统来说都是目前最好的工具。DiskAid（见下图）可以读取 iPad 的资料库的数据库，并且可以显示其中的内容，让你可以轻松地将它们复制回计算机上。

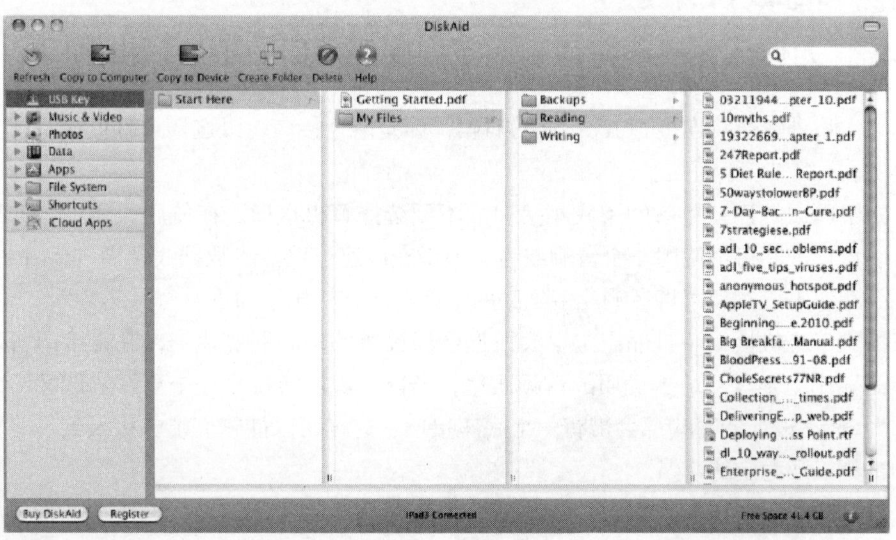

项目 2：让 iPad 成为家庭立体声音响

iPad 很适合在移动中播放音乐，但是你也可以使用它作为你的家庭立体声音响。在这个项目中，我们将看到 4 种实现此项功能的最佳办法。

- 使用一个 iPad 音响底座。
- 使用一根数据线直接将 iPad 连接到立体声音响上。
- 通过蓝牙或者一个无线电发射器将 iPad 连接到立体声音响或者音响上。
- 在一台 Air Express 或者 Apple TV 上使用“飞乐”功能播放音乐。

使用一个 iPhone 音响底座

从 iPad 上获得优质音量的最简单方法就是将它连接到一对有源音响上（自带功率放大器的音响）。你可以为 iPad 购买一个专门设计的音响，这个音响使用底座接口来实现高品质的音质输出。但是你也可以使用任何有源音响通过一条微型插头连接器（适用于 iPad 耳机接口的尺寸）接收输入，这样 iPad 也能获得不错的音质。

高级技术达人

为什么你应该将音响连接到底座接口而不是耳机接口

当你将外置音响连接到 iPad 上的时候，你有两个接口可以选择：耳机接口或者是底座接口。

如果可以的话，尽量使用底座接口而不要选择耳机接口。在使用底座接口的时候，你可以直接或间接地使用一个音响或者一根带有底座连接器的数据线，通过将 iPad 连接到一个底座上，然后再将音响连接到底座上面的线路输出端口上。

相比于耳机接口（其输出电平会根据音量设置的不同而变化），底座接口可以提供稳定的输出电平以及更加优质的音频质量，所以，底座接口是一个更好的选择。大多数专门为 iPad 设计的音响都会带有一个底座接口，这样可以使它们能够接收到线路输出质量的音频以及稳定的音量。

当你需要将音响连接到耳机接口而不是底座接口的时候，首先将 iPad 的音量一直调到最低。耳机接口最高可以输出 60mW（每个声道 30mW）这个功率可以传输一个足够高的信号造成预期标准音量的输入设备失真或者损坏。在你连接好以后，开始播放音频并逐步调高 iPad 的音量，直到你觉得已经得到一个合适的输入为止。

将 iPad 连接到你现有的立体声音响上

如果你拥有一套非常好的立体声音响的话，你可以通过它来播放 iPad 上的音乐。在这一节中，我们将来看一看如何通过使用一根数据线、蓝牙以及无线电发射器来将 iPad 连接到音响上。

使用一条数据线将 iPad 连接到音响上

将 iPad 连接到立体声音响系统上最直接的方式就是使用一根数据线。对于一个典型的接收器来说，你将需要一根一端带有小型插头而另外一端带有两个 RCA 插头的数据线。图 1–5 显示了一个通过功放将 iPad 连接到立体声音响上的例子。

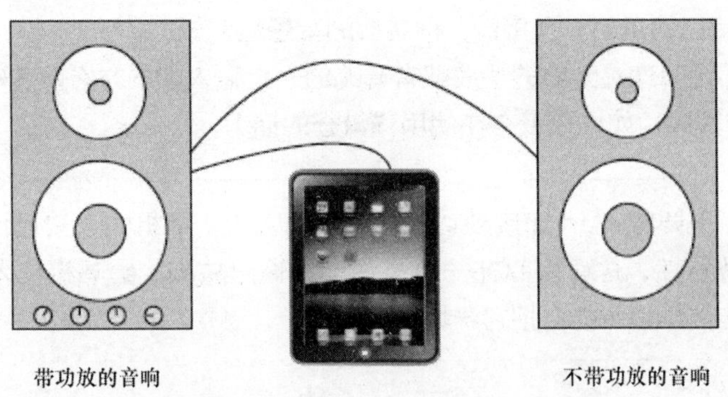

图 1-5　一根小型插头转 RCA 插头是将 iPad 连接到立体声音响上最直接的方式

一些接收器和扬声器使用一个单独的立体声小型接口，而不是两个 RCA 接口。想要将 iPad 连接到这样的设备上，你需要一根立体声的小型转小型数据线。确保这根数据线是立体声的，因为单声道放声小型转小型数据线是最常见的。一根立体声数据线在小型接口周围有两个橡胶环（如同大多数耳机一样），然而一根单声道放声数据线则只有一个。

如果你有一个高质量的接收器和音响的话，拿一根高质量的数据线来将它们连接到你的 iPad 上。与你已经花费在 iPad 和立体声音响上的费用相比，仅仅在数据线上节省一些小钱，反而降低它们之间的音频质量，明显是一个错误的决定。

你可以使用各种各样的家庭音频连接工具套装，这些套装包括很可能满足你需要的各种数据线。这些套装通常情况下都是很容易购买的，除非你的需要很特殊，最后总会有一根或几根数据线是你不需要的。所以，如果你真的知道哪些数据线是你所需要的，在购买之前要确保套装比买单独的一根数据线更实惠。

按照如下步骤将 iPad 连接到接收器上。

1. 将小型接口连接到 iPad 上的耳机接口中。如果你有一个底座的话，那么就将小型插头连接到底座上的线路输出端口上，因为这能比耳机接口提供更加连续的音量和更高质量的声音。

2. 如果你正在使用耳机接口的话，一直将 iPad 的音量调到最低。

3. 不管你使用的是哪一个接口，把功放的音量也调低。

4. 将 RCA 接口连接到你的功放或者音响的一个输入端的左右两边——例如，AUX 输入或者录音带输入（如果你没有在使用磁带仓的话）。

不要将 iPad 连接到功放的唱机输入上。唱机输入被设计或具有很高的敏感性，这可以弥补一台录音机的输出缺陷。给唱机输入一个足够强度的信号很可能会把它弄坏。

5. 开始播放音乐。如果你正在使用耳机接口的话，将声音调高一点。

6. 调高接收器上面的音量，这样你就可以听见音乐了。

7. 在两个控制器上协调地提高音量，直到你得到了一个满意的音量。

你的 iPad 如果输出音量太低的话，你的功放在提升信号的时候可能会产生噪声。如果输出音量太高的话，则有可能造起声音失真。

使用蓝牙连接 iPad 和立体声音响

使用一根数据线将 iPad 连接到立体声音响上可以给你提供非常棒的音质，但这意味着你的 iPad 是挂靠在一个固定的位置（除非你能像 20 世纪 70 年代的吉他手一样拥有一根足够你在房间里到处走的数据线）。如果你想在通过立体声音响播放音乐的同时将 iPad 拿在手里的话，试一试用蓝牙来代替数据线吧。

想要使用蓝牙连接你的 iPad 和立体声音响的话，你需要一个像 Belkin 蓝牙音乐接收器（49.95 美元；http://store.apple.com 或者其他零售商）一样的设备。这是一个蓝牙装置，它可以通过一根数据线连接到你的立体声音响上。然后你可以通过蓝牙将你的 iPad 连接到接收器上，并且通过电波来播放音乐。这样做的话，音质将会比使用数据线要差一点，但你不需要将 iPad 固定在一个地方从而更加方便地使用它。

使用无线电发射器连接你的 iPad 和立体声音响

如果你不想将 iPad 直接连接到立体声音响上，并且你也不想另外花钱来购买一个蓝牙接收器的话，你可以使用一个无线电发射器来将你的 iPad 上的音乐传输到立体声音响上的收音机中。

如果这样的话，你所获得的音频通常情况下会比使用有线连接获取的音质低一些，但是它至少会跟你使用立体声音响收听传统广播电台的音质一样好。如果这对于你来说就已经足够了的话，一个无线电发射器会成为在你使用 iPad 播放音乐的最简便的解决方案。

使用无线电发射器还有另外一个好处：你可以在同一时间在几个不同的无线电频道上播放音乐，这使你能在没有复杂而且昂贵的重新布线的情况下，在你的整个房间内尽情地享受音乐。

想要使用无线电发射器，你可以将它连接到你的 iPad 的耳机接口或者底座接口上，设置好要传输的频率，然后开始播放音乐。当你将你的电台调节到设置好的那个频率的时候，它就会像一个常规的广播电台一样接收广播了。

想要了解更多使用无线电发射器的细节，请参见下一个项目中“使用一台无线电发射器连接 iPad”这一章节。

使用 iPad 上的 AirPlay 功能

iPad 有一个叫做 AirPlay 的功能，这个功能使 iPad 能在连接有一台 AirPort Expres 无线接入点或者 Apple TV 的远程音响或者配置了苹果的 AirPlay 标准的音响上播放音乐。

如果你有一台 AirPlay Express（一个苹果公司设计制造的无线接入点）的话，你不仅可以使用它为你的家庭设置网络，而且可以通过立体声音响播放 iPad 或者计算机上面的音乐。同样地，如果你拥有一台 Apple TV 的话，你可以使用 AirPlay 功能通过连接到 Apple TV 的音响播放 iPad 上的音乐。

想要通过一台 AirPlay Express 播放音乐的话，首先像下面这样进行配置。

1. 通过一根数据线将 AirPort Express 连接到接收器上。AirPort Express 上面的线路输出端口结合了一个模拟接口和一个光纤输出，所以你可以通过下面 2 种方式中的一种来将 AirPort Express 连接到接收器上。

- 将一根光纤数据线连接大屏 AirPort Express 上的线路输出端口上，再将一条光纤数字音频输入端口连接到接收器上。如果接收器自带一个光纤输入接口的话，尽可能地使用这个接口来获取最佳的音频质量。
- 将一根模拟音频数据线连接到 AirPort Express 上的线路输出端口上，再将 RCA 接口连接到你的接收器上。

2. 如果你的网络有一个有线接入口，使用一根以太网数据线将 AirPort Express 上的以太网端口连接到 HUB 或者交换机上。如果你有一个可以通过 AirPort Express 共享的数字用户线路（DSL）的话，使用以太网数据线连接到 DSL 上。

3. 将 AirPort Express 插进电源插座。

想要通过一台 Apple TV 播放音乐的话，像这样进行设置。

1. 将 Apple TV 连接到接收器、音响或者电视上。对于一个接收器或者音响，使用一根光纤音频数据线，而电视的话，使用一根 HDMI 数据线或者一根光纤音频数据线。

2. 如果你的网络有一个有线接入口，使用一根以太网数据线将 Apple TV 上的以太网接口连接到 HUB 或者交换机上。

3. 连接好 Apple TV 的电源供应并且打开 Apple TV。

现在你可以通过点击"AirPlay"图标来播放 iPad 上面的音乐了，这个图标是以一个中空的矩形上面叠加一个坚固的三角形来表示的，如图 1-6 中窗口右上角所示。在打开的"AirPlay"对话框中，点击"AirPort Express"按钮。

当你需要切换回 iPad 的扬声器时，再点击一次"AirPlay"图标，然后点击"iPad"按钮。

你也可以通过 AirPort Express 或者 Apple TV 播放 iTunes 中的音乐。点击 iTunes 窗口靠近右下角的"AirPlay"图标来显示你可以使用的音响的下拉菜单。然后在菜单中点击 AirPort Express 项目或者 Apple TV 来指导 iTunes 将输入传送到合适的设备上。你也可以在弹出菜单中点击多个音响项目，然后使用多个音响对话框直接将输出同时传送到多个输出设备，并且为每一个设备调整相对音量。

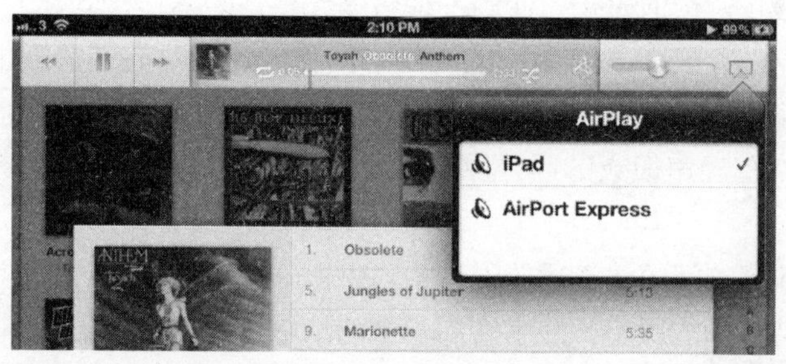

图 1-6　点击"AirPlay"图标（在窗口右上角那个三角形和矩形的图标）来显示"AirPlay"对话框，然后点击"AirPort Express"按钮

项目 3：让 iPad 成为车载音响

如果你无论走到哪里都随身带着你的 iPad 的话，你将很可能想要使用它在汽车里播放音乐。如今，大多数新型的汽车都拥有各种类型的能够用来连接一台 iPod 或者 iPhone 的内置连接器，但是大多数汽车里却没有为 iPad 设计一个固定的放置位置——所以，你

可能需要使用一种不同的方式来进行连接。

除了使用内置连接以外，你有三种主要的选择。

- 使用一个盒式磁带适配器将 iPad 连接到你的汽车上的磁带播放器上。
- 使用一台无线电发射器，通过汽车上的收音机来播放 iPad 上面的音乐。
- 直接使用数据线将 iPad 连接到汽车音响上，并用它作为一个辅助输入设备。

这些方法中的任意一种都有它的优点和缺点。接下来的章节将会告诉你如何为你的汽车立体声音响做出最好的选择。

使用一个磁带适配器连接 iPad

如果你的汽车音响有一个磁带播放器的话，你最简单的选择就是使用一个磁带适配器通过盒式录音机来播放 iPad 上面的音乐。你可以在大多数的电子产品商店或者一个 iPad 用品专卖店里面以 10~20 美元的价格购买一个这样的适配器。

适配器被做成一个磁带的样子，并通过使用一个回放头来输入模拟音频，这个回放头在划过的时候会正常读取磁带。使用一根数据线将适配器连接到你的 iPad 上。

磁带适配器是一个简单并且廉价的解决方案，但它远非完美。最主要的原因就是，音频的质量往往会很差，因为使用这种方法将音频传输到磁带录音机上并不是最佳的。但是，如果你的汽车噪声很大的话，你可能会发现，道路上的噪声会掩盖大部分音频质量方面的缺陷。

如果磁带播放器的回放头在播放磁带的时候被弄脏了的话，音频质量将会变得更差。为了尽可能地保持音频的质量，经常使用一个清洁磁带清理一下磁带回放头。

如果你在一种极端炎热或者寒冷的环境中使用一台磁带适配器的话，尽量确保在使用过程中，它不会被烤焦或者被冻住。

使用一台无线电发射器连接 iPad

如果汽车音响没有磁带录音机的话，播放你的 iPad 上面音乐最简单的选择可能就是购买一台无线电发射器了。这个设备插入 iPad 以后，会在 FM 频率上广播一个信号，然后你可以将电台调节到这个频率，就可以开始播放音乐了。更好一点的无线电发射器会提供不同频率的选择，这会让你更加轻松地收听 iPad 上面的音乐以及你喜欢的广播电台。

无线电发射器会传递不错的音频质量。如果可以的话，在你购买之前在商店里要求演示一下（如果需要的话，随身携带一个便携式收音机）。如果你是准备在网上购买的话，仔细阅读一下用户评价。

这些设备最主要的优势就是它们相对来说比较便宜（通常在 15 美元到 50 美元之间），并且它们也很容易使用。它们还有一个好处就是，你可以将你的 iPad 放在你看不见的地方，并且不用任何信号线来帮忙定位它。

缺点是，大多数的这种设备需要配置电池（还有一些可以连接在 12V 电压的配件输出口或者点烟器插座上来使用），并且便宜的器件往往不能传递更高质量的音质。这些设备的范围很小，但是距离很近的话，其他附近的收音机可能也会接收到信号。如果在你使用无线电的地方电波很繁忙，或者当你开车通过不同的区域时，你可能需要不停地切换频率来避免发射器被信号更强的广播电台所淹没。

如果你决定要购买一台无线电发射器的话，你将需要选择一下，是购买一个专门为 iOS 设备设计带有底座连接器接口的设备还是购买一个能在任何音频资源上使用的设备。专门为 iOS 设备设计的无线电发射器通常是安装在设备上的，这相比于那些吊在耳机接口上的通用设备来说，是一个更加简洁的解决方案。专门为 iOS 设备设计在车里使用的无线电发射器经常是安装在配件输出口，并且确保设备也能传输它们的声音。大多数的这类设备都是适用于 iPhone 或者 iPod，而不适合于 iPad，所以你将很可能需要一种不同的安装方式——例如，安装在仪表盘上。

无线电发射器是与收音机一起工作，而不是和车载音响一起工作的，所以你可以使用一个无线电发射器通过立体声音响播放音乐。你可能也会想要将一台无线电发射器连接到 PC 或者 Mac 上，并且使用它在便携式收音机上播放音乐。这对于从互联网上获取流媒体音频并在传统的收音机上播放是一个非常好的方法。

高级技术达人

为无线电发射器寻找一个合适的频率

在大部分地区，现在的电波通常都是很忙的——所以想要在你的车载音响上获得来自你的 iPad 的无线电传输的更好的信号，你需要选择一个合适的频率。想要这样做的话，请按照如下步骤操作。

1. 在你的 iPad 的无线电发射器关闭的情况下，打开你的车载收音机。

2. 将车载收音机的频率调节到一个只能接收到静态信号的频率上，并确保这个频率的上一个和下一个频率也只能接收到静态信号。例如，如果你准备使用 91.3 这个频率的话，确保 91.1 和 91.5 这两个频率也只能接收到静态信号。

3. 将无线电发射器调频到你已经选定的频率，并且看一下它是否能够正常工作。如果不能的话，选取并测试另外一个频率。

这个方法可能听上去很简单，但是很多人做的却是在无线电发射器上选取一个频率，调频收音机来接收——然后就会对结果十分失望。

用一根数据线直接将 iPad 连接到车载音响上

如果无论磁带适配器还是无线电发射器都不能提供合适的解决方法，或者如果你仅仅只是想要得到你所能获取的最佳音质的话，那么直接将你的 iPad 用数据线连接到车载音响上。这样操作究竟是简单还是复杂是由你的音响的设计决定的。

- 如果你的车载音响有一个内置的迷你插头输入的话，你可以购买一根底座连接器转迷你插头数据线来将你的 iPad 的底座接口连接到迷你插头输入上。你也可以使用一个迷你插头转迷你插头数据线，将你的 iPad 的耳机接口连接到迷你插头上，但是底座接口会为你提供更出色音质以及稳定的音量。

- 如果你的音响是自带多输入的话——例如，一个 CD 播放器（或者电源）以及一个辅助输入口——你可以简单地将数据线连接到现在未使用的接口上。然后所有你需要做的就是将你的 iPad 插入另外一端，并且按下正确的按钮开始播放音乐就可以了。

- 如果没有空闲的连接口可用的话，可能需要使用烙铁来改造一番了。

项目 4：最大化地使用家庭共享和资料库共享

iTunes 和 iPad 都被设计带有可以与计算机以及其他设备共享音乐的功能。你可以在连接了同一个 iTunes 账户的计算机和设备上共享音乐，或者在同一个网络内的任何兼容的计算机和设备上共享音乐。

了解家庭共享和资料库共享的区别

iTunes 可以提供 2 种不同类型的共享。

- 家庭共享 家庭共享让你可以在最多 5 台计算机以及你的 iPad、iPod touch 或者 iPhone 之间共享这个资料库。你可以从一台计算机上将媒体文件复制到另外一台上，所以你可以确保你的每一台计算机都有相同的资料库。你也可以设置家庭共享自动复制任何新的媒体文件或者你购买的应用程序。
- 资料库共享 资料库共享可以让你共享这个资料库的内容或者与你在同一个网络的计算机共享选定的播放列表。其他计算机只能播放歌曲或者其他媒体文件，但是它们不能复制文件。

家庭共享和 iTunes 资料库共享之间最大的不同是家庭共享使你能够复制文件，而资料库共享却不能。家庭共享适合于在你的计算机之间共享媒体文件；资料库共享适合与其他人共享你的媒体文件。

想要使用家庭共享，你可以设置每台计算机使用相同的 Apple 账户。使用相同的 Apple 账户是确保你不给其他人侵犯你的受版权保护内容的机制。如果你还没有一个 Apple 账户的话，你可以在家庭共享窗口上创建一个。

iPad 可以同时访问你通过家庭共享和资料库共享的资料库或者通过资料库共享的播放列表。iPad 也可以访问其他人通过资料库共享的资料库或者播放列表。

在每一台计算机上设置家庭共享

1. 打开 iTunes。

2. 在左侧的源列表中，看一下共享类是否是展开的，并显示了其中的内容。如果不是的话，通过将鼠标指针放在“共享”标题上，然后点击出现的“显示”字符来展开它。

3. 点击“家庭共享”项目来显示其中的内容。

4. 在“Apple 账户”栏中输入你的 Apple 账户。

如果你还没有一个Apple账户的话,点击“需要一个Apple账户吗？”链接,然后遍历整个过程来注册一个。一旦你拥有了你自己的Apple账户,返回到“家庭共享”窗口。

5. 在“密码”框中输入你的密码。

6. 点击“创建家庭共享”按钮。iTunes 会检查 iTunes 服务器并且设置账户。

如果 iTunes 显示一个对话框说因为这台计算机没有被与你提供的 Apple 账户相连的 iTunes 账户授权，所以家庭共享不能被激活的话，点击“授权”按钮。

7. 当家庭共享串口显示“家庭共享现在已经启动”信息的时候，点击“完成”按钮。然后，iTunes 会从源列表的共享类中移除“家庭贡献”项目，并且你可以访问你已经在上面设置了家庭共享的其他计算机上的资料库。

使用家庭共享复制文件

在设置完家庭共享以后，你可以很快地从一台安装了 iTunes 的计算机上复制文件到另外一台计算机上。想要这样做的话，请按照如下步骤操作。

1. 在 iTunes 的源列表中，确保共享类是展开的，并且显示了其中的内容。如果共享类未打开的话，通过将鼠标指针放在“共享”标题上并且点击出现的“显示”字符来展开它。

2. 点击你想要查看其内容的家庭贡献资料库。这个资料库中的内容就会出现在 iTunes 窗口的中间，你可以像往常一样浏览它们（见图 1-7）。例如，选择“视图｜栏目浏览器｜显示栏目浏览器”来显示栏目浏览器，这样你就可以按照风格、表演者、专辑或者其他你喜欢的项目进行浏览。

家庭共享资料库会出现在共享类中，并且在旁边带有一个“家庭共享”图标。家庭共享图标是一个包含音乐符号的房子的标志。

3. 在 iTunes 窗口底部的“显示”下拉列表中，选择要显示哪个项目。

□ 所有项目 这是默认的设置。当你想要了解一下资料库中都包含哪些项目的时候使用这个设置。

□ 不在我的资料库中的项目 使用这个设置将只显示你可能想要复制到你的资料库中的项目。

4. 选择你想要导入你的资料库中的项目。如果你已经切换到“不在我的资料库中的项目”视图的话，你可能想要选择“编辑｜全部选择（或者在 Windows 系统中按下 Ctrl+A 组合键，或者在 Mac 上按下 ⌘+A 组合键）”来选择每一个你想要的项目。

5. 点击“导入”按钮。iTunes 就会导入文件。

图 1-7　你可以使用与浏览自己的资料库相同的方法来浏览家庭共享的资料库

高级技术达人

使家庭共享自动从你的其他计算机上导入你新购买的项目

你可以设置家庭共享自动将你从 iTunes 商店中新购买的项目导入到你的计算机上。所以，如果你在你的笔记本电脑上购买了一首歌曲的话，你也可以让 iTunes 自动将它导入到你的台式机上面。如果你在 iPad 上从 iTunes 商店购买了一首歌曲的话，iTunes 会将歌曲首先同步到用来同步的计算机上，然后再将它导入到你已经设置了家庭共享的其他计算机上。

想要设置家庭共享自动导入新购买的项目，请按照如下步骤进行操作。

1. 在 iTunes 的源列表中，点击一个家庭共享资料库来显示它的内容以及“家庭共享”控制键。

2. 点击“设置”按钮来显示“家庭共享设置”对话框（如下图所示）。

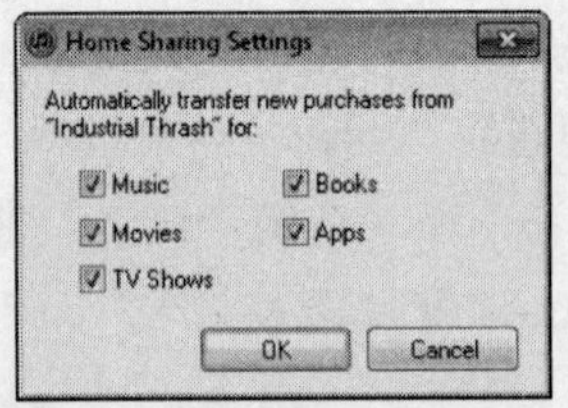

3. 按照需要选择“音乐”复选框、“电影”复选框、“电视节目”复选框、“书籍”复选框以及“应用程序”复选框。

4. 点击“完成”按钮来关闭“家庭共享设置”对话框。

在 iPad 上面设置家庭共享

接下来，你需要做的就是在 iPad 上面设置家庭共享来使它能够访问你已经在 iTunes 中使用家庭共享共享的资料库。

想要在 iPad 上面设置家庭共享的话，请按照如下步骤进行操作。

1. 按下“主窗口”按钮，显示主窗口。
2. 点击“设置”图标来显示“设置”窗口。
3. 点击“音乐”按钮来显示“音乐”窗口（见图 1-8）。

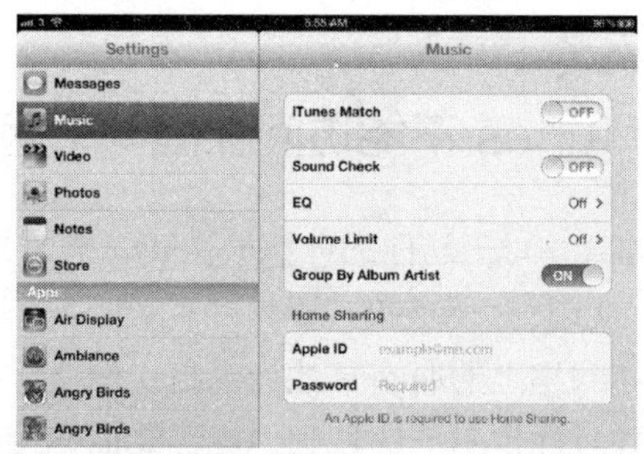

图 1-8　在“设置”应用程序中，点击“音乐”按钮来显示“音乐”窗口，然后在“家庭共享”框中输入你的 Apple 账户和密码

4. 在底部的“家庭共享”框中，点击“Apple 账户”框，然后输入你的 Apple 账户和密码。

现在，你可以访问来自“音乐”应用程序的共享资料库了。想要了解详细信息，请参阅这一章中后面的“从你的 iPad 上播放共享音乐”一节。

在你的计算机上的 iTunes 中设置资料库共享

你可以与你在同一个网络上的其他用户分享你整个的资料库，或者只是分享你选定的播放列表。你可以共享大部分的项目，其中包括 MP3 文件、AAC 文件、Apple 无损编码文件、AIFF 文件、WAV 文件还有广播电台的链接。但是你不能共享 Audible 文件或者 QuickTime 声音文件。

在撰写本文的时候，你一天最多可以在 5 台计算机之间共享你的资料库，在任何指定的一天，你的计算机可以作为 5 台计算机其中之一访问在另外一台计算上共享的资料库。

被共享的资料库仍然保存在共享它的那台计算机上，并且当一台访问它的计算机准备播放一首歌曲或者其他项目的时候，那个项目就会通过网络进行传输。这意味着项目并没有被从共享它的那台计算机上复制到播放它的那台计算机上，这种方式在播放的那台计算机上留下的只是一个可用的文件。

当计算机处于脱机状态或者关机的时候，资料库中被共享的项目将不能被其他用户访问。当计算机连接着网络的时候，访问的计算机可以播放共享的项目，但是却不能对它们做任何其他的事情；例如，它们不能将共享歌曲下载到 CD 或者 DVD 上，不能将他们复制到一台 iPod 或者 iPad 上面，也不能将它们复制到自己的资料库中。

高级技术达人

了解为什么 iTunes 不能访问在同一个网络内的其他计算机

从技术上讲，iTunes的共享对于与你的计算机在同一个TCP/IP子网上的计算机是有限制的。一个家庭网络通常使用一个单独的子网（子网就是网络的一个逻辑划分），所以，你的计算机可以“看见”在网络上的所有其他计算机。但是，如果你的计算机是连接到一个中等规模的网络上，并且你也不能够找到你已经知道连接在同一个网络上的某台计算机的时候，它可能是在另外一个子网上。

想要在你的网络上与其他 iTunes 或者 iPad 用户共享你整个资料库或者选定的播放列表，请按照如下步骤进行操作。

1. 显示“iTunes”对话框或者“首选项”对话框。

- 在 Windows 系统中，选择“编辑 | 首选项”或者按下“Ctrl+，”，或者“Ctrl+Y”来显示“iTunes”对话框。

- 在 Mac 上，选择“iTunes | 首选项”或者按下“⌘-+，”，或者“⌘-+Y”来显示“首选项”对话框。

2. 点击“共享”选项卡来显示它。图 1–9 显示了“iTunes”对话框上的“共享”选项卡以及选好的设置。

3. 选择“在我的本地网络上共享我的资料库”复选框（这个复选框在默认情况下是没有被选中的）。默认情况下，iTunes 会选择“共享整个资料库”选项按钮。如果你只是想要共享某些播放列表，那就选择“共享选定的播放列表”选项按钮。然后，在列表框中，为每一个你想要共享的播放列表选择对应的复选框。

4. 默认情况下，你所共享的资料库项目对于网络上任何其他用户来说都是可以访问的。想要限制访问你的资料库的用户，你可以设置一个密码，选择“需要密码”复选框，然后在文本框中输入一个强度比较高（无法被猜出来的）的密码。

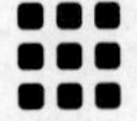

如果在你的网络上有很多台计算机的话，在你共享的音乐上使用一个密码，这能帮助你避免迅速就累计到每天只能有 5 个用户访问的限制。如果你的网络上只有几台计算机的话，你可能不需要密码来防止这种限制。

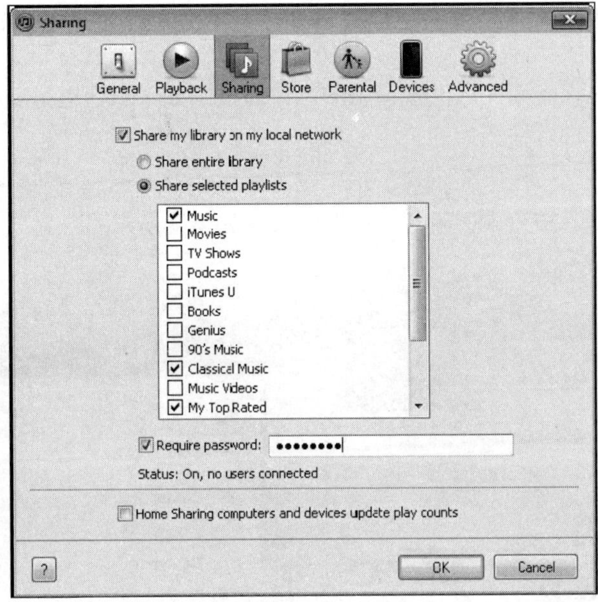

图 1-9　在“首选项”对话框中的“iTunes”对话框的“共享”选项卡上面，选择是要共享部分还是整个资料库

5. 如果你想要 iTunes 无论在任何时候，从任何计算机而不仅仅在这台计算机上播放一首音乐的时候更新歌曲的播放次数的话，那么选择“家庭共享的计算机和设备更新播放次数记录”复选框。

6. 点击“通用”选项卡来显示它的内容。在该对话框靠近顶部的“资料库名称”文本框中，设置资料库的名称，这样其他用户在访问你的资料库的时候就会看见。默认的名称就是用户名称的资料库——例如，Anna Connor 的资料库。你可能会选择输入一个更具有描述性的名称，尤其是当你的计算机处于一个非常受欢迎的网络之中（例如，在宿舍里）。

7. 点击“完成”按钮来应用你选择的设置，并且关闭对话框。

当你设置 iTunes 共享你的资料库的时候，iTunes 会显示一条信息提示你，那就是“共享音乐只用于个人活动”——换句话说，切记不要违反版权法。如果你不想这条信息再次出现的话，选择“不再显示此信息”复选框。

在你的 iPad 上面播放共享音乐

想要在你的 iPad 上面播放共享音乐的话，请按照如下步骤进行操作。

1. 按下“主窗口”按钮来显示主窗口。
2. 点击“音乐”按钮来显示“音乐”应用程序。
3. 点击“更多”按钮来显示“更多”面板（如下图所示）。

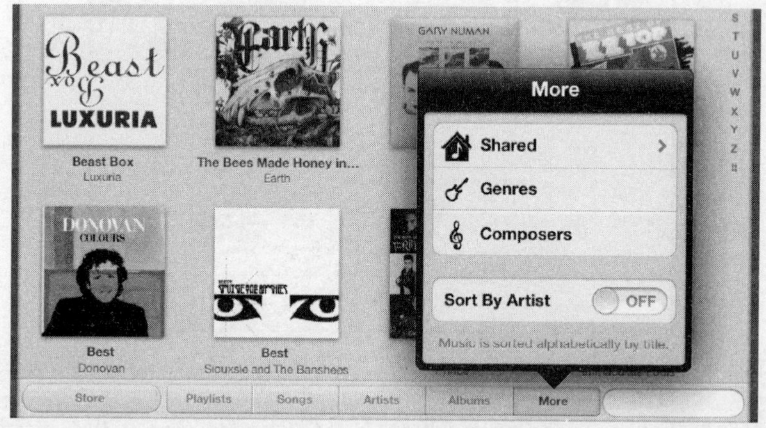

4. 点击“已共享”按钮来显示“已共享”面板（如下图所示）。

5. 点击你想要访问的已共享音乐资料库。

如果在“更多”面板上没有出现“已共享”按钮的话，就是你的 iPad 上面家庭共享被关闭了。按照“在 iPad 上面设置家庭共享”这一章节或者本章节描述的那样打开它。

项目 5：创建属于你自己的免费个性化铃声

想要使你的 iPad 的铃声独一无二，并且当你接到 FaceTime 电话、短信、语音邮件、推特等信息的时候给自己一个清楚的提示，你可以创建个性化的铃声，并且将它们同步到你的 iPad 上。这个非常棒的方法不仅会让你获得自己喜欢的铃声，而且能使你通过耳朵就可以分辨出哪些是非常重要的通知，哪些是你想要忽略的信息。

早一些版本的 iTunes 包含将你从 iTunes 商店购买的音乐制作成铃声的功能。但是已经从 iTunes 10 上面将这个功能移除了，所以你需要像下面描述的这样手动地创建你的个性化铃声。

想要用一首歌曲创建一段铃声的话，请按照如下步骤进行操作。

1. 播放音乐，并且确定你想要使用哪一部分。这段音乐最长可以达到 30 秒。记录下开始时间和结束时间。

2. 右键单击（或者在 Mac 上面按住 Ctrl 键单击）这首歌曲，然后在下拉菜单中点击“获取信息”按钮，以此来显示这首歌曲的“项目信息”对话框。

“项目信息”对话框中，实际上并没有在标题栏中显示“项目信息”字符。在 Windows 系统中，标题栏显示的是“iTunes”；在 Mac 上，标题栏显示的则是歌曲的标题，而不是“项目信息”字符。

3. 点击“选项”选项卡，让它显示在“项目信息”对话框的前面（见图 1–10）。

4. 点击“开始时间”框，并且输入节选铃声的开始时间——例如，1:23.200。iTunes 会自动为你选择“开始时间”复选框，所以，你不需要手动地选择它。

在设置开始时间数值和结束时间数值的时候，使用一个冒号来区分分钟和秒钟，但是使用一个点来区分秒和千分之一秒。

5. 点击“结束时间”框，并且输入节选铃声的结束时间。同样，iTunes 会自动为你选择“结束时间”复选框。

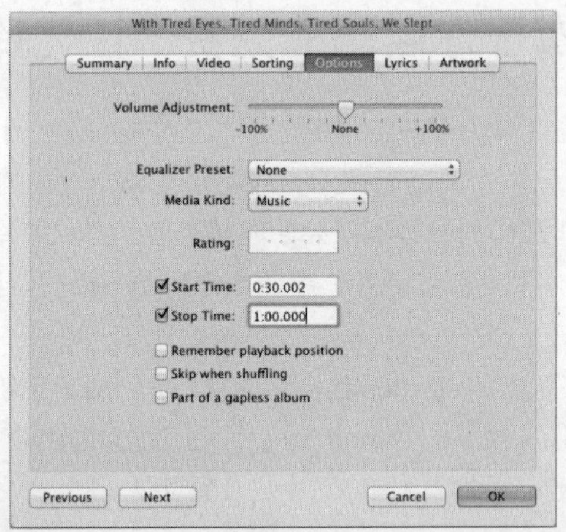

图 1-10　使用“项目信息”对话框（在 Windows 系统中，它的标题栏显示的是“iTunes”，在 Mac 上面显示的则是歌曲的名称）来从一首歌曲中截取铃声

6. 点击“完成”按钮来关闭“项目信息”对话框。

7. 右键单击或者按住Ctrl键单击这首歌曲，然后在下拉菜单中，点击“创建AAC版本”。iTunes 会创建一首新的歌曲，这首歌曲只包含你使用开始时间数值和结束时间数值节选出来的那一部分。

如果在下拉菜单中的命令不是“创建 AAC 版本”，你就需要改变当前的编码器。在 Windiws 系统中选择“编辑｜首选项”或者在 Mac 上面选择“iTunes ｜首选项”来显示 iTunes 对话框或者首选项对话框。在“通用”选项卡上，点击“导入设置”按钮。在“导入设置”对话框中，在“导入使用”下拉列表中选择 AAC 编码器，并且在“设置”下拉列表中选择“iTunes Plus”。然后点击“完成”按钮来关闭每一个对话框。

8. 右键单击（或者在 Mac 上面按住 Ctrl 键单击）新创建的、更短的歌曲文件，然后在下拉菜单中点击“在浏览器中显示”（在 Windows 系统中）或者“在 Finder 中显示”（在Mac上）。iTunes会打开一个Windows浏览器窗口或者Finder窗口来显示这首歌曲。

9. 按下“ENTER”或者“RETURN”键来在歌曲名称旁边显示一个编辑框。

10. 将文件扩展名从m4a改为m4r，然后按下“ENTER”或者“RETURN”来应用改变。m4r 扩展名表示这是一个铃声的文件类型。

11. 将 Windows 浏览器窗口或者 Finder 窗口处于打开状态，并且返回到 iTunes。

12. 让新创建的歌曲文件仍然处于被选中状态，选择“编辑 | 删除”。iTunes 会显示一个对话框，确认你是否想要删除这个文件，如下图所示。

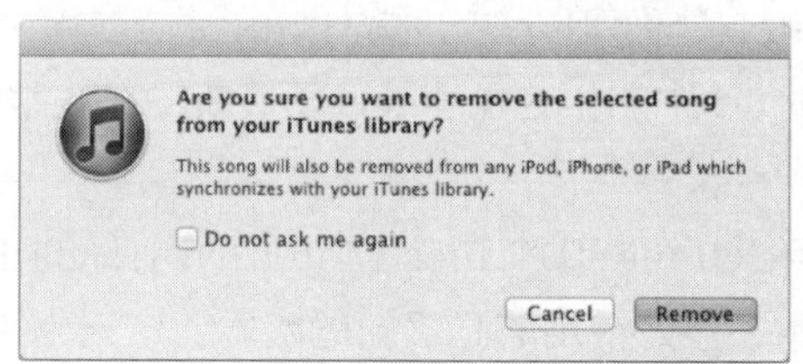

13. 点击“移除”按键。iTunes 会显示第二个对话框询问你是否想要将文件移动到回收站（在 Windows 系统中）或者“废纸篓”（在 Mac 上）中，如下图所示。

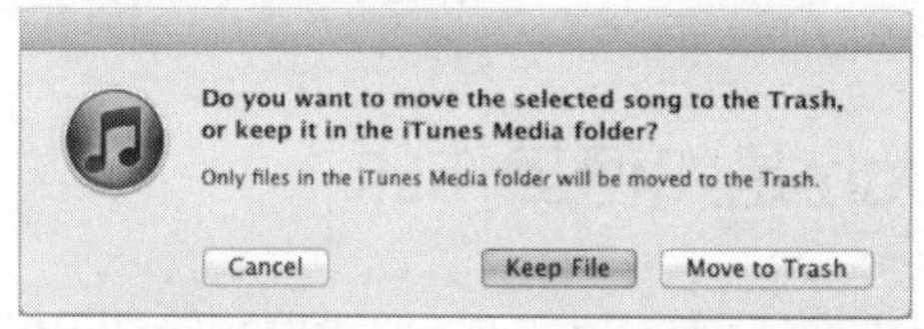

14. 点击“保存文件”按键。

15. 在 Windows 浏览器窗口或者 Finder 窗口中，点击铃声文件，并把它拖曳到 iTunes 窗口的“源”列表中的“资料库”类别中。

16. 你基本上已经完成操作了，但是你已经设置了原始音乐只播放你选择的铃声这一部分。按照下面这些步骤将它恢复正常。

a. 在 iTunes 窗口中右键单击或者按住 Ctrl 键单击原始文件，然后选择“获取信息”来显示“项目信息”对话框。

b. 如果“摘要”选项卡没有出现在最前面的话，点击它，使它出现在这个位置。

c. 清除“开始时间”和“结束时间”复选框。

d. 点击“完成”按钮来关闭“项目信息”对话框。

17. 现在，点击“源”列表中的“资料库”类别里的“声音项目”来显示你的铃声。你所创建的文件就会出现在这里，并且你可以开始使用它了。

项目 6：使用 iCloud 和 iTunes Match 在你的计算机和设备间传输音乐

苹果公司的iTunes Match服务是在你所使用的计算机和设备之间自动传输音乐的非常好的方法。iTunes Match让你可以访问你的iTunes资料库中所有音乐的在线版本。这些在线版本是存储在 iCloud 中的，这是苹果公司最新的在线服务。

想要使用iCloud和iTunes Match的话，你的iPad必须运行的是iOS 5 及以上版本，最好使用的是最新的版本。这通常来说都不是问题，因为苹果公司已经使 iPad 更新十分容易了，不管你是使用 iTunes 来更新你的 iPad 还是在你的 iPad 上面简单地使用自动更新。

了解 iTunes Match 是如何工作的

想要通过 iCloud 来传播你的音乐的话，你需要定制 iTunes Match 服务。iTunes Match 是苹果公司为你访问在新音乐而设计的服务。

下面介绍的就是 iTunes Match 是如何工作的。

- 你可以购买一份 iTunes Match 订购服务，在撰写本文的时候，这项服务的费用是每年 24.99 美元。
- 然后，iTunes 会扫描你的音乐资料库中所有的音乐，看一看哪些是可以在 iTunes 商店中获得的。iTunes 商店里拥有超过两千万首歌曲，所以可能你需要的大部分音乐都可以在里面找到。
- iTunes 会提供给你访问 iCloud 中匹配歌曲的机会。这些歌曲都是以 256kbit/s 的比特率，使用高级音频编码（AAC）压缩编码的，这意味着它们的音效都非常不错，同时也被压缩得足够小，这样就可以轻松地使用流媒体传输了。

- iTunes会将所有在你的资料库中但是不在iCloud中的歌曲上传到iCloud。这需要一点时间，具体的时间主要取决于其中包含了多少首歌曲以及你的网络连接可以使用多快的速度转换它们，但是对于每一首歌曲，你只需要这样操作一次。

在 PC 或者 Mac 上设置 iTunes Match

想要在 PC 或者 Mac 上设置 iTunes Match 的话，请按照如下步骤进行操作。

1. 如果 iTunes 没有在运行的话就打开它，如果它已经在运行中了，那就激活它。
2. 在“源”列表的“商店”类别中，点击“iTunes Match”项目来显示 iTunes Match 窗口（见图 1–11）。

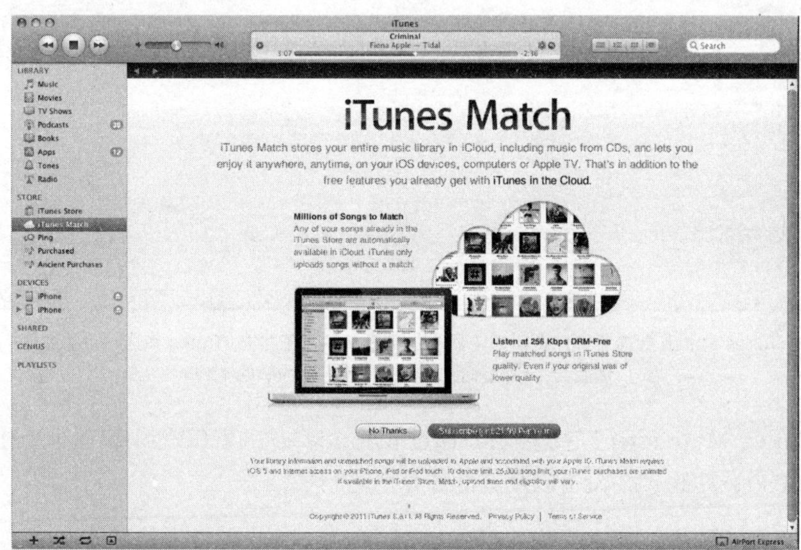

图 1-11　想要开始设置 iTunes Match，在“源”列表中点击“iTunes Match”项目，然后再 iTunes Match 窗口上点击“订购”按钮

3. 点击“订购”按钮。iTunes 会显示“登录来订购 iTunes Match”对话框。
4. 输入你的密码，然后点击“订购”按钮。iTunes Match 窗口就会一步一步显示读出进度（见图 1–12），首先，收集关于你的 iTunes 资料库的信息，将你的音乐与在 iTunes 商店中可以获取的歌曲进行匹配，然后将你的音乐文件以及没有匹配到的歌曲上传。

iTunes Match 运行的过程可能会需要几个小时的时间——如果你的资料库中有很多需要上传的歌曲的话，甚至可能需要几天的时间。如果需要的话，你可以通过点击 iTunes Match 窗口右下角的“停止”按钮来暂停。

5. 当 iTunes Match 运行的时候，你可以正常地使用你的计算机。

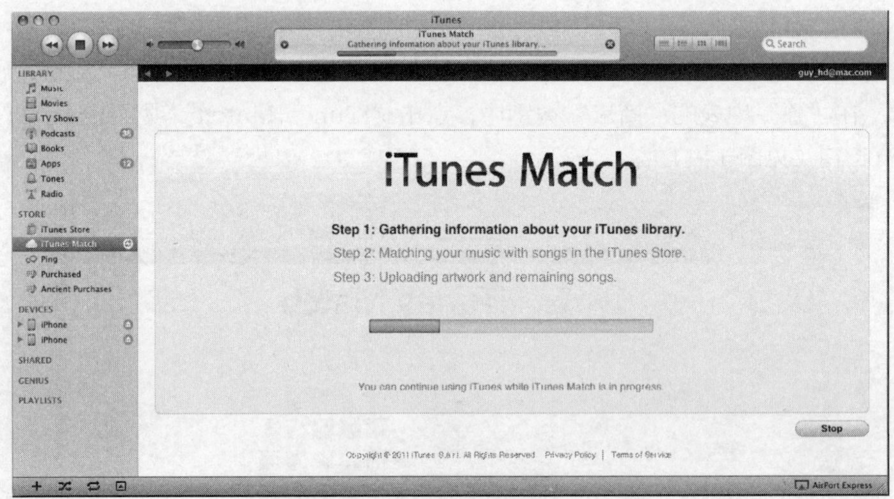

图 1-12　iTunes Match 会遍览你的资料库中所有的音乐，尽可能地与 iTunes 商店中的歌曲进行匹配，然后会将你的作品以及没有匹配到的歌曲上传

当 iTunes Match 运行完成以后，通过 iCloud，你的音乐资料库中所有的歌曲都可以被你的 iPad、其他 iOS 设备以及其他计算机访问了。

如果在 iTunes Match 上传不能在 iTunes 商店中获取到的歌曲完成之前，你选择了停止的话，每一次当你登录 iTunes 的时候，它都会自动重新开始上传。这可能会让你有些吃惊，尤其是当你发现 iTunes Match 过多地占用了你的网络连接的时候。想要将 iTunes Match 关闭，直到你想要再次运行它的时候才启动的话，选择“商店｜关闭 iTunes Match”。

在 iPad 上面打开 iTunes Match

现在，你已经设置好了你的 iTunes Match 订购，并且分辨好了你的音乐，你可以在你的 iPad 以及任何其他的 iOS 设备上面打开 iTunes Match。

在你的 iPad（或者其他 iOS 设备）打开 iTunes Match 会取代你的 iPad 上面的音乐资料库。如果你更喜欢手动地将你的 iTunes 中的几首歌曲下载到你的 iPad 上的话，那就不要打开 iTunes Match。

想要在 iPad 上面设置 iTunes Match 的话，请按照如下步骤操作。

1. 按下“主窗口”按键来显示主窗口。
2. 点击“设置”图标来显示“设置”窗口。
3. 点击“音乐”按钮来显示“音乐”窗口。
4. 点击“iTunes Match”开关并将它移动到开启的位置。iPad 会显示 Apple 账户密码对话框。
5. 输入你的密码，然后点击“完成”按钮。iPad 会显示一个如下所示的对话框，它会提示你 iTunes Match 将会取代 iPad 上面的音乐资料库。

6. 点击“启动”按钮来打开 iTunes Match。
7. 在“音乐”窗口的顶部，为出现的两个额外的开关选择设置（见下页图）。

□ 使用蜂窝数据 如果你想在 iPad 使用蜂窝网络而不是 Wi-Fi 的时候也能从 iCloud 播放音乐的话，将这个开关移动到开启位置。这个开关只在你的 iPad 有蜂窝网络连接的时候才会出现。

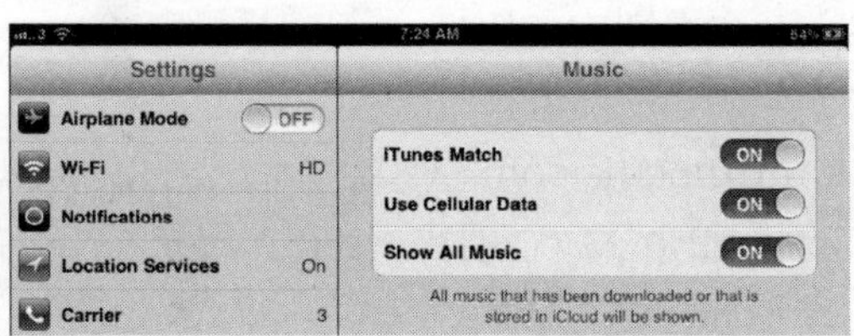

□ 显示所有的音乐 如果你想要查看你在 iCloud 中所有可用的音乐的时候，将这个开关移动到开启位置。如果你只是想看一下在 iPad 上哪些音乐是可用的话，将这个开关移动到关闭位置。例如，当你没有网络连接的时候，只查看可用的音乐是很有帮助的，意味你不需要尝试去播放那些不可用的歌曲。

项目 7：使用一个外置话筒录制高品质的音频

iPad 上面内置的话筒对于通过 FaceTime 使用视频通话聊天以及给支持语音提示的应用程序录制语音备忘录都是很适合的。这同样适用于 iPad 的耳机控制线上内置的话筒。但是如果你需要录制高品质的音频的话，你将通常想要使用一个外置的话筒。

如果你准备使用一个外置话筒的话，你将通常需要使用一个第三方的应用程序来通过它录制音频。本节首先会讲解连接一个外置话筒时的选择，然后再向你介绍用来录制音频的 4 种第三方应用程序。

选择一个外置话筒

你可以购买一个小型的外置话筒，并将它插入到你的 iPad 的耳机接口上，它会比内置话筒获取到更好的音质，但是这些设备大多数只适合于获取讲话音频，例如演讲记录。如果你准备录制高质量的音频，以便于以后欣赏的话，你通常将会想要购买一个手持的电容话筒。

在这里你有 2 种主要的选择。

□ 购买一个专门为 iOS 设备设计的话筒 在撰写本文的时候，这个类别中最主要的产品就是来自 IK 多媒体公司的 iRig Mic（59.99 美元；www.ikmultimedia.com 以及各种各样的在线商店）。iRig Mic(见图 1-13) 是一个全尺寸的单指向性电容话筒，

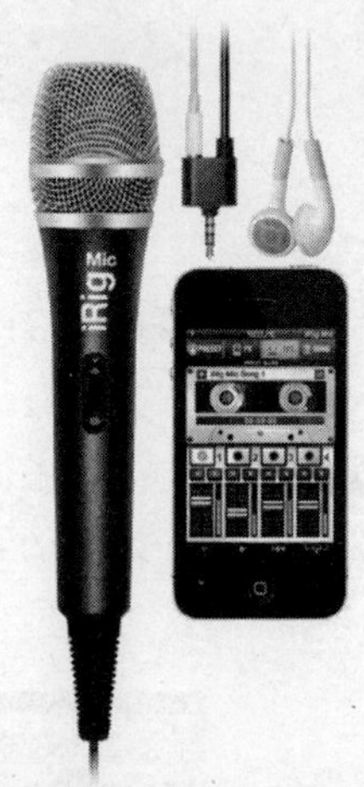

图 1-13 iRig Mic 可以连接到 iPad 上面的耳机接口，并且可以提供一个自己的耳机接口，用它来监听输入（照片由 IK 多媒体产品科学研究实验室提供）

它带有一条连接有 3.5 毫米插头的数据线，通过它，你可以将话筒连接到你的 iPad 上的耳机接口。这个连接器同时还带有一个耳机接口，这样，你就可以欣赏音乐了。

- **购买一个话筒适配器并且连接你自己的话筒** 如果你想要能够连接任何常规的话筒（例如，一个你已经拥有的高品质话筒）的话，购买一个可以将 1/4 英寸或者 1/8 英寸话筒接口转换成你的 iPad 的 3.5 毫米话筒输入接口的适配器。你可以从像 Amazon.com 以及 eBay 这样的网站上找到很多这样的适配器，便宜的只要几美元。通常，你需要支付足够的金钱来获取一个至少与你的话筒拥有相同质量的适配器，这样你就不用担心可能降低信号质量了。

选择一个用来使用你的外置话筒录制音频的应用程序

现在，你已经选定了你的外置话筒，你需要获取一个可以使用这个话筒录制音频的第三方应用程序。下面介绍 4 种主要的程序，所有这些程序你都可以从苹果商店里找到。

- **FiRe（Field Recorder）** 如果你需要录制实时音频的话，FiRe（5.99 美元）会是一个非常好的选择。不管你使用的是 iPad 上面内置的话筒还是你连接的外置话筒，FiRe 都可以录制单声道或者立体声音频。在你录制的同时，FiRe 会显示实时波形，所以，你可以看见你获得了什么。图 1-14 左侧窗口显示了 FiRe 的输入窗口，在这个窗口上，你可以控制录制增益、选择音质、决定是否完整播放音频、打开或者关闭音频过程以及选择想要使用哪种预置设置。你可以在不同类型的预置设置中进行选择，比如男生增强、女生增强、户外演唱会以及噪声门。图 1-14 右侧窗口显示了 FiRe 录制音频过程中的操作。

在撰写本文的时候，大多数的录制应用程序都是专门为 iPhone 和 iPod 设计的，但是它们也能够用在 iPad 上面，尽管它们甚至不能使用整个窗口的大部分空间。

- **iRig Recorder** 如果你选择 iRig Mic 作为你的话筒，iRig Recorder 可能看上去是你显而易见会选择的录制应用程序。你最好的方法就是先试用免费版本的 iRig Recorder FREE，然后再以 4.99 美元购买完整版本的 iRig Recorder 或者只是购买你想要使用的附加功能。例如，你可能只是想要购买“编辑”这个附加功能而不购买“处理”这个附加功能。
- **ISW Recorder and Editor** ISW Recorder and Editor 是免费的，所以，它很值得

你尝试一下。你可以将录制的音频剪切到只有你需要的那一部分，按照你喜欢的顺序重新编排这些音频片段，可以通过电子邮件或者 Facebook 分享它们。图 1–15 左侧的窗口显示了 ISW Recorder and Editor。

图 1-14　在“输入”窗口（左侧）选择完例如增益、音质以及攻略以后，你可以设置 FiRe 开始录制（右侧），并且查看一下你正在捕获的音频的实时波形

□ iProRecorder　iProRecorder（4.99 美元）是一个面向商业，主要以听写和转录为目的的录音机应用程序，当然，你也可以使用它来录制其他任何类型的音频。iProRecorder（见图 1–15 右侧窗口）具有可以调节播放速度的功能，同时它含有一个步进 / 变速轮，这两种功能在你转录的时候都是很有帮助的。

图 1-15　ISW Recorder and Editor（左侧）是一个免费的录音机应用程序，它包含了基本的编辑功能。iProReorder（右侧）是一个面向商业的录音机应用程序，它具有可调节播放速度的功能，同时还有一个可以使转录更加容易的步进 / 变速轮

项目 8：使用 iPad 来演奏吉他

如果你玩电吉他的话，你可以将它连接到你的 iPad 上面，并且通过你的 iPad 来进行演奏。这是非常酷的，因为你不仅可以通过耳机来演奏吉他（这样你就可以自己享受音乐而不必打扰到邻居了），而且你也可以使用你的 iPad 作为一系列的效应器来获得你想要的声音。相对于一大包的效应器，你的 iPad 更加容易携带，而且用来产生音效的应用程序远比那些物理踏板要便宜得多。

你可以将这项技术应用于任何带有传感器的乐器上——电贝司、电小提琴等。

在这一节中，我们首先将你的吉他用一根数据线连接到 iPad 上面。然后我们将看一看你能用来增强音效的特殊应用程序。

将吉他连接到 iPad 上面

想要将吉他连接到 iPad 上面，你将需要一根可以连接吉他上面的 1/4 英寸输出以及你的 iPad 上面的耳机接口的数据线，或者一个可以这样连接的适配器。这里有两个主要的选项。

- GuitarConnect Cable 格里芬技术有限公司的 GuitarConnect Cable（29.99 美元；www.grifintechnology.com）是一根带有内置分配器的吉他数据线。你可以将 GuitarConnect 上面的 1/4 英寸插头插入你的吉他，再将另外一端的 1/8 英寸插头插在 iPad 上面的耳机接口中，并且你也可以选择将你的耳机插在 GuitarConnect 的耳机接口上。
- AmpliTube iRig IK 多媒体公司的 AmpliTube iRig（39.99 美元；www.ikmultimedia.com 或者像 Amazon.com 这样的网站可以购买到）是一个吉他连接器和分配器。你可以将你的常规吉他插头插在 iRig 的一端（见图 1-16），再将另外一端的数据线插头插入你的 iPad 的耳机接口，你也可以选择将你的耳机插在 iRig 的其他端口上。

你也可以将GuitarConnect Cable或者AmpliTube iRig上的耳机接口连接到扬声器或者立体声音响上面。

现在，你已经连接好你的吉他了，你可以使用它向 iPad 进行输入，你可以通过一个音效应用程序在它上面进行录制或者运行，就像接下来要讨论的一样。

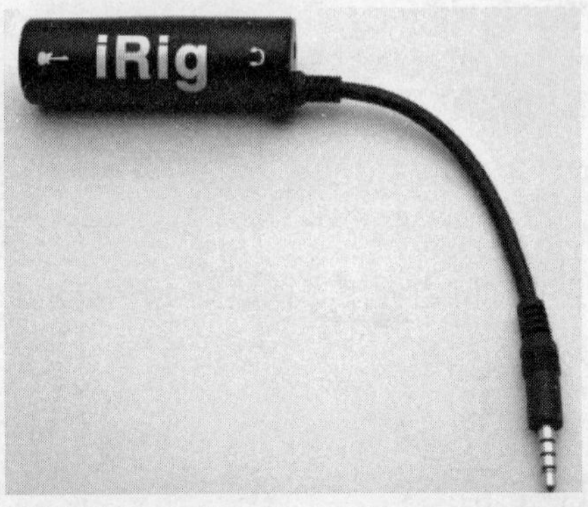

图 1-16 AmpliTube iRig 提供给你一个很简单的方法，使你能够将吉他连接到 iPad 上的耳机端口，你也可以将耳机插入 iRig 来听一听你正在演奏的曲子

将特殊效果应用到吉他上面

现在，你的吉他正在将输入传入你的 iPad，你可以使用如下列这样的一个应用程序来为它添加效果。

- AmpliTube AmpliTube 是 IK 多媒体公司设计的与 iRig 一起使用的一系列效果应用程序。它有非常多的版本，这可能会有点混乱。你可能想在使用 iPad 版本的 AmpliTube（19.99 美元）、AmpliTube Fender（14.99 美元）或者 AmpliTube LE（2.99 美元）之前先使用 AmpliTube FREE 或者 AmpliTube Fender FREE。在撰写本文的时候，AmpliTube Fender 以及 AmpliTube LE 还没有专门的 iPad 版本。图 1–17 显示了 AmpliTube。
- iShred LIVE iShred LIVE 是一个脚踏盒效果应用程序。iShred LIVE 是免费的，但是你要为特效支付金钱，这些特效包括可调高音助推器、压缩机踏板、可变波形颤音、过载失真、下一个或者下两个八度等。大多数的特效都是 0.99 美元一个，但是也有些需要花费 1.99 美元或者更多。你也可以购买一个包含所有特效的的功能包。图 1–18 显示了 iShred LIVE。

图 1-17　AmpliTube 是与 iRig 吉他连接器一起使用的一系列特效应用程序

让 iPad 来做效果器踏板的工作是非常不错的，但是这意味着你需要点击 iPad 的窗口来改变特效。如果你想在不打扰你演奏的前提下也能够自如地切换各种特效的话，可以考虑购买一个格里芬技术公司的 StompBox 控制器（59.99 美元；www.grifintechnology.com 或者各种各样的在线零售商）。StompBox（在图 1–19 中连接着一台 iPad）是一个可以连接到 iPad 上面的物理踏板，并且你可以使用它在 iShred LIVE 中控制音效。

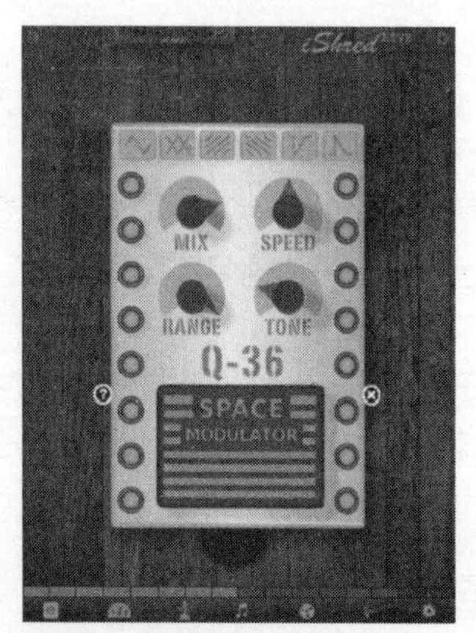

图 1-18　iShred LIVE 是与 GuitarConnect Cable 一起工作的一款特效应用程序

图 1-19　如果你想在演奏的时候使用脚来控制特效的话，将一个格里芬公司的 StompBox 添加到 iPad 的吉他设置里（照片由格里芬技术公司提供）

如果你想在手边就能控制特效的话，可以购买一个容器或者皮套，然后你可以用它将 iPad 夹在你的身边。或者，你也可以选择购买一个像 iKlip（大约 40 美元；www.ikmultimedia.com）这样的 iPad 容器，它可以让你将 iPad 安装在话筒支架上，在这里既可以用于特效也可以用于你的设置列表。

项目 9：在 iPad 上面录制乐队现场演奏

如果你在一支乐队中进行现场演奏的话，你将很可能想要把它录制下来。一旦你为你的 iPad 装备了合适的硬件和软件的话，你的 iPad 就能很好的完成这个任务。

你可以使用 iPad 上内置的话筒或者一个如在项目 7 中讨论的第三方录制应用程序来录制音频，但是使用一个外置的话筒通常会让你获得更好的效果。参见项目 7，“使用外置话筒录制高品质的音频”中关于要选择哪种话筒的建议。

在本节中，你将首先选择如何将音频输入到 iPad 上面。然后，你将选择一个可以捕获音频的录制应用程序。

选择你的输入

如果你想要录制一场现场演奏的话，你可以简单地使用一个话筒（如项目 7，“使用一个外置话筒录制高品质音频”中介绍的）以及一个像 iRig Recorder 或者 Fire 一样的应用程序。但是你也可以通过安装恰当的应用程序使你的 iPad 成为一个多声道录音机。然后你可以每次下载一个声道，就像你使用一个物理多声道录音机一样，并且将这些声道混合在一起来产生你想要的结果。

想要在没有传感器的情况下从一段声音或者一个声学仪器上获取输入，可以使用一个前面提到过的话筒，但是像在一台多声道录音机上的一个声道那样来录制它。

想要直接从一个“真正的”乐器上面获取输入的话，比如从吉他或者贝司上面，使用一个像格里芬公司的GuitarConnect Cable或者AmpliTube iRig这样的数据项来连接它。想要了解有关于连接的更多细节，请参见前面的项目。

想要从键盘、架子鼓或者其他具有 MIDI 输出的设备上面获取 MIDI 输入的话，购买一个像 iRig MIDI（69.99 美元；www.ikmultimedia.com）或者 MIDI Mobilizer Ⅱ(标价为 99.99 美元，但是通常可以以更低的价格购买到；http://line6.com/midimobilizer/)这样的 MIDI 接口。

选择一个录制应用程序

接下来你所需要的就是一个合适的应用程序，用它来录制话筒或者输入获得的音频。下面有 3 个值得考虑的应用程序。

- **Multi Track DAW**　Multi Track DAW（见图 1-20；9.99 美元）是一个最多可以录制 8 个音轨的数字音频工作站（DAW）。你既可以将音轨看作波形，也可以将它看作是音量条，并且你可以使用一个合适的标准来设置每一条音轨的音量，以此来创造出整体的搭配效果。你可以从 iPad 上面的音乐资料库中将歌曲导入音轨，这是让一首歌曲快速开始的非常好的方法。Multi Track DAW 是一款 iPad 应用程序，所以它可以占据几乎整个的 iPad 窗口。
- **FiRe Studio**　FiRe Studio（4.99 美元）最多可以录制和混音 8 个音轨，这将为你提供很大的灵活性。你可以快速在波形间滑动，将回放头放置在任何你想要开始回放的位置，并且可以锁定已经完成的音轨以防止发生改变。在撰写本文的时候，FiRe Studio 是专门为 iPhone 和 iPod touch 设计的，但是它也能在 iPad 上面工作。
- **StudioApp**　StudioApp（4.99 美元）是一个使你能够在乐器音轨上面添加最多 4 个音轨的录音机。StudioApp 的主要目标群体是嘻哈艺术家、说唱歌手等，但是它适用于任何你输入的音频。如同FiRe Studio一样，StudioApp也是专门为iPhone和iPod设计的。

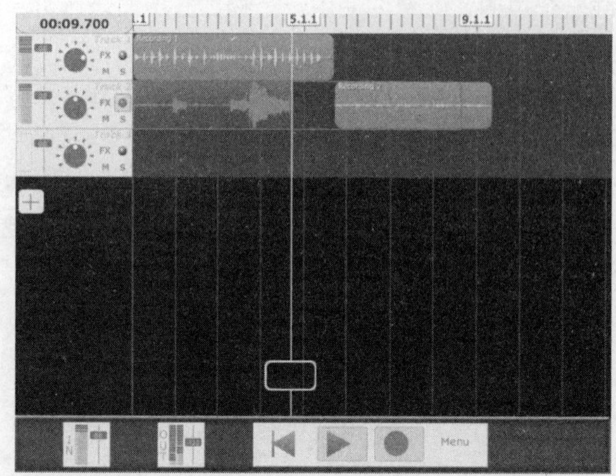

图 1-20　Multi Track DAW 是一个最多可以录制 8 个音轨的数字音频工作站

项目 10：使用 iPad 修复你唱歌走音的问题

如果你准备录制自己唱的歌，或者你正在现场演唱的话，你将很可能想要让歌声听起来尽可能好。想要获得帮助的话，你可以购买各种各样的 iPad 应用程序，它们可以提升你唱歌的音质，甚至可以修复你走音的歌声。下面有 2 款可以使用的应用程序。

- improVox　improVox（3.99美元）是一个声音应用程序，它可以提供实时的音高调整，也可以将和声应用到你的声音中。想要使用 improVox（见图 1-21），你可以拖动左侧的点来调整和声，也可以拖动右侧的点来调整效果（结巴、混音、回声以及空声）。在窗口的底部，你可以设置键，选择风格以及挑选一个心情。
- VocalLive　如果你想要录制和处理人声的话，试一试 iPad 版本的 VocalLive（见图 1-22）。你可以先开始试一试免费的版本，iPad 版的 VocalLive Free，如果它适合你的话，再获取支付版本（被叫作 iPad 版的 VocalLive，并且需要花费 19.99 美元）。完整的版本包括一个实时的声音处理器和一系列的声音效果——包括高音修正、齐声、去咝声器以及合唱——这些能使你的声音听起来完全不同（变得更好，除非你更喜欢原声）。

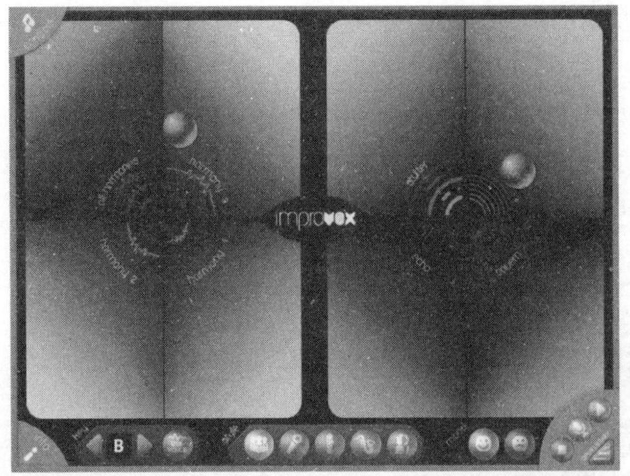

图 1-21　improVox 让你可以实时地修正你的高音，并且可以为你正在唱的歌附加和声

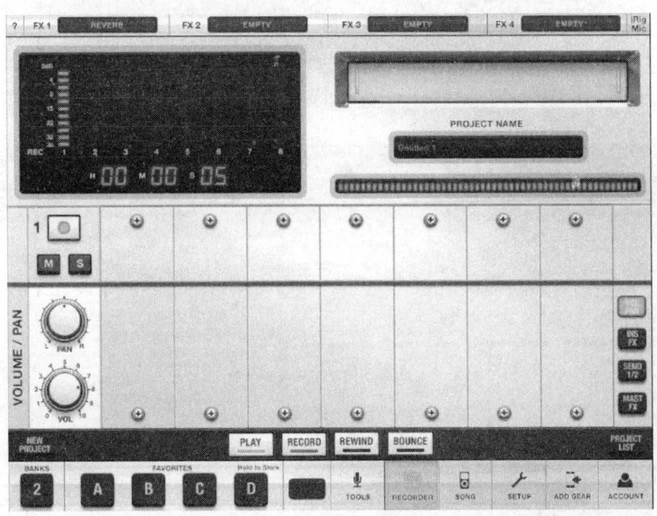

图 1-22　VocalLive 是一款用来录制和处理人声的应用程序

项目 11：使用 iPad 为你伴奏

与你的乐队一直在一起演奏音乐是十分美妙的，但有的时候你不得不需要自己进行

演奏。当这种情况发生的时候，你可以使用 iPad 来为你伴奏。

在本节中，我假设你想要播放的音乐是你已经制作好的作为伴奏的音乐。如果你想要独自演奏其他人的音乐的话，你可以从各种网站上找到许多歌曲的卡拉 OK 混音或者免费的吉他混音。

选择一个合适的应用程序来为你伴奏

哪个应用程序最适合你，能够为你提供伴奏主要取决于你需要做什么——但是，下面有 4 种应用程序你可能想要看一看。

- GarageBand GarageBand（4.99 美元）是一款在既可在 Mac 上又能在 iPad 上面用于创作和录制音乐的苹果应用程序。在 GarageBand 中，通过使用应用程序提供的音频循环或者你在其他地方购买的循环，你可以快速地集合伴奏，你可以从现场乐器（如吉他和鼓）上面录制音频，并且可以将音轨混合在一起。图 1–23 显示了在 iPad 上面的 GarageBand。

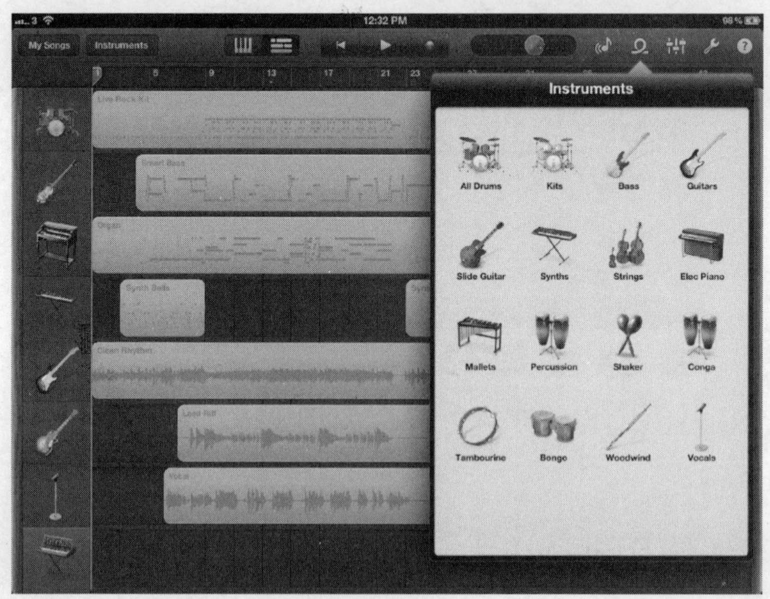

图 1-23　GarageBand 是一款在 iPad 上用来创造和录制音乐的高性能应用程序

- BeatMaker BeatMaker（9.99 美元）以及 BeatMaker 2（19.99 美元）都是高性能测试应用程序。你可以下载一个现有的音频包或者开发一个个性化的功能包，现场演奏或者录制音频，并且可以安排音轨让声音按照你想要的方式输出。图 1–24 显示了 BeatMaker 工具下载、准备播放或者录制的页面。

图 1-24　BeatMaker 是一个测试应用程序，它让你可以使用现成的功能包，也能让你开发包含你想要的声音的个性化功能包

- GigBaby GigBaby（0.99 美元）是一个带有内置节奏的 4 音轨录音机。你可以设置你想要的节奏，录制其他伴奏来和它一起播放，然后使用 GigBaby 作为你的伴奏或者录制你的主奏。图 1–25 显示了在工作中的 GigBaby。在撰写本文的时候，GigBaby 是为 iPhone 和 iPod touch 设计的，但是它也能在 iPad 上面工作。

图 1-25　GigBaby 是一个带有内置节奏的 4 音轨录音机，你可以用内置的节奏作为你的歌曲的基调

□ Band　Band（3.99 美元）是一款在窗口上演奏虚拟乐器的应用程序，包括贝司、大钢琴以及两个架子鼓（见图 1-26）。在紧要关头，你可以实时演奏乐器，但是通常情况下你想要做的是录制你的乐器的一部分，所以 Band 可以让你在一个真正的乐器上演奏的时候回播你录制的内容。

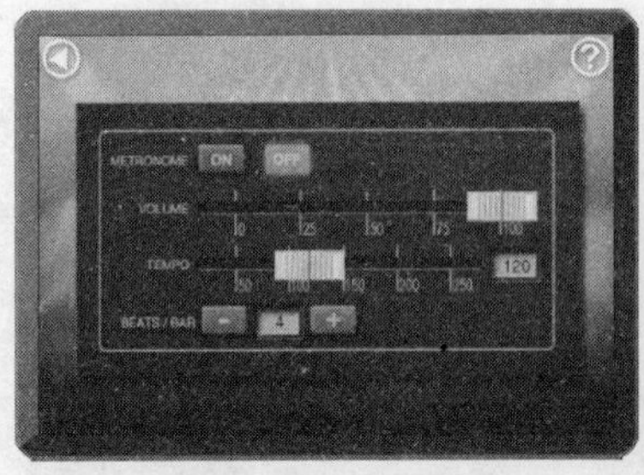

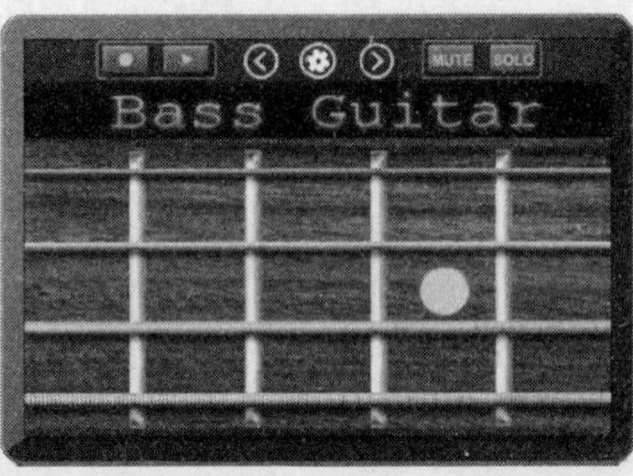

图 1-26　Band 提供了一系列的虚拟乐器，你既可以现场演奏也可以录制它们作为你的伴奏

将 iPad 连接到功放或者声卡上

如果想要让你的伴奏和你一起演奏的话，你需要将 iPad 连接到功放或者声卡上面。

你可以通过 iPad 上面的耳机接口来连接它，使用一根在 iPad 连接端带有一个 3.5 毫米插头而在功放一端带有需要借口的数据线——例如，一个 1/4 英寸插头或者两个 RCA 插头。但是如果你还有其他选择的话，使用一个在 iPad 连接端带有底座连接器的数据线。使用 iPad 的底座连接器端口可以为你提供线性水平的输出，这种输出拥有一个稳定的音量，并且比耳机端口的输出更容易使用，耳机接口的音量取决于音量的设置。

如果你有一个带有线路输出接口的 iPad 底座的话，你可以使用这个底座，而不必再购买一个带有底座连接器的数据线了。

第 2 章
照片和视频技术达人

iPad 在背面装备了高分辨率的摄像头，并且在前面设置了面向用户的摄像头，这使它无论在前面还是后面都非常适合抓拍照片以及拍摄视频。它也很适合回放视频，不管是在它自己的窗口上播放，还是在一个额外显示器或者电视上面播放，这样大家就可以一起欣赏视频了。

在这一章开始的时候，我们将来看一下你如何能将 iPad 变成你的计算机的额外显示器。然后，我将会向你展示如何将你的视频或者 DVD 放到 iPad 上，这样你就可以在任何你想的地方欣赏视频了。然后我们会继续来了解一下在你的电视上观看你的 iPad 上面视频的过程。然后，我们将看看如何通过使用苹果公司的照片流功能在 iPad 和其他设备之间共享你的照片。

在这之后，我将告诉你如何使用 iPad 作为车内娱乐系统，并且告诉你如何拍摄演示电影以及在不同帧速率下拍摄视频。

直到本章结束，我将会告诉你如何建立你自己的斯坦尼康稳定器，这样在你处于移动中的时候也可以用它来保持 iPad 的稳定，这样你就可以拍摄出高质量的视频了。最后，我们将详细看一看如何在 iPad 上面查看网络摄像头，无论是作为一个团队的辅助工具（如果你有这样的团队的话），还是当你不在家的时候监视你家里的情况。

项目 12：使用 iPad 作为计算机的额外显示器

因为它的高清晰窗口，iPad 非常适合于显示东西。通常情况下，将会是 iPad 上面的内容在自身的窗口上显示——其实并不一定是这样。通过安装正确的软件，你可以将你的 iPad 作为 PC 或者 Mac 的一台额外显示器，让你可以拥有更多用于工作的窗口空间。

想要使用 Air Display 的话，iPad 和计算机必须连接到同一个无线网络上。通常情况下这没有什么问题，但是如果你的计算机没有无线网络功能的话，你需要为它安装一个。

在 iPad 上购买并安装 Air Display

首先，你需要在 iPad 上面安装 Air Display。Air Display 可以在苹果商店以 9.99 美元的价格购买。所以，使用你的 iPad 或者计算机购买并下载 Air Display。

- iPad 按下“主窗口”键来显示主窗口，然后点击“苹果商店”图标来打开苹果商店应用程序。点击“搜索”框，输入“air display”，然后在 iPad 上面应用程序区域里点击 Air Display 的搜索结果。点击“价格”按钮，然后点击“购买应用程序”按钮。
- 计算机 在 iTunes 上的“源”面板中，双击“iTunes 商店”项目来打开一个新的窗口来显示 iTunes 商店。点击“搜索”框，输入“air display”，然后按下“ENTER”或者“RETURN”键。点击“价格”按钮，然后如果有提示的话，登录一下。当下载完成以后，同步你的 iPad 来安装应用程序。

下载并安装 Windows 程序或者 Mac 应用

接下来，下载并安装你用来通过 Air Display 连接到你的 iPad 上的 Windows 程序或者 Mac 应用。

在 Windows 或者 Mac 上下载并安装 Air Display 驱动器

按照下面的步骤操作。

1. 打开网页浏览器。
2. 关闭所有其他的应用程序。重新启动计算机来完成 Air Display 驱动器的安装。
3. 在网页浏览器中，在“地址”框中选择正确的地址。最简单的方法就是在 Windows 系统中按下 ALT+D 或者在 Mac 上按下⌘+L。
4. 在选择的网址后面输入“avatron.com/d”，并按下“ENTER”或者“RETURN”键。
5. 如果浏览器提示你选择是运行还是保存 Air Display 安装文件的话，点击“运行”按钮。

6. 按照接下来章节中描述的软件安装路径完成安装。

在 Windows 系统中安装 Air Display 驱动器

在 Windows 系统中，你将使用 Air Display 支持安装向导来安装 Air Display 驱动器。这个安装向导是非常简单的。下面是仅有的你需要知道的几点。

- **选择安装语言对话框** 在这个对话框中，在下拉菜单中选择你的语言，然后点击“OK”按钮。
- **Windows 安全性对话框** 这个对话框（见下图）将会询问你是否想要安装 Avatron 显示适配器。不要选择“一直信任来自 Avatron 软件有限公司的软件”这个复选框，因为你不知道接下来 Avatron 公司会生产出什么软件。然后点击“安装”按钮。

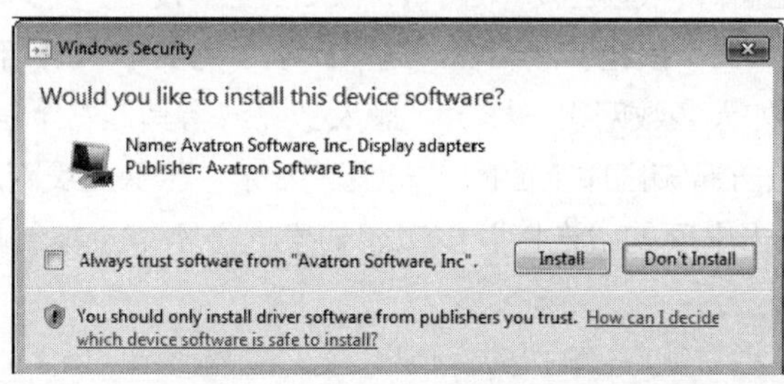

- **重新启动对话框** 当 Air Display 支持安装向导提示你重新启动 PC 的时候，点击“是”按钮。在 Windows 重启并且登录以后，你就可以开始使用了。

在 Mac 上面安装 Air Display 驱动器

在 Mac 上面，你要下载一个包含 Air Display 安装程序的磁盘映像文件。

根据你在 Mac 上面的设置，OS X 可能会自动为你安装磁盘映像文件，并且打开一个 Finder 窗口来显示其中的内容。如果没有出现这种情况的话，点击底栏右边的“下载”图标来打开下载文件夹，然后点击“AirDisplayInstaller.dmg”文件。OS X 会安装磁盘映像文件并打开一个 Finder 窗口来显示其中的内容。

关闭所有正在运行的应用程序，然后双击“Air Display Installer.pkg”文件来登录 Air Display 安装程序。点击“继续”按钮并且按照安装路径完成安装。安装过程都是很正常的——你要接受许可协议等——直到你遇见一个对话框（见下图），它会提醒你必须在软件安装完成以后重新启动你的 Mac。

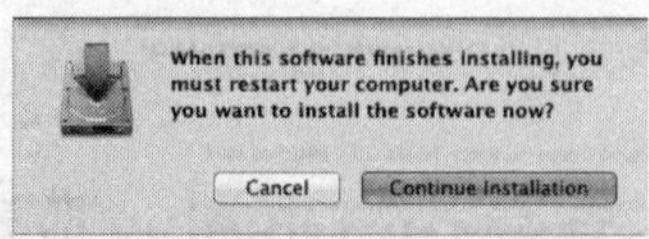

点击“继续安装”按钮并且让安装继续。当安装 Air Display 对话框显示“安装已完成”信息的时候，点击“重新启动”按钮来重启你的 Mac。当你重启 Mac 并且登录以后，你就可以开始使用 Air Display 了。

将 iPad 和计算机连接到相同的无线网络上

接下来，确保你的 iPad 和计算机是连接在同一个无线网络上面的。

- iPad 按下“主窗口”键来显示主窗口，然后点击“设置”图标来显示“设置”窗口。点击左侧栏中的“Wi-Fi”按钮，然后在“选取网络”列表中点击相应的网络。如果这个网络是被保护的（正如大多数网络一样），输入密码或者其他安全信息。
- Windows 点击通知区域上面的“无线”图标来显示无线网络的弹出面板。点击网络的名称，然后点击出现的“连接”按钮。如果这个网络是被保护的，输入密码或者其他安全信息。
- Mac 点击菜单栏右侧底部的“Wi-Fi”图标（在 Mountain Lion 或者 Lion 系统中）或者“AirPort”图标（在 Snow Leopard 系统中）来显示 Wi-Fi 菜单。点击网络的名称来连接它。如果网络是被保护的，输入需要的信息。

通过 Air Display 将你的 PC 连接到 iPad 上面

想要通过 Air Display 将你的 PC 连接到 iPad 上面，按照下面的步骤进行操作。

1. 在你的 iPad 上面，登录 Air Display 应用程序。停留在显示你的 iPad 的 IP 地址的安装窗口上。
2. 在你的 PC 上面，点击通知区域上面的“Air Display”图标来显示弹出菜单（见下图）。

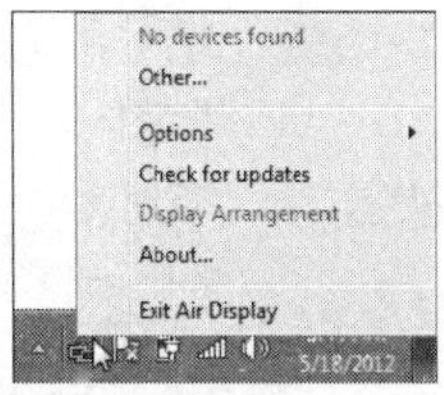

3. 如果你的 iPad 出现了的话，点击它。否则，点击“其他”图标来显示“连接到其他设备”对话框（见下图），在文本框中输入 IP 地址，然后点击“OK”按钮。

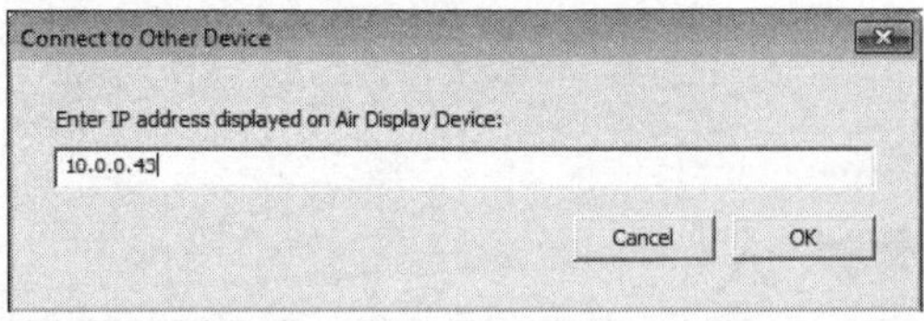

4. 点击通知区域上面的“Air Display”图标来再一次显示弹出菜单，然后点击“Display Arrangement”来显示“Display Arrangement”对话框（见图 2–1）。

5. 将显示屏拖曳到合适的位置。

6. 点击“OK”按钮。

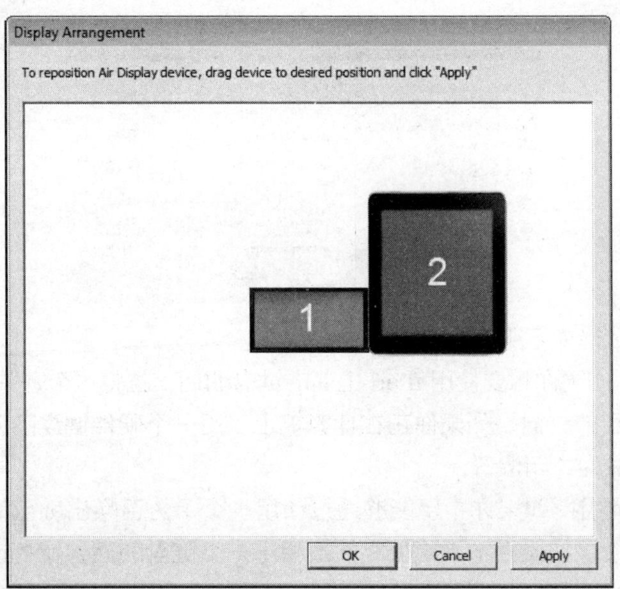

图 2-1　在“Display Arrangement”对话框中，将显示器拖曳到合适的地方来反映它们的物理位置

现在，你可以使用 iPad 作为 PC 的额外显示器了。当你准备断开与你的 iPad 的连接的时候，点击通知区域上面的“Air Display”图标，在弹出菜单中点击 iPad 的名称或者 IP 地址，然后在子菜单中点击“断开连接”项目。

通过 Air Display 将 Mac 连接到 iPad 上面

想要通过 Air Display 将 Mac 连接到 iPad 上面的话，请按照如下步骤进行操作。

1. 在你的 iPad 上面，登录 Air Display 应用程序。保持在显示 IP 地址的安装窗口上。

高级技术达人

为 Air Display 选择设置

想要控制 Air Display 是如何运行的，你可以在“设置”应用程序中选择设置。点击主窗口上面的“设置”图标，然后在应用程序列表中点击“Air Display”按钮来显示 Air Display 窗口（见下图）。

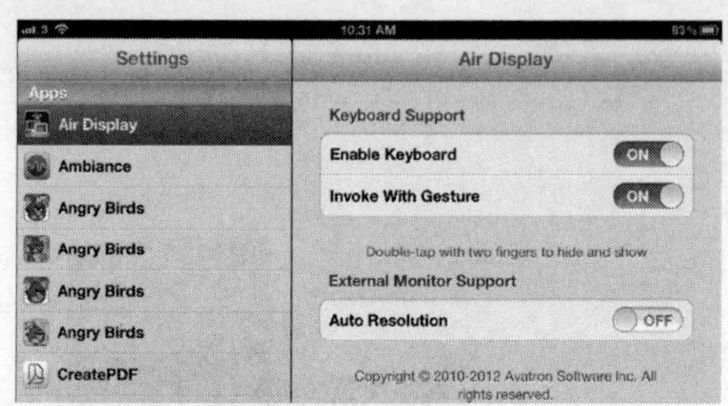

然后你可以选择如下所示的设置。

□ **启动键盘** 如果你想要使用 iPad 上面的键盘的话，就将这个开关设置为开启位置。这有时候是很有用的，但是如果你正在计算机上使用一个硬件键盘的话，你可能更倾向于将这个开关设置为关闭位置。

□ **使用手势调用** 如果你希望能够通过使用一个手势召唤出键盘的话，就将这个开关设置为开启位置。如果你不希望很突然地弹出一个键盘的话，就将这个开关设置为关闭位置。

□ 自动分辨率　如果你想要 Air Display 自动设置分辨率的话，就将这个开关设置为开启位置。

2. 在你的 Mac 上面，选择“苹果 | 系统首选项”来显示“系统首选项”窗口。

3. 在“其他”类别中，点击“Air Display”图标来显示“Air Display”面板（见图 2-2）。

4. 确保左边的“On/Off”开关是被设置为“On”这个位置。

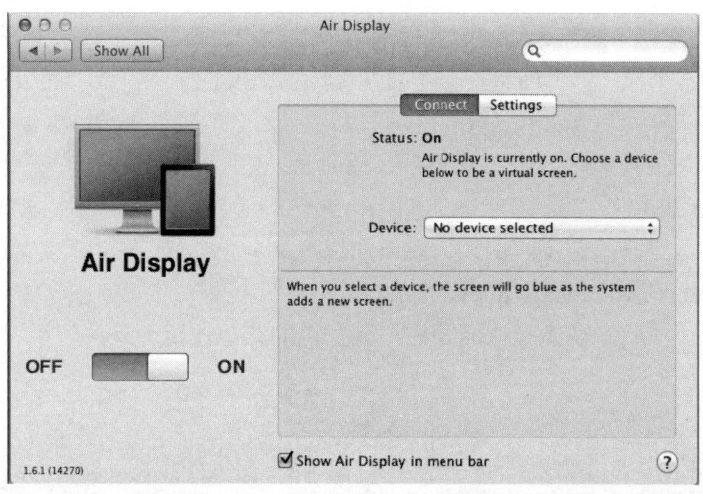

图 2-2　在 Mac 上面，使用系统首选项中的 Air Display 面板来配置 Air Display 并且连接到你的 iPad 上面

5. 在面板的底部，选择“在菜单栏中显示 Air Display”这个复选框，这样的话，你就能够从菜单栏上面控制 Air Display 了。这是控制它最简单的方法。

如果你不想在 iPad 上面使用高分辨率的话，点击“设置”选项卡来显示“设置”面板，然后清空“当可用的时候使用视网膜分辨率”这个复选框。当你使用 iPad 作为一个额外显示屏的时候，使用高分辨率往往会使 iPad 上面的事物显得很小，除非你的 Mac 在自己的窗口上面使用 HiDPI 高分辨率功能。

6. 打开“设备”弹出菜单，然后点击你的 iPad 的接入口。你的 Mac 就会连接到 iPad 上面并且使用它的屏幕作为一个额外的显示器。

如果你的 iPad 没有出现在“设备”弹出菜单上面的话，点击“连接到其他”项目来显示“连接”对话框。在“输入在 Air Display 设备上显示的 IP 地址”文本框中输入 iPad 窗口上面显示的 IP 地址，然后点击“完成”按钮。

7. 仍然是在“系统首选项”应用程序中，选择“视图｜显示”来打开显示首选项面板。你会在每一个显示器上面看见一个显示首选项面板。显示首选项面板在你的 Mac 上面主要显示有“排列”选项卡以及“显示”选项卡还有“颜色”选项卡。

8. 点击“排列”选项卡，让它显示在最前面（见图 2–3）。

9. 拖曳代表你的 iPad 显示器的图标，这样的话，它就被放置在相对于你的 Mac 其他显示器的适当的位置了。例如，如果你想将 iPad 放置在 Mac 显示器的左边，就将 iPad 的图标放置在 Mac 显示器图标的左边。

10. 点击“关闭”按钮（在标题栏左侧一端的红色按钮）来关闭系统首选项窗口并且推出系统首选项。

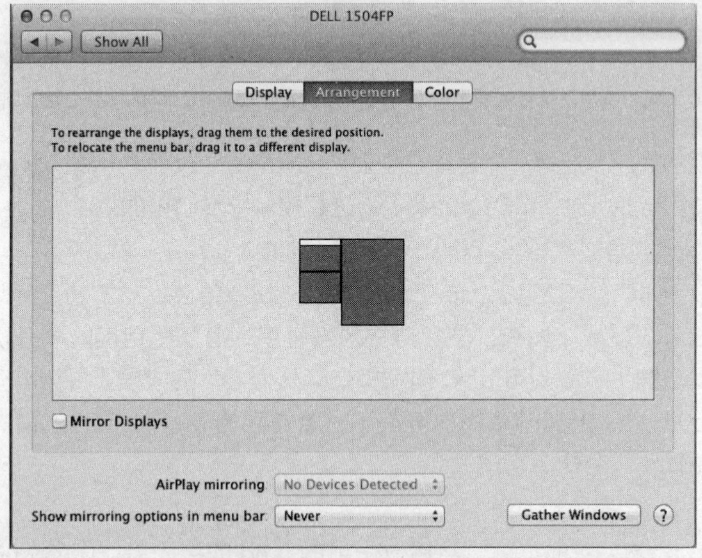

图 2-3　在显示首选项面板的“排列”选项卡上，根据它的物理位置，将 iPad 显示器的图标拖曳到一个地方

高级技术达人

定位你的 iPad，将它作为一个额外的监控器

如果你发现你的 iPad 作为一个额外的监控器工作得很好的话，获取一种定位它的方法，这样你就可以发挥它最大的功能了。

如果你有一个合适的尺寸的固定的架子，它会在关键时刻发挥作用。但是如果你想要将你的 iPad 定位在一个正确的位置，以让它能够和你的计算机的监控器一起工作的话，你可以考虑一下如下这些更加灵活的选项。

- WALLPORT Tablet WALLPORT 公司（www.tabletwallport.com）的 WALLPORT 是一个用来安装 iPad 的铝制支架，不管你是将 iPad 安装在墙上还是安装在一个 100mm 的 VESA 支架上。这意味着你可以将你的 iPad 安装在一个常规的支架上，如果你碰巧有一个多余的。更好的是，你可以将 iPad 安装在一个多显示器支架臂上，哪里需要监控，支架臂就会将它准确定位到哪里。WALLPORT 需要花费 39.95 美元。
- Wallee Tethertools 公司（www.tethertools.com/plugging-in/wallee-ipad-modular-case/）的 Wallee，这个产品的全称是 Wallee 模块化 iPad 系统。它包括一个 iPad 容器以及用来快速将 iPad() 安装到三脚架、轻站台、支架臂以及其他摄影工具上面的模块化附件。Wallee 容器就需要花费 39.95 美元，但是你可能会需要连接工具包（119.90 美元），其中包括容器以及一个连接支架。

现在你可以将你的 iPad 作为一个额外的显示器来使用了。当你准备断开 iPad 的连接的时候，点击菜单栏上面的“Air Display”图标，然后点击“关闭 Air Display”，如下图所示。

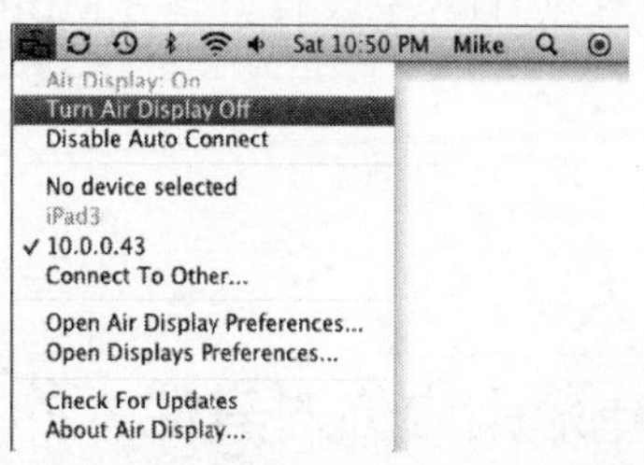

你也可以在“Air Display”菜单上面点击“没有设备被选择”来暂时停止使用 Air Display，但是仍然让它保持运行。

项目 13：将视频和 DVD 文件放到 iPad 上面播放

因为 iPad 具有清晰、高分辨率的屏幕，无论你走到哪里，它都很适合观看视频。

苹果公司的 iTunes 商店提供了很多有关视频内容的选择，包括电视剧以及完整版的电影，并且你可以购买它们，或者从各种各样的其他网站上面下载 iPad 兼容格式的视频。

但是，如果你喜欢在 iPad 上面欣赏视频的话，几乎可以确定你想要将你自己的视频文件放到 iPad 上面。你也可能想要从你自己的 DVD 上面提取文件，这样你就可以在你的 iPad 上面观看它们了。这个项目将会告诉你如何进行操作。

从数码摄像机上面创建适合 iPad 的视频文件

如果你使用数码摄像机拍摄你自己的电影的话，你可以很简单地将它们放到你的 iPad 上面。想要这样做的话，你可以使用一个像 Windows Movie Maker（在 Windows 系统中）或者 iMovie（在 Mac 上面）这样的应用程序来从你的数码摄像机上面捕获视频，并且将它们转换成本地视频。

视频的格式大多数都是很混乱的——但是 iPad 以及 iTunes 会使获得合适的视频这个过程尽可能地简单。iPad 可以播放最高 2.5Mbit/s（兆比特每秒）的 MP4 视频文件或者最高 1080p 的 H.264 格式文件。那些专门设计为了创建适合 iPad 的视频文件的程序通常会让你在 MP4 格式以及 H.264 格式之间进行选择。作为参考的一点，VHS 格式视频质量大概是 2 Mbit/s，而 DVD 格式文件则是 8 Mbit/s。

高级技术达人

了解一下在法律范围内你对其他人的视频内容能做什么，不能做什么

在你将视频和 DVD 放到你的 iPad 上面之前，知道一点关于版权和解码的最基本规则是一个非常不错的主意。

□ 如果是你创建的视频（例如，它是一个本地视频或者 DVD 文件），你就拥有它的版权，你可以对它做任何你想做的事情——将它放到 iPad 上面，在全球范围内发布它或者任何其他的事情。唯一的例外就是，你录制的内容是他人拥有产权的东西，或者你正在侵犯他人的权利（例如，隐私）。

□ 如果某些人给你提供了合法创作的能放到你的 iPad 上面的视频文件（例如，如果你从 iTunes 上面里面下载了一个视频的话），那么你就根本不需要去担心合法性的问题。

□ 如果你有一个商业 DVD 文件的复制版本，你需要获得允许来将内容从 DVD 上面提取（摘录）出来，并且将它转换成 iPad 可以播放的格式。即使以一种未授权的方式（例如，创建一个文件而不是简单地播放 DVD）对 DVD 文件进行解码通常情况下也是违法的。

使用 Windows Live Movie 或者 Windows Movie Maker 创建适合 iPad 的视频文件

与之前几个版本的 Windows 系统不同，Windows 7 不包含 Windows Movie Maker，也就是那个用来编辑视频的 Windows 程序。但是你可以从 Windows Live 网站（http://explore.live.com/windows-live-movie-maker?os=other）上面下载最接近它的替代程序——Windows Live Movie Maker。

当你安装 Windows Live Movie Maker 的时候，Windows Live 基本安装程序会建议你安装所有的 Windows Live 相关程序——Messenger、照片库和影音制作、Mail、Writer、家庭安全设置以及一些其他程序。如果你不想要所有的程序的话，在“你想要安装的程序”窗口上面点击“选择要安装的程序”按钮，然后只选择那些你真正想要安装的程序。

Windows Live Movie Maker 不能导出适合 iPad 播放格式的视频文件，所以你需要做的就是以 WMV 格式导出视频文件，然后使用另外一个应用程序来转换视频，例如免费版本的 Full Video Converter（在本章节后面介绍）。

同样地，Windows Vista 以及 Windows XP 包含的 Windows Movie Maker 版本也不能以 iPad 适合的版本导出视频文件，所以你需要做的就是以一种标准格式（例如 AVI 格式）导出视频文件，然后使用另外一个应用程序来进行转换。

在 Windows Live Movie Maker 上面创建一个 WMV 文件　想要在 Windows Live

Movie Maker 上面创建一个 WMV 文件的话，打开这个项目，并且按照如下步骤进行操作。

1. 点击在 Ribbon 左侧未命名的选项卡来显示它的菜单，然后点击“保存电影”项目来显示“保存电影”面板。

2. 在“通用设置”部分，点击“保存在计算机”。“保存电影”的对话框就会打开。

3. 为电影输入名称，选择要存储的文件夹，然后点击“保存”按钮。

现在，你已经创建了一个 WMV 文件，使用一个像免费版本的 Full Video Converter（在本章后面介绍）这样的转换程序来将视频转换成 iPad 可以播放的格式。

在 Windows Vista 系统中的 Windows Movie Maker 上面创建一个 AVI 文件 想要在 Windows Vista 系统中的 Windows Movie Maker 上面将一个电影保存为 AVI 文件，请按照如下步骤进行操作。

1. 在 Windows Movie Maker 中打开你的电影，选择“文件 | 发布电影（或者按下 CTRL–P）”来登录“发布电影”向导。向导会显示“你想要将电影发布到哪里”窗口。

2. 在列表框中选择“这台计算机”选项，然后点击“下一步”按钮。向导会显示“为你要发布的电影命名”窗口。

3. 为电影输入名称，选择要将它存储到哪个文件夹中，然后点击“下一步”按钮。向导会显示“为你的电影选择设置”窗口（见图 2–4）。

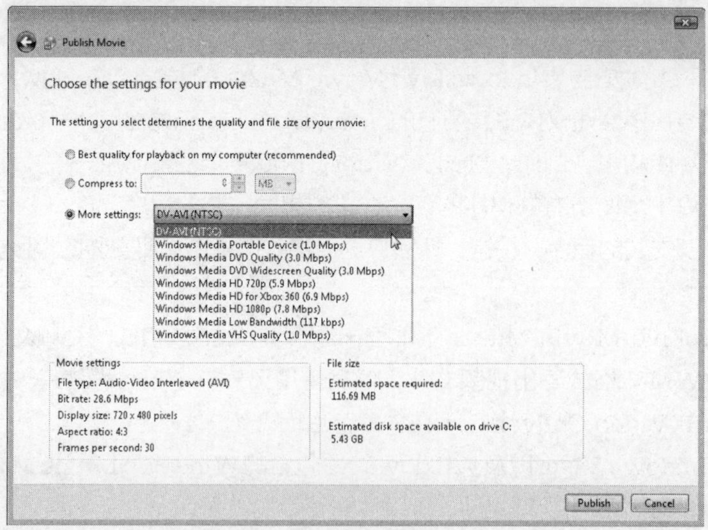

图 2-4　在“为你的电影选择设置”窗口上面，选择“电影设置”按钮，然后在下拉列表中选择 DV-AVI 项目

4. 选择“更多设置”按钮，然后在下拉列表中选择 DV-AVI 项目。

DV-AVI项目会显示为DV-AVI(NTSC)或者DV-AVI(PAL),这取决于你在“选项”对话框上面的“高级”选项卡中已经选择的是“NTSC 选项”按钮还是“PAL 选项”按钮。NTSC 是大部分北美地区使用的视频格式；PAL 的大本营则是在欧洲。

5. 点击“发布”按钮来以这种格式导出电影。当 Windows Movie Maker 完成导出文件的时候，它会显示“你的电影已经导出完毕”窗口。

6. 如果你不想立刻在 Windows Media 播放器中观看电影的话，那就不要选“当我点击完成的时候播放电影”这个复选框。通常情况下，这是检查一个电影是否已经成功导出的好方法。

7. 点击“完成”按钮。

现在,你已经创建了一个AVI文件,使用一个像免费版本的Full Video Converter(在本章后面介绍) 这样的转换程序来将视频转换成 iPad 可以播放的格式。

在 Windows XP 系统中的 Windows Movie Maker 中创建一个 AVI 文件 想要在 Windows XP系统中的Windows Movie Maker中将一部电影保存为AVI格式文件的话，请按照如下步骤进行操作。

1. 选择“文件｜保存电影文件”来登录“保存电影”向导。向导会显示“电影位置”窗口。

2. 选择“我的计算机”项目，然后点击“下一步”按钮。向导会显示“保存电影文件”窗口。

3. 输入名称并且选择电影存储的文件夹，然后点击“下一步”按钮。向导会显示“电影设置”窗口 (见图 2-5 中的选项) 。

4. 点击“显示更多选择”链接来显示“最适合的文件大小选项”按钮以及“其他设置选项”按钮。

5. 选择“其他设置选项”按钮，然后在下拉列表中选择 DV-AVI 项目。

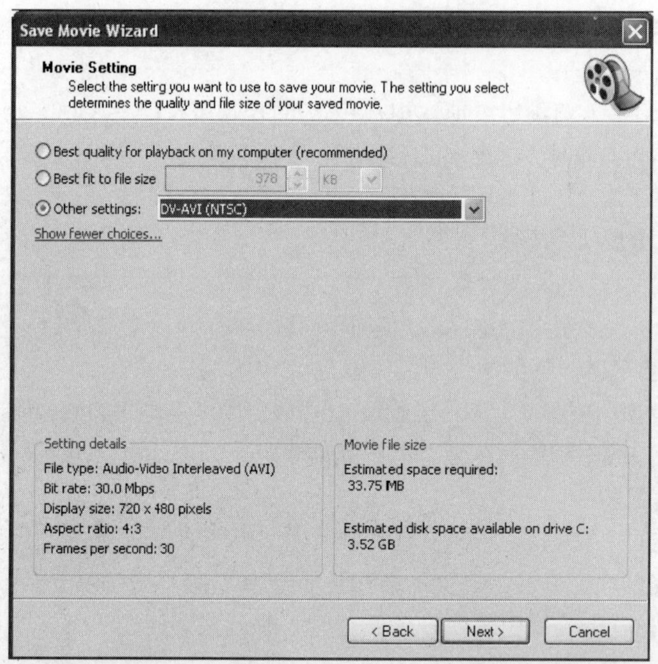

图 2-5　点击“显示更多选择”链接来使“其他设置”按钮可用，然后选择“其他设置”按钮并且从下拉列表中选择 DV-AVI 项目

DV-AVI项目会显示为DV-AVI(NTSC)或者DV-AVI(PAL),这取决于你在“选项”对话框上面的“高级”选项卡中已经选择的是“NTSC 选项”按钮还是“PAL 选项”按钮。NTSC 是大部分北美地区使用的视频格式；PAL 的大本营则是在欧洲。

6. 点击“下一步”按钮来以这种格式保存电影。向导会显示“完成保存电影向导”窗口。

7. 如果你不想立刻在 Windows Media 播放器中测试电影的话，那就不要选“当我点击完成的时候播放电影”这个复选框。通常情况下，这是检查一个电影是否已经成功导出的好方法。

8. 点击“完成”按钮。

现在，你已经创建了一个AVI文件，使用一个像免费版本的Full Video Converter（在本章后面介绍）这样的转换程序来将视频转换成 iPad 可以播放的格式。

使用 iMovie 创建适合 iPad 的视频文件

想要使用 iMovie 创建一个能在 iPad 上面播放的视频文件的话，请按照如下步骤进行操作。

1. 在 iMovie 中打开电影，选择“共享 | iTunes”来显示“将你的项目发布到 iTunes”资料表（见图 2-6）。

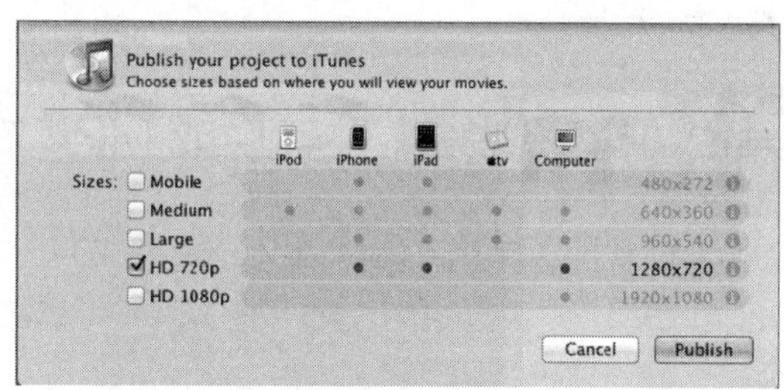

图 2-6　在 iMovie 中的“将你的项目发布到 iTunes”资料表中，选择你想要创建的文件尺寸——例如，适合 iPad 的 HD 720p

2. 在“尺寸”区域，选择每一个你想要创建的尺寸的复选框。圆点代表对于这种设备来说，这个尺寸是合适的。例如，如果你想要在一台 iPad 上面以高质量播放视频文件的话，选择“HD 720p”复选框。

3. 点击“发布”按钮，然后等待一会，让 iMovie 创建压缩文件并将它们添加到 iTunes 中。随后，iMovie 会自动显示 iTunes.

4. 在“源”列表中点击“电影”项目，你江湖看见你刚刚创建的电影。双击一个文件来播放它，或者只是简单地将它拖曳到 iPad 上面来加载它。

使用你现有的视频文件创建适合 iPad 播放的视频文件

如果你有现成的视频文件（例如，AVI 格式的文件或者是 QuickTime 电影），你可以用几种方式将它们转换成适合 iPad 播放的格式。

最简单的方法就是通过使用 iTunes 中内置的功能——但是不幸的是，这些功能只适用于一些视频文件。你也可以使用 QuickTime Pro，它可以转换大多数已知的视频格式，但是这要花费 30 美元。

一个免费的用来转换文件的解决方案就是 HandBrake，一个你可以从互联网上面下载的应用程序。HandBrake 可以以很多种视频格式打开文件并且将它们转换成其他的格式，包括 MP4 格式。更好的是，你可以分辨输出尺寸和质量，这样的话，你就可以在视频质量以及压缩文件尺寸之间选择最佳的平衡点了。

高级技术达人

了解一些其他可以将视频文件转换成 MP4 文件的软件

HandBrake 是一个可以将各种各样格式的视频文件转换成 MP4 格式文件的非常不错的工具。但是如果你有 HandBrake 不能转换的文件的话，你可能需要使用其他工具。下面就由两款不错的软件。

- Full Video Converter Free Full Video Converter Free 是一款免费的 Windows 程序软件，你可以从 Top 10 下载（www.top10download.com）以及其他网站上面下载这个软件。当你安装这个程序的时候，确保你拒绝了任何额外的选项，例如添加一个工具条、更改你的默认搜索引擎，或者改变你的主页。
- Zamzar Zamzar（www.zamzar.com）是一款在线文件转换软件。对于低容量的文件来说，转换是免费的（尽管这可能需要一段时间），但是你必须提供一个有效的电子邮件地址。对于更高容量的文件或者想要获取更高优先级的话，你可以注册一个支付账号。

你可以找到各种各样的其他免费在线软件，用它们来转换文件。如果你正在寻找这样的软件的话，仔细检查一下，确保你正准备下载的是一个完全免费的软件，而不是一个残缺版本，它会在你转换文件的时候要求你进行支付。

使用 iTunes 创建适合 iPad 播放的视频文件

想要使用 iTunes 创建适合 iPad 播放的视频文件的话，请按照如下步骤进行操作。

1. 将你的视频文件以下列方法之一添加到你的 iTunes 资料库中。

- 如果 iTunes 没有在运行的话，打开它。使用一个 Windows 资源管理器窗口（在

Windows 系统中）或者一个 Finder 窗口（在 Mac 上面）来打开包含视频文件的文件夹。排列一下窗口，这样的话你就可以同时看见文件以及 iTunes 了。将文件拖曳到 iTunes 中的资料库项目里。

- 在 iTunes 中，选择“文件 | 添加到资料库”，使用“添加到资料库”对话框来选择文件，然后点击“打开”按钮（在 Windows 系统中）或者“选择”按钮（在 Mac 上面）。

2. 在 iTunes 窗口中选择“高级 | 创建 iPad 或者 iPod 版本”。

如果“创建 iPad 或者 iPod 版本”选项对当前文件不可用的话，或者如果 iTunes 提示给你一个错误信息的话，你就会知道，iTunes 不能转换文件。

使用 QuickTime 创建适合 iPad 播放的视频文件

QuickTime 是苹果公司设计的使用在 OS X 系统以及 Windows 系统上的多媒体软件，它有两个版本：QuickTime 播放器（免费版本）以及需要花费 29.99 美元的 QuickTime 专业版。

在 Mac 上面使用 QuickTime 播放器创建适合 iPad 播放的视频文件　在 OS X 系统上面，QuickTime 播放器是包含在标注安装的操作系统中的；并且如果你已经因为什么原因卸载了它的话，只要你安装 iTunes 的时候，它就会再一次自动安装。Mac 版本的 QuickTime 播放器包括文件转换，你可以通过使用“共享”菜单来访问它。例如，按照下面的步骤进行操作。

1. 从登录器、底栏或者应用程序文件夹中打开 QuickTime 播放器。
2. 选择“文件 | 打开文件”，在“打开”对话框中选择文件，然后点击“打开”按钮。
3. 选择“共享 | iTunes”来显示“将你的电影保存在 iTunes 中”对话框（见图 2-7）。
4. 选择“iPad、iPhone4& 苹果电视选项”按钮。
5. 点击“共享”按钮。QuickTime 就会转换文件。

在 Windows 系统中使用 Quick 专业版来创建适合 iPad 播放的视频文件　在 Windows 系统中，当你安装 iTunes 的时候，你就会安装 QuickTime 播放器，因为 QuickTime 为 iTunes 提供了很多的多媒体功能。“播放器”这个名字并不是完全准确的，因为 QuickTime 不仅为 iTunes 提供了编码服务，还有解码服务——但是在 PC 上面的 QuickTime 不允许你创建大多数格式的视频文件，除非你购买了 QuickTime 专业版。

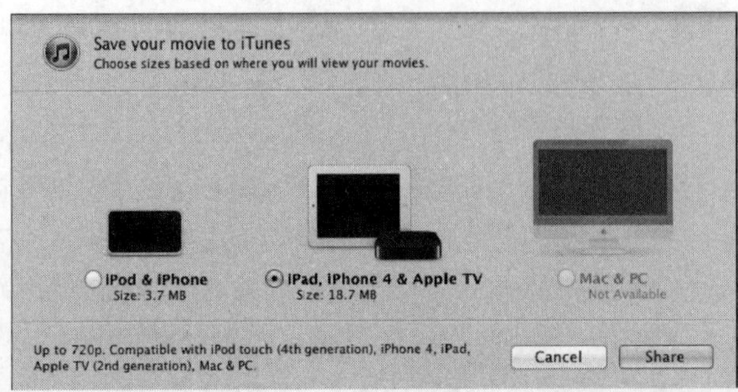

图 2-7　在 Mac 上面，你可以使用 QuickTime 播放器来将视频文件转换成适合在 iPad 上面播放的格式

Windows 系统中的 QuickTime 专业版在一些用户中获得了好评，但是其他人则给出了差评。如果你正准备购买适合 Windows 系统的 QuickTime专业版的话，首先在苹果商店(http://store.apple.com)上面阅读一下有关它的最新评价。

适用于Windows系统的QuickTime播放器是一个残缺版本的QuickTime Pro，所以当你从苹果商店上面购买专业版的 QuickTime 的时候，你所得到的就是一个用来解锁隐藏功能的注册码。想要应用注册码的话，选择“编辑｜首选项｜在 Windows 中注册”来显示“QuickTime 设置”对话框的“注册”选项卡，选择“QuickTime 播放器｜注册”来显示“QuickTime”对话框的“注册”选项卡。

当你注册专业版的 QuickTime 的时候，你必须在“注册”文本框中准确地按照苹果公司已经规定好的格式输入你的注册名。例如，如果你已经使用“John P.Smith”这个名字来注册专业版的 QuickTime，但苹果公司已经确认了“Mr.John P.Smith”为注册名的正确格式的话，你必须使用“Mr.John P.Smith”作为注册名。如果你试图使用“John P.Smith”的话，注册就会失败，即使这是当你注册的时候使用的正确注册名。

想要在QuickTime专业版上面创建一个适合在iPad上面播放的视频文件的话，请按照如下步骤进行操作。

1. 在 QuickTime 专业版中打开文件，然后选择“文件｜导出”来显示“将导出文件另存为”对话框。

2. 像往常一样，选择文件名和文件夹，然后在“导出”下拉列表中选择“适合 iPad 的电影”。保留“使用”下拉列表中已经选择好的默认设置项目。

3. 点击“保存”按钮来开始导出视频文件。

使用 HandBrake 创建适合在 iPad 上面播放的视频文件

可以将视频文件从一种格式转换成另外一种并且创建能够在 iPad 上面工作的视频文件的最好工具之一就是 HnadBrake。在本章节中，你将学习到如何下载、安装和登录 HandBrake，选择合适的设置，以及将视频文件转换成适合 iPad 播放的格式。

下载、安装以及登录 HandBrake 首先，在你的 PC 或者 Mac 上面安装 HandBrake。请按照如下步骤进行操作。

1. 打开你的网页浏览器并且转到 HandBrake 网站的下载页面（http://handbrake.fr/downloads.php）。

2. 在 Mac OS 标题或者是 Windows 标题下面点击合适的下载链接。

3. 当下载完成的时候，像往常一样安装应用程序。

- Windows 点击“运行”按钮来登录 HandBrake 安装向导，接受许可协议以及默认设置，然后等待向导安装 HandBrake。

- 如果 OS X 系统没有自动打开一个 Finder 窗口来显示 HandBrake 磁盘映像包含的内容的话，点击底栏上面的“下载”图标，然后点击 HandBrake 磁盘映像文件。在 Finder 窗口中，将“HandBrake”图标拖曳到应用程序文件夹中。当你登录 HandBrake 的时候，你将需要接收许可协议。

4. 现在你已经安装了 HandBrake，登录它。

- Windows 选择“开始｜所有程序｜HandBrake｜HandBrake”。

- Mac 在底栏上面点击“登录板”图标，然后点击“HandBrake”图标。如果你的 OS X 系统版本没有登录板的话，点击桌面，选择“转到｜应用程序”，然后在应用程序文件夹中双击“HandBrake”图标。

高级技术达人

找出你的 Windows 版本是 32 位的还是 64 位的

HandBrake 在 Windows 系统中有不同的版本——一个是 64 位版本，还有一个是 32 位版本的。你可能会需要 32 位版本的，因为在撰写本文的时候，大多数的 WindowsPC 运行的都是 32 位版本的 Windows 系统；如果你很幸运的有一个运行 64 位版本的 Windows 系统的 PC 的话，你将很可能知道这一点。

64 位版本的 Windows XP 系统是很罕见的，尤其是现在，所以你将只需要在 Windows 7 或者 Windows Vista 系统上面检查一下。想要检查的话，按下“Windows”按钮来显示系统窗口（在 Windows 7 或者 Windows Vista 系统中）或者系统属性对话框（在 Windows XP 系统中）。然后查看一下在系统部分的系统类型，看一看它是 32 位的操作系统还是 64 位的操作系统。

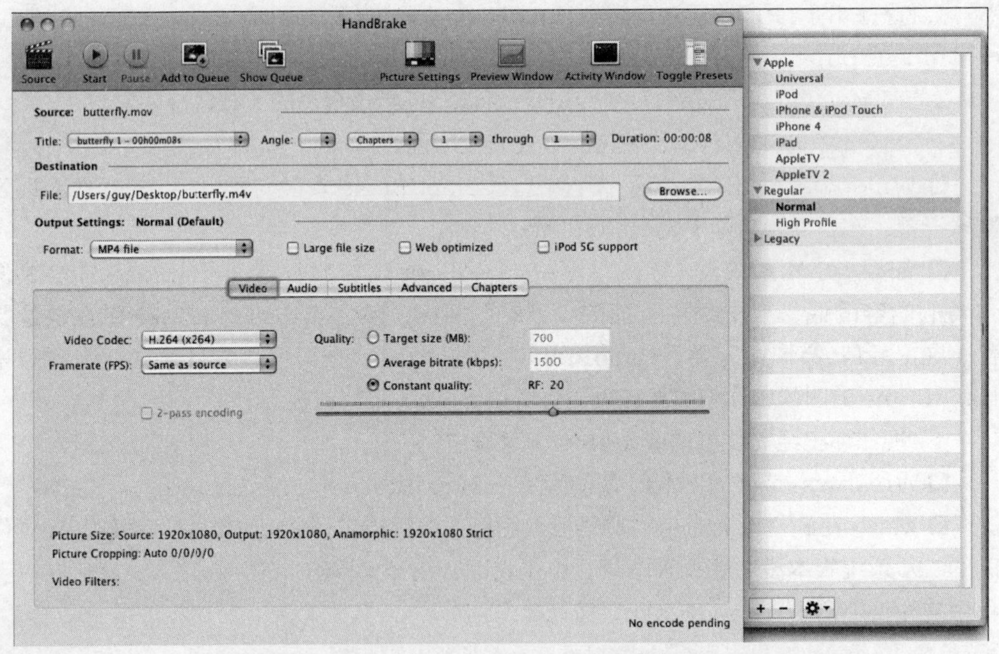

图 2-8　在 HandBrake 窗口右边的“预选项”面板上面包含了一个 iPad 预选项

图 2–8 显示了加载有一个文件的 HandBrake 窗口，以及在其右侧的预选项面板。

这个章节介绍了在 Mac 上面的 HandBrake。在 Windows 系统中，HandBrake 几乎就是一样的，但是我将会点出你需要知道的一些不同之处。

使用 HandBrake 将视频文件转换成 MP4 文件

打开 HandBrake，你已经准备好了开始转换文件。请按照如下步骤进行操作。

1. 显示“打开”对话框。

- Windows 点击工具条上面的“源”下拉按钮，然后点击视频文件。你也可以按下“CTRL–O”。
- Mac 点击工具条上面的“源”按钮。

2. 点击你想要的文件，然后点击“打开”按钮。HandBrake 会读取文件，然后显示它的详细信息。

3. 在目的区域的文件框中，指定要转换文件使用的文件夹和文件名。你可以输入文件夹路径，也可以点击“浏览”按钮，并且在打开的对话框中进行选择。

4. 如果“预设置”面板没有显示的话，点击工具条上面的“切换预设置”按钮来显示它。然后点击 iPad 预设置。

在 Windows 系统中，你可以选择输出图片的大小，并且通过使用窗口下部的“图片”选项卡上面的控制器来进行剪裁。

5. 在 Windows 系统中打开存储类型下拉列表，或者在 Mac 上面打开格式弹出菜单，然后选择 MP4 文件。

6. 如果你觉得相对较大的文件尺寸合适的话，选择“大型文件尺寸”复选框。这将会减少编码的数量，所以它很值得尝试，这主要取决于你的 iPad 有多大的存储空间，以及你想将多少视频放进去。

7. 确保窗口下部的“视频”选项卡已经被选择上。如果没有的话，点击“视频”选项卡。

8. 在视频编解码器下拉列表中，选择“H.264（x264）”。

9. 在帧速率下拉列表中，选择“与源文件相同”。

10. 点击工具条上面的“开始”按钮。HandBrake 会开始转换文件。当它完成的时候，HandBrake 会显示如下所示的对话框。

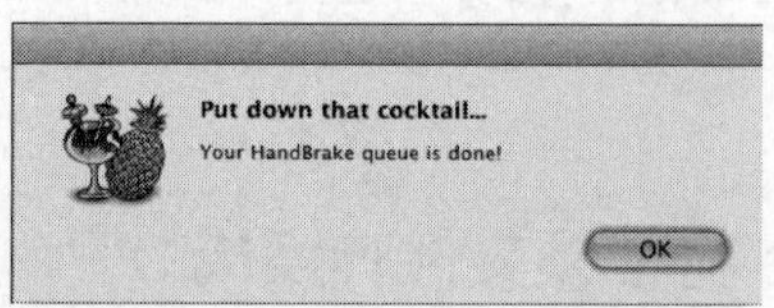

利用 DVD 光盘创建视频文件

如果你有 DVD 的话，你将很可能想要将它们的内容放到 iPad 上面，这样你就不需要一台 DVD 播放机来观看了。本节将给出一个关于如何创建合适版本文件的概述，首先是在 Windows 系统中，然后是在 Mac 上面。

因为没有特定权限地刻录商业版 DVD 是违反版权法的，所以你找不到从大公司出产的 DVD 刻录程序。你可以在互联网上面找到商业程序、共享程序和免费程序——但是你一定要保持足够的智慧和警惕性，因为有一些经过不良编程的程序对你的计算机是有威胁的，还有一些可能包含有你不想要的软件，比如广告软件或者间谍软件。请在你想要下载并且安装任何 DVD 刻录程序之前仔细阅读一下关于产品的评价，尤其是在你准备支付之前。通常在互联网上，一些看起来很实惠的产品，它基本上也是不错的。

在你开始刻录之前，确保你的光盘上面不包含不适合计算机版本的内容。在撰写本文的时候，一些蓝光光盘包含这些版本，这是为了让你在计算机以及日常生活设备（比如 iPad）上面加载许可的。

高级技术达人

了解 DVD 标题以及章节

每一个 DVD 都是分成标题和章节的。

- **标题** 一个标题就是 DVD 上面的一个录制音轨。
- **章节** 章节就是标题里面的书签——例如，如果你在远程遥控器上面安装“下一首”按钮，你的 DVD 播放机就会跳转到下一个章节的开始部分。

在 PC 上面使用 DVDFab 高清破解器提取 DVD

在这一节中，我们将在 PC 上面安装 DVDFab 高清破解器，并且使用它来提取 DVD。DVDFab 高清破解器是一个共享软件，你可以试用 30 天，这将给你提供足够的时间来决定它是否是你想要的。在这以后，你应该支付来进行注册。

在 PC 上面安装 DVDFab 高清破解器

想要在 PC 上面下载并且安装 DVDFab 高清破解器，打开你的网页浏览器，并且转到 DVDFab.com 网站（www.dvdfab.com/hd-decrypter/htm）上面的 DVDFab 高清破解器页面。点击“下载”按钮，点击“文件下载 - 安全性警告”对话框上面的“运行”按钮，然后点击“因特网浏览器 - 安全性警告”对话框上面的“运行”按钮（见下图）。

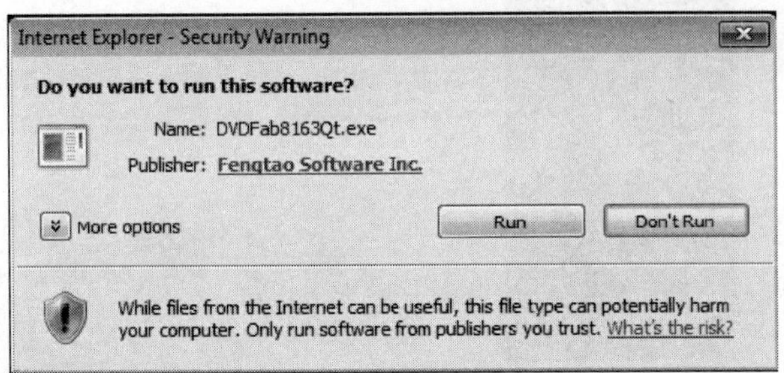

然后安装程序就会运行。像往常一样按照安装程序的步骤运行。下面有 3 点是值得注意的。

- 在“选择安装语言”对话框中，选择你要使用的语言，然后点击“OK”按钮。
- 在选择附加任务窗口（见下图）中，如果你不想为 DVDFab 高清破解器创建一个桌面图标的话，就不要选择“创建一个桌面图标”复选框。同样地，如果你不想在快速启动工具条上面创建一个图标的话，那就不要选择“创建一个快速启动图标”复选框。

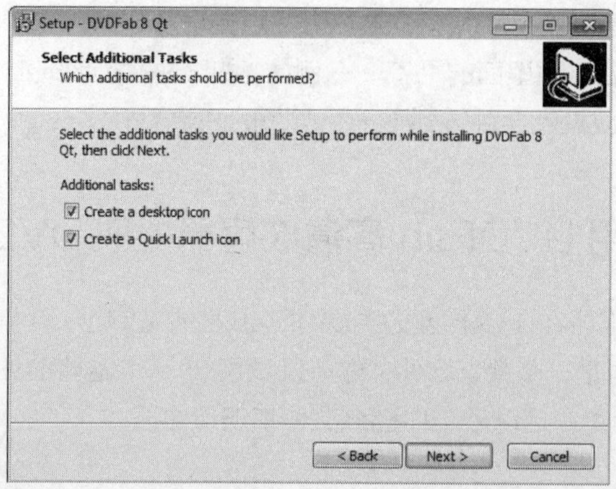

☐ 在完成 DVDFab 8 QT 安装向导窗口（见下图）上面，如果你同意立即重启计算机的话，选择“是，现在重新启动计算机”按钮。否则的话，选择“不，稍后重新启动计算机”按钮，并且在你方便的时候再重启。

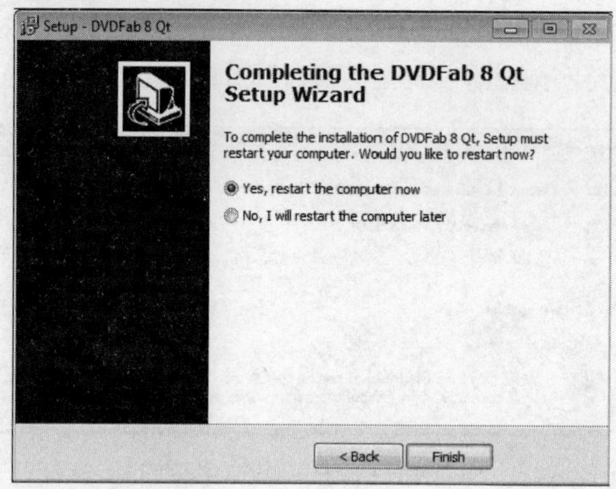

使用 DVDFab 高清破解器提取 DVD

在重新启动你的 PC 以后，正常登录。然后你将准备好使用 DVDFab 高清破解器提取 DVD 了。请按照如下步骤进行操作。

1. 在“开始”菜单（选择“开始 | 所有程序 | DVDFab 8 QT | DVDFab 8 QT”）、桌面快捷方式或者快速登录工具栏上面登录 DVDFab 高清破解器。

2. 在你的PC上面的DVD驱动器里插入一张DVD光盘，然后等待一会，让DVDFab高清破解器确定它的内容。

3. 点击DVDFab窗口左侧栏上面的“DVD提取器”按钮来显示DVD提取选项（见图2–9）。

4. 点击“iPad”选项来选择它。

5. 在“目标”文本框中，输入要存储文件使用的文件夹。你可以输入路径；你可以点击文件夹图标的按钮，也可以使用“请选择一个文件夹”对话框来选择文件夹；或者你可以点击下拉列表按钮并且使用你之前已经使用的一个文件夹。

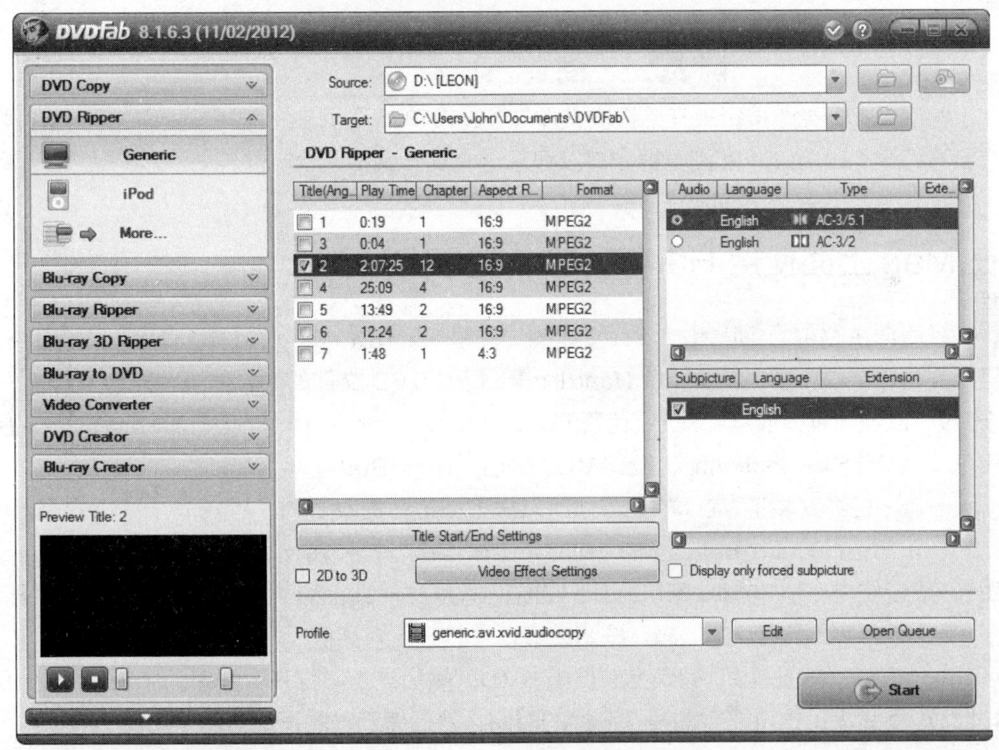

图 2-9　点击左侧面板上面的“DVD 提取器”按钮来显示 DVD 提取选项，然后点击“iPad”选项

6. 在窗口中间的标题列表中，选择你想要提取的DVD标题的复选框。通常情况下，你将想要选择DVD的主标题，这个标题你可以简单地通过它的长度选择出来——就是整个电影的长度。

7. 如果你只是想要从你已经选择的标题中提取几个章节的话，点击“标题开始 / 结束”按钮来显示“标题开始 / 结束”对话框（见下图）。通过使用开始下拉列表以及结束下拉列表选择相应的章节，然后点击“OK”按钮。

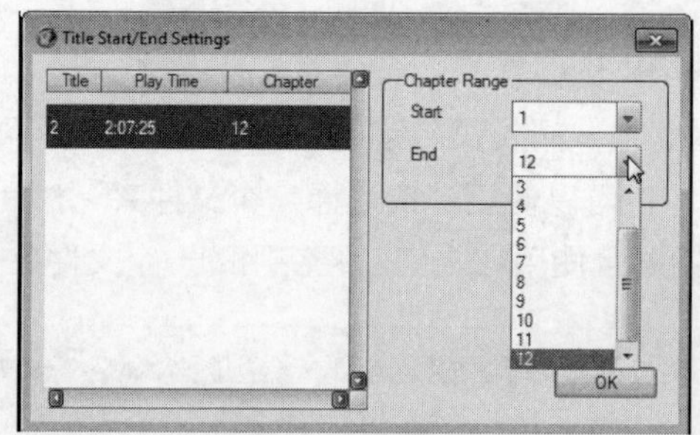

8. 点击“开始”按钮来开始提取文件。当 DVDFab 高清破解器完成提取文件的时候，它会打开一个 Windows 浏览器窗口以显示这个文件夹中包含的文件。

在 Mac 上面使用 HandBrake 提取 DVD

最适合在 Mac 上面提取 DVD 文件的工具是 HandBrake，你在本节之前的内容中已经见到过这个程序了。想要使用 HandBrake 提取 DVD 文件的话，你必须安装 VLC、一个 DVD 以及视频播放应用程序（免费的；www.videolan.org）。这是因为 HandBrake 使用了 VLC 的 DVD 解码功能；没有 VLC 的话，HandBrake 将不能解码 DVD。

一旦你已经安装了 VLC 的话，你可以像下面这样提取 DVD。

1. 正常运行 HandBrake。例如，在底栏上面点击“登录”图标，然后点击“HandBrake”图标，或者使用一个 Finder 窗口打开你的应用程序文件夹，然后双击“HandBrake”图标。

2. 点击工具条上面的“源”按钮来显示“打开”对话框。

3. 点击左侧的“源”列表上面点击 DVD，然后点击“打开”按钮。HandBrake 会扫描 DVD 光盘，这可能会需要几分钟的时间，然后显示它的详细信息（见图 2-10）。

4. 在标题弹出菜单上面，选择要提取哪个标题。想要从一张 DVD 光盘上面提取一部电影的话，你需要提取主标题。通常情况下，你可以简单地通过长度就区分出主标题——它和电影的时间长度一样（例如，2 个小时）。

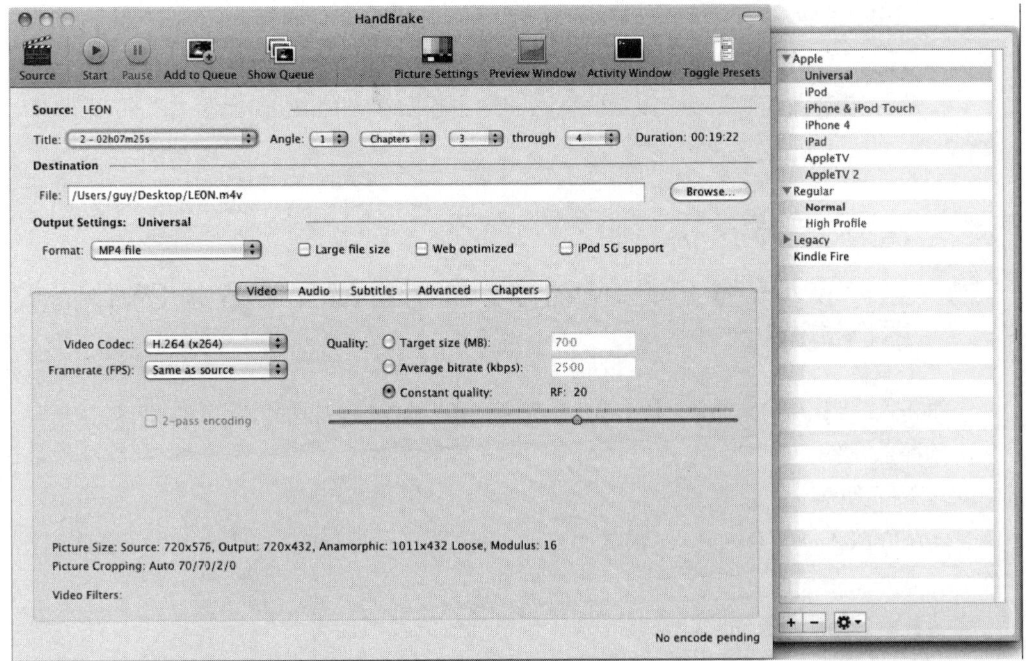

图 2-10　HandBrake 会扫描 DVD 光盘，并且显示它的详细信息。然后你可以选择要提取哪个标题和章节

5. 另外，你可以通过使用章节弹出菜单从电影中提取你想要的章节。例如，如果你想要章节 1 ~ 10，在第一个弹出菜单中选择 1，然后在第二个弹出菜单中选择 10。

如果 DVD 提供了多种角度的话，打开角度弹出菜单，并且选择你想要的角度。

6. 在目标框中，输入视频文件将要使用的文件夹和文件名。如果你愿意的话，你可以输入路径和文件名，但是点击“浏览”按钮会更容易一点，使用打开的“保存”对话框来确定文件夹和文件名，然后点击“保存”按钮。

7. 如果预设置面板没有显示在 HandBrake 窗口的右侧的话，点击“切换预设置”按钮来显示它。

8. 点击 iPad 预设置。在窗口底部的设置就会改成预设置。

9. 在输出设置区域，在格式弹出菜单上面选择“MP4 文件”。

10. 如果你觉得一个大型文件尺寸合适的话，那就选择“大型文件尺寸”复选框。

11. 清除“网络优化”复选框。

12. 清除“iPod 5G 支持”复选框，除非你也需要在一台 iPod 上面播放视频。

高级技术达人

当你放入一张 DVD 的时候，要防止 Mac OS X DVD 播放器自动运行

当你插入一张电影DVD的时候，OS X系统会自动登录DVD播放器，将它切换为全屏，然后开始播放电影。这在你想要观看电影的时候是很好的，但是当你想要提取文件的时候就显得不那么好了。

想要在你放入一张DVD的时候防止DVD播放器自动运行的话，请按照如下步骤进行操作。

a. 选择“苹果 | 系统偏好设置”来打开系统偏好设置。

b. 在硬件部分，点击“CD&DVD”项目。

c. 在“当你插入一张视频 DVD 的时候”下拉列表中，如果你想每次都可以自由选择使用哪个应用程序，你可以选择“忽略”。如果你想要一直使用一个相同的应用程序，选择“打开其他应用程序”，然后点击“选择”按钮。

d. 选择“系统偏好设置 | 推出系统偏好设置”或者按下“⌘-O”来关闭系统偏好设置。

13. 在 HandBrake 窗口下部，在“视频”选项卡上面选择合适的设置。下面这些设置对于你将在 iPad 上面播放的视频文件来说是十分有用的。

- **视频编解码器** 选择 H.264（x.264）。
- **帧速率（FPS）** 选择与源文件相同的帧速率。
- **质量** 选择“恒定质量选项”按钮，然后将滑块拖曳到你想要的质量的位置。你需要通过创建不同质量的视频文件来尝试你的设置，并且看一看哪些质量在你的iPad（或者是电视，或者是你的 iPad 所连接的显示器）上面的效果更好。

14. 点击工具条上面的“源”按钮来开始提取。

项目 14：在电视上面收看来自 iPad 的视频

一旦你已经将视频文件下载到了你的 iPad 上面，你就可以在任何地方观看它们了。当你自己就是全部观众的时候，在你的 iPad 窗口上面观看会感觉很好，但是，当你需要与其他人一起分享你的视频的时候，你可能想要一个更大的窗口。通常情况下，最简单的解决方法就是在电视上面播放来自你的 iPad 的视频。

将 iPhone 连接到电视上

想要在一台电视上播放你的 iPad 上的视频，你需要一根合适的数据线。首先来看一下苹果商店（http://store.apple.com）里的苹果数字 AV 适配器、苹果复合 AV 数据线以及苹果组件 AV 数据线，并且确定哪些是你的电视需要的。然后再决定是要购买苹果版本的数据线或者适配器还是购买一个第三方的装备。

当你拥有数据线以后，将它连接到你的 iPad 上的底座连接器端口以及电视上的合适输入口。

在电视上播放一段视频或者电影

在你将 iPad 连接到电视上面以后，只需要像往常一样在 iPad 上开始播放，你就可以在电视上播放视频或者电影了。

当你开始播放的时候，你的 iPad 会显示一个提示，提示你视频将输出到电视上。

如果电视没有显示视频的话，你将需要按一下“AV”按钮，确保它使用的是正确的输入。

当你看完视频以后，从电视上面断开数据线的连接。

项目 15：使用照片流在你所有的设备上面共享照片

使用你的 iPad 上内置的摄像头能随时随地地拍摄高质量照片，这是非常不错的。但是更好的方法是使用照片流功能让这些照片能自动地出现在你的计算机上或者其他 iOS 设备（例如，iPhone）上。

在本节中，我将介绍如何设置和使用照片流。

了解什么是照片流以及它都能做什么

照片流是苹果 iCloud 服务的一部分，所以如果想使用照片流的话，你必须拥有一个 iCloud 账户。假设你已经有一台 iPad 了，可能你已经设置了 iCloud 账户；如果还没有的话，你可以用几分钟的时间设置一下。

一旦你设置完成以后，照片流会自动在你的 iOS 设备和你的计算机之间同步最多 1000 张你最近的照片。照片流可以使每张照片在 iCloud 中储存 30 天，所以，如果你每周都会将每一个 iOS 设备连接到一个无线网络上，你很快就会获得每个设备上的所有新照片。

在 iPad（或者 iPod touch，或者 iPhone）上，照片流包含了相机胶卷中的照片。相机胶卷中不仅有你使用照相机应用程序拍摄的照片，也包含从邮件账户、彩信或者网页上保存的图片。

照片流可以在任何运行 iOS 5 系统的设备上工作，这些设备包括任何版本的 iPad、iPhone（3GS、4 或者 4S）或者 iPod（第三代或者更新的版本）。它在 Mac 上与 iPhoto 或者 Aperture 一起工作，在 Windows 7 或者 Windows Vista 系统中则是和图片资料库配合使用。

在 iPad 上面设置照片流

想要在 iPad 上面设置照片流，请按照如下步骤进行操作。

1. 按下“主窗口”按钮来显示主窗口。
2. 点击“设置”图标来显示设置窗口。
3. 点击左侧栏中的“照片”按钮来显示照片窗口（见图 2–11）。
4. 点击“照片流”开关，并且将它移动到开启位置。

当你将“照片流“开关切换到开启位置的时候，如果你目前没有登录 iCloud 的话，你的 iPad 会提示你登录到 iCloud。

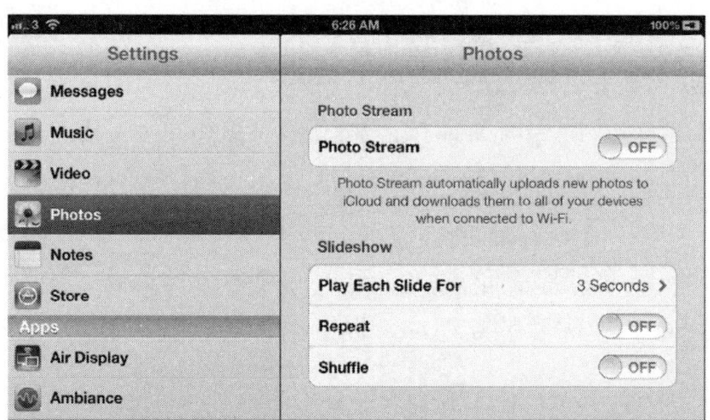

图 2-11　在设置窗口上面点击“照片”按钮来显示照片窗口，然后将“照片流”开关移动到开启位置

在 iPhone 或者 iPod touch 上面设置照片流

想要在 iPhone 或者 iPod touch 上面设置照片流的话，请按照如下步骤进行操作。

1. 按下“主窗口”按钮来显示主窗口。
2. 点击“设置”图标来显示设置窗口。
3. 点击“照片”按钮来显示照片窗口。
4. 点击“照片流”开关，并且将它移动到开启位置。

当你将“照片流”开关设置为开启位置的时候，如果你目前没有登录 iCloud 的话，你的 iPhone 或者 iPod touch 会提示你登录到 iCloud。

在 PC 上面设置照片流

如果你有一台运行 Windows 7 或者 Windows Vista 系统的 PC 的话，你可以设置照片流来自动同步你的照片。想要做到这一点，你需要安装 iCloud 控制面板，然后登录你的 iCloud 账户并开启照片流。你也可以改变 iCloud 使用的默认文件夹。

- **下载文件夹**　“我的照片流”在你的图片文件夹 \ 照片流 \ 文件夹中，例如，如果你的用户账户名称是 Chris，那么路径是 C:\ 用户 \Chris\ 图片 \ 照片流 \ 我的照片流 \。

□ 上传文件夹 “上传”文件夹在你的图片文件夹 \ 照片流 \ 文件夹中，例如，如果你的用户账户名称是 Chris，那么路径是 C:\ 用户 \Chris\ 图片 \ 照片流 \ 上传 \。

想要在你的 PC 上设置照片流，请按照如下步骤进行操。

1. 如果你的PC上面还没有iTunes的话，从 www.apple.com/itunes/ 上面下载并且安装它。在使用 iCloud 和照片流的时候，你运行的必须是 iTunes10.5 或者更新的版本。

2. 选择“开始 | 所有程序 | 苹果软件更新”来运行苹果软件更新程序，它将为你检查更新版本的 iTunes 和你需要的新组件。图 2-12 显示了苹果软件更新已经准备下载并且安装更新了。

3. 选择每一个你需要安装的项目前面的复选框。例如，在图 2-12 中，我已经选择了一个新版本的 iTunes 的复选框、一个新版本的 QuickTime 以及 iCloud 控制面板的复选框。但是我没有选择 Safari 5 网页浏览器。

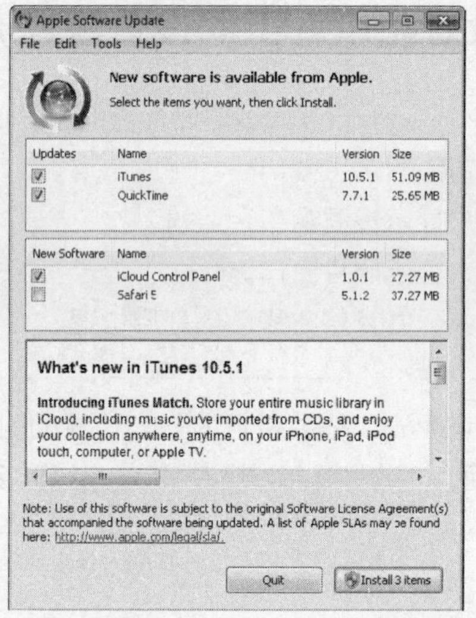

图 2-12　运行苹果软件更新来检查是否有新版本的 iTunes 以及你需要的任何组件

QuickTime 是一个 iTunes 用来播放音频和视频的苹果程序。想要使用 iTunes 提供的所有功能，你必须在你的计算机上安装 QuickTime。所以，如果苹果软件更新为你提供了一个新版本的 QuickTime，那就下载并且安装它。

4. 点击“安装项目”按钮来下载并且安装你已经选择的项目。你可能需要接受一个或者多个终端用户许可协议来继续进行。

5. 如果苹果软件更新提示你重新启动你的 PC 的话，那就按照要求操作（见下图），然后再重新登录。

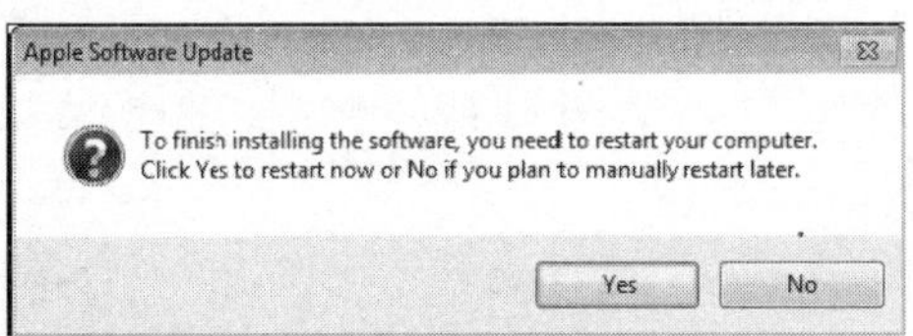

6. 点击“开始”按钮，打开“开始”菜单。

7. 在搜索框中输入“iCloud”，然后点击出现的 iCloud。iCloud 登录对话框就会打开，如下图所示。

8. 在“用你的苹果账户登录”文本框中输入你的苹果账户，并且在“你的密码”文本框中输入你的密码。

9. 点击“登录”按钮。iCloud 就会出现如图 2-13 所示的对话框。

10. 选择“照片流”复选框来打开“照片流”。

11. 如果你想要确认或者更改默认的“下载”文件夹或者“上传”文件夹，点击“照片流”复选框右边的“选项”按钮来显示“照片流选项”对话框（见下图）。

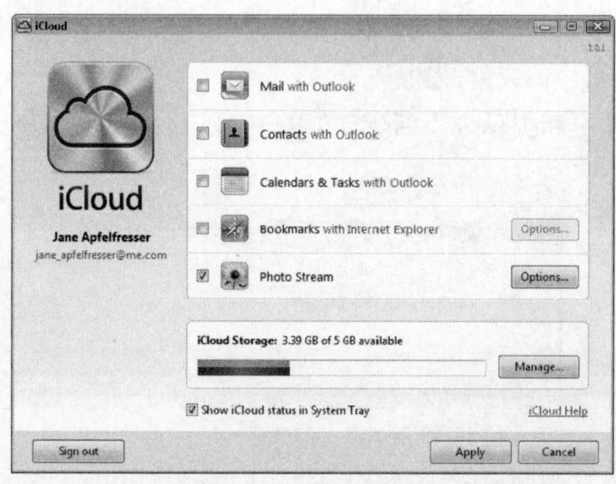

图 2-13 在这个“iCloud”对话框中，选择每一个你想要使用的 iCloud 功能的复选框

12. 点击与下载文件夹在一行上面的“更改”按钮，在“浏览文件夹”对话框中选择你想要使用的文件夹，然后点击“OK”按钮。

13. 点击与上传文件夹在一行上面的“更改”按钮，在“浏览文件夹”对话框中选择你想要使用的文件夹，然后点击“OK”按钮。

14. 点击“OK”按钮来关闭“照片流选项”对话框，并且返回到“iCloud”对话框。

15. 点击“应用”按钮来应用你更改的内容。

16. 点击“关闭”按钮来关闭“iCloud”对话框。当你点击“应用”按钮的时候，“关闭”按钮就会出现在原来“取消”按钮的地方。

现在，确保照片流是正在工作中。按照如下步骤进行操作。

1. 选择“开始｜图片”来打开一个显示你的图片文件夹的 Windows 资源管理器窗口。
2. 双击“照片流”文件夹来打开它。
3. 双击“我的照片流”文件夹来打开它。
4. 检查出现在该文件夹中的来自你的照片流的照片。
5. 将任何你想要上传到你的照片流的照片添加到“上传”文件夹。

在 Mac 上面设置照片流

想要在 Mac 上面设置照片流，请按照如下步骤进行操作。

1. 选择“苹果｜系统偏好设置”来显示系统偏好设置窗口。

2. 在互联网和无线连接部分，点击“邮件、通讯录和日历”图标来显示“邮件、通讯录和日历”窗口（见图 2-14，图中已经选择了一个 iCloud 账户）。

3. 在左侧的账户列表中，点击你的 iCloud 账户来显示其控制器。

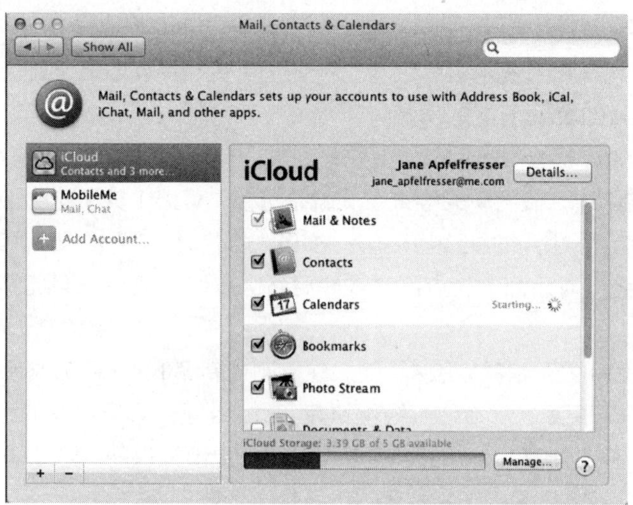

图 2-14　在 Mac 上面打开照片流，在系统偏好设置中的“邮件、通讯录和日历”窗口上的 iCloud 面板里选择“照片流”复选框

如果你尚未在你的 Mac 上设置 iCloud 账户，在“邮件、通讯录和日历”窗口左侧栏中点击“添加账户”按钮。然后点击“iCloud”按钮来显示“iCloud”对话框，输入你的苹果账户和密码，然后点击“登录”按钮。在打开的“自动设置 iCloud”对话框中，如果你想要使用自动设置过程的话，点击“OK”按钮；如果你想要自己做所有选择的话，点击“手动设置”按钮。然后你的 iCloud 账户就会出现在“邮件、通讯录和日历”窗口左侧栏中的账户列表里。

4. 选择“照片流”复选框。

5. 选择“系统偏好设置 | 推出系统偏好设置”或者按下“⌘-Q”来退出系统偏好设置。

高级技术达人
使你的 Mac 适合 iCloud

想要最大限度地发挥 iCloud 的功能，你的 Mac 上面运行的必须是 Lion 操作系统或者 Mountain Lion 操作系统。更早版本的系统，包括 Snow Leopard 系统（Mac OS X 10.6），不能使用 iCloud 所有的功能。

想要使你的 Mac 适合 iCloud，首先确认你的 Mac 正在运行的是 Mac OS X Lion 10.7.2 或者更新的版本。最简单的检查方式就是选择“苹果｜关于这台 Mac”，然后看一看在“关于这台 Mac”对话框中读出的版本。如果你的 Mac 有一个更早版本的 Lion 系统，在“关于这台 Mac”对话框中，点击“软件更新”按钮，然后按照提示下载并安装最新的更新。

第二，将 iTunes 更新到最新版本。如果你刚刚更新了 Lion 系统或者 Mountain Lion 并接受了所有提供的更新，那么你已经更新完 iTunes 了。如果没有的话，选择“苹果｜软件更新”来运行软件更新，然后安装任何 iTunes 更新提供的，以及任何将使你的 Mac 受益的更新。（通常情况下，安装所有的更新是一个好办法。）

一旦你完成了这些更新，你可以在系统偏好设置里的“邮件、通讯录和日历”窗口上的 iCloud 面板里设置你的 iCloud 账户。

现在，你已经设置了你的 Mac 使用照片流功能，它会自动下载你的照片流中最近的照片。想要查看照片的话，登录 iPhoto，在“源”列表中的“最近”类别上面点击“照片流”项目，然后点击“打开照片流”按钮。

当你从照相机或者从一张 SD 卡上面将照片导入 iPhoto 资料库的时候，iPhoto 会自动将照片更新到照片流中，这样的话，它们就会出现在你的 iOS 设备以及使用照片流功能的其他计算机上面了。

想要将其他照片添加到你的照片流中，选择 iPhoto 中的照片，点击 iPhoto 窗口右下角的“共享”按钮，然后在弹出的面板上面点击“照片流”。

项目 16：使 iPad 成为一个车载音频系统

如果你正在驾驶一辆汽车，你可能会全身心地投入到驾驶工作中。

但是你的乘客很可能会需要一些额外的娱乐，而 iPad 是一种可以给他们提供个性化娱乐项目的非常好的方法，并且会让他们安静地待在后座上，直到你们到达目的地。

遇见紧急情况的时候，乘客只需要抓住 iPad，而不需要其他额外的设备。就像航空公司的座位娱乐系统一样，你将很可能需要购买一个车座的头枕挂载架，如图 2–15 中所示。

图 2-15　一个像这样的廉价车座头枕挂载架就是所有你需要用来安装 iPad 的工具，它可以将 iPad 安装在头枕后边，这样就可以让后座的乘客享受娱乐了

当你选择一个车座头枕挂载架的时候，确保它足够大而且结实，这样就能将 iPad 紧密而坚固地安装在车座上了。通常情况下，最好的方法就收购买一个 iPad 专用挂载架，而不是一个可以用于其他平板电脑的支架，例如三星 Galaxy Tab 以及 Kindle Fire——这样的话，你就可以肯定这个支架完全合适。并且你应该购买一个足够坚固的支架来保持 iPad 的稳定，甚至于你行驶在破旧的公路上也不会有任何影响。有些挂载架并不是很结实。你可以使用胶带来帮助固定它们，但是最理想的就是你直接购买一个足够坚固的支架。

一旦你已经购买了车座头枕挂载架，用一两分钟将 iPad 安装在上面。现在，你的乘客可以插入他们的耳机，设置播放他们喜欢的电影，并且准备好驾驶了。

项目 17：拍摄延时电影以及在不同帧速率下拍摄视频

你的 iPad 的摄像头可以以 30 帧每秒的速率在 1920 × 1080 分辨率的像素拍摄高清视频。这个分辨率叫作 1080p。

这个分辨率对于拍摄低质量的视频来说已经足够高了，所以你会想要充分利用它——例如，将你编辑好的视频剪辑发布到 YouTube 网站上，或者就在你的 iPad 上或 Mac 上使用 iMovie 软件将这些视频做成电影。

但是如果你对于拍摄视频和制作电影十分严格的话，你将可能想要超越照相机应用程序所能做的工作。你可以通过安装一个第三方应用程序来实现这个目标，它能让你完全控制摄像头是如何拍摄视频的：选择分辨率，设置帧速率，锁定对焦或者曝光等。

在这个项目中，我们来看一看如何改变帧速率来制作延时电影，以及如何拍摄会以更高速度出现的连续镜头。例如，如果你以 15 帧每秒的速率拍摄视频，但是却用正常速度播放它，一切事情将会以 2 倍速度发生。并且如果你以一个单一的帧速率拍摄一个延时的日出视频，当你播放它的时候，视频中真实时间的每一分钟将被压缩成两秒钟。

获得一个 FiLMiC Pro

在撰写本文的时候，能给你的 iPad 摄像头添加功能的最好应用程序是 FiLMiC Pro，它需要花费 3.99 美元。FiLMiC Pro 让你能够完全控制摄像头的帧率、曝光、白平衡，分辨率和其他设置。

第一步是获得一个 FiLMiC Pro。请按照如下步骤进行操作。

1. 激活 iTunes。
2. 在左侧的“源”列表中双击“iTunes 商店”项目来打开一个显示“iTunes 商店”的窗口。
3. 在“搜索”框中输入“filmic pro”并且按下“ENTER”键或者“RETURN”键。
4. 点击相应的搜索结果来显示应用程序的页面。
5. 点击按钮购买这个应用程序，然后确认购买。

如果你喜欢的话，你也可以在 iPad 上面通过使用“iTunes 商店”购买 FiLMiC Pro。

在 iTunes 下载完应用程序以后，同步 iPad 来安装它。依据你的同步设置，你可能需要在 iTunes 中的“应用程序”窗口上选择应用程序的复选框来将它安装到 iPad 上面。

启动 FiLMiC Pro

安装完 FiLMiC Pro 以后，在主窗口上点击它的图标来运行它。FiLMiC Pro 显示了摄像头捕捉到的任何影像，见图 2–16。

这个界面使用起来非常简单。例如，你点击对焦十字线并把它拖曳到在窗口上你想要对焦的区域；同样地，你点击曝光十字线并且将它移动到窗口上测量曝光的区域。

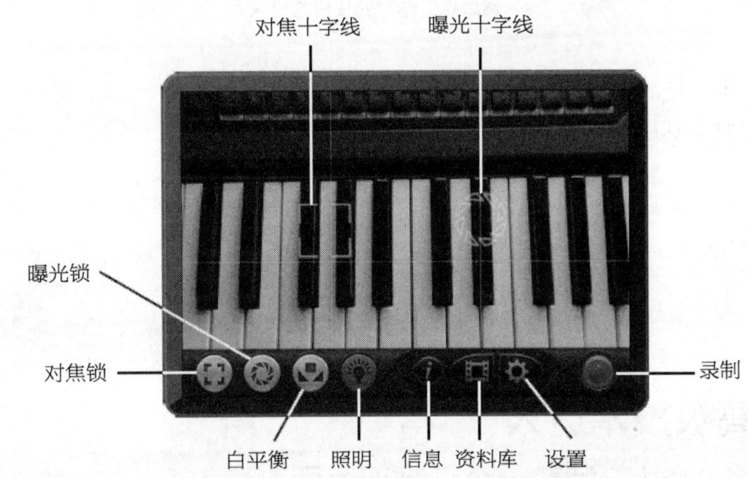

图 2-16　FiLMiC Pro 提供了独立的对焦和曝光十字线，你还可以调节白平衡和帧速率

调节帧速率

想要调节帧速率的话，请按照如下步骤进行操作。

1. 在 FiLMiC Pro 窗口上面点击“设置”按钮来显示“设置”窗口（见图 2–17 左侧）。

2. 点击“FPS”按钮来显示“帧速率”窗口（见图 2–17 右侧）。

3. 点击你想要使用的帧速率，你的选择范围从 iPad 的最高速度，即 30 帧每秒到 1 帧每秒。

4. 点击“设置”按钮，返回到“设置”窗口。
5. 点击“完成”按钮，返回到摄像头应用程序。

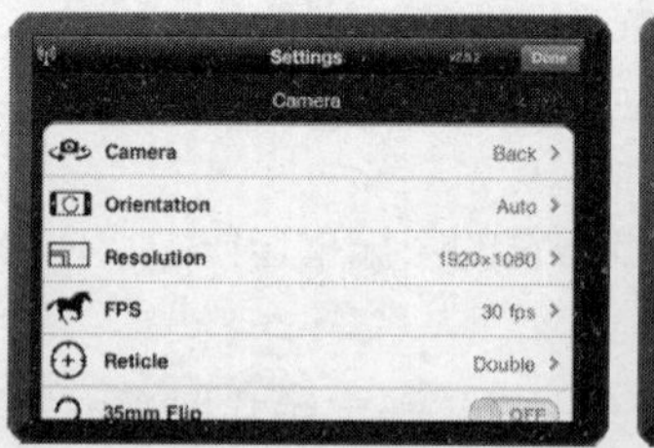

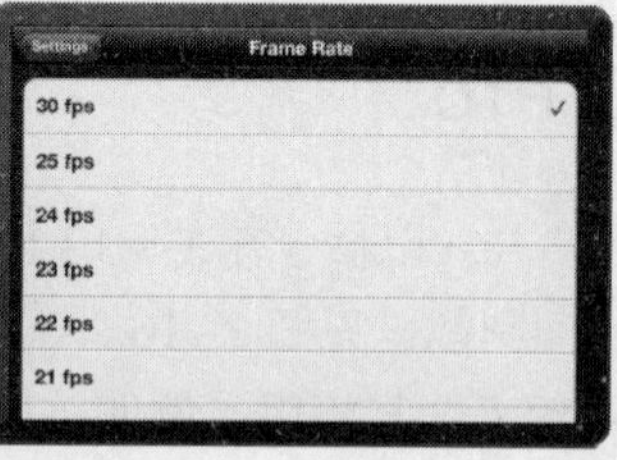

图 2-17 在“设置”窗口（左图）上，点击“FPS”按钮来显示“帧速率”窗口（右图），然后点击你想要使用的帧速率

拍摄你的视频

当帧速率按照你想要的方式设置好以后，你就已经准备好要拍摄你的视频了。将你的 iPad 按照前面项目中介绍的一样安装在一个三脚架上，排列好你的拍摄主体，然后点击“录制”按钮。

高级技术达人

将 iPad 安装在一个三脚架上面

iPad 是专门为手持使用设计的，并且你将很可能想要在大部分的时间这样使用它。但是当你拍摄视频的时候，使用一个三脚架效果会更好。

如你所知，iPad 没有一个内置的三脚架安装器，所以为了让 iPad 和三脚架能够一起使用，你需要提供一个安装方案。你可以购买一个专门为 iPad 设计带有内置安装器的三脚架，也可以购买一个三角架安装器，它被设计用来使你能够安装 iPad 或者任何标准的三脚架。

如果你在 eBay 或者 Amazon 上面搜索 iPad 三脚架项目的话，你将会找到各种各样的专门为 iPad 设计的三脚架。价格低的三脚架往往是很脆弱的，并且专门为室内使用设计，而坚固的三脚架往往价格会高得吓人。

根据你的需要，你可能会发现一个 iPad 专用三脚架能够完成工作。但是如果你正准备严格地将你的 iPad 作为一台摄像机来使用的话，你将很可能发现购买一个能够安装在常规三脚架上面的 iPad 支持器是很有意义的，这样的话你就可以使用任何正常的摄像机三脚架了——一个桌面模型、一个坚固的全尺寸三脚架、一个车窗挂载，或者是任何你需要使用的器械。

下面有 5 个适合 iPad 的三脚架安装器。

- **Grifiti Nootle iPad 三脚架安装器** Grifiti Nootle iPad 三脚架安装器（大约 25 美元；Amazon 以及其他在线商店）是一个用 ABS 塑料制作的防护性能良好的框架，它能连接到一个标准三脚架安装器上面。
- **Delkin Fat Gecko iPad 安装器** Delkin Fat Gecko iPad 安装器（大约 25 美元；Amazon 以及其他在线商店）是一款四点支架，它可以连接到一个标准三角架安装器上面。你也可以将它连接到其他 Fat Gecko 支架上，这包括带有吸盘的支架，用来粘贴到平滑的表面上。
- **iPad Movie 安装器** iPad Movie 安装器（大约 70 美元；www.makayama.com/moviemount.html 或者像 Amazon 这样的其他在线商店）是一个带有内置框架的保护套，它不仅能使你将 iPad 安装在三脚架上，而且可以在 iPad 上面安装额外的镜头、闪光灯以及话筒来进行拍摄。你甚至可以附加一个光学取景器，它能让你在明亮的环境中更加舒服地拍摄视频，明亮的环境会使你的 iPad 很难看见。
- **iPad 3 Tripod Mount G7 Pro** iPad 3 Tripod Mount G7 Pro（大约 80 美元；http://ishotmounts.com 以及一些在线商店）是一个可以抓紧 iPad 的四点支架，并且它可以让你将 iPad 安全地固定在一个三脚架上面。这个产品与其他三脚架最关键的区别就是你可以使用大多数的 iPad 保护套与它一起工作，包括像 Griffin Military 保护套这样的厚重保护套。iShot 安装器也能将 G8 Pro 安装到一个三角胶上，G8 Pro 是一个用来安全固定没有保护套的 iPad 的安装器。G8 Pro 需要花费大约 14 美元，并且可以从 Amazon 以及其他在线商店上面购买。
- **Wallee Case and Wallee Connect** Wallee Case（39.95 美元；www.tethertools.com 以及其他的在线商店）是一个在背面带有 X 型锁槽的可拆卸式保护套。Wallee Connect（79.95 美元）是一个将一台装有 Wallee Case 的 iPad 安装到一个三脚架上面的支架。你可以购买其他带有支架（例如，麦克风支架）或夹子的安装设备。

下图显示了使用一个 iPad Movie 安装器将一台 iPad 安装在一个全尺寸的三脚架上面。

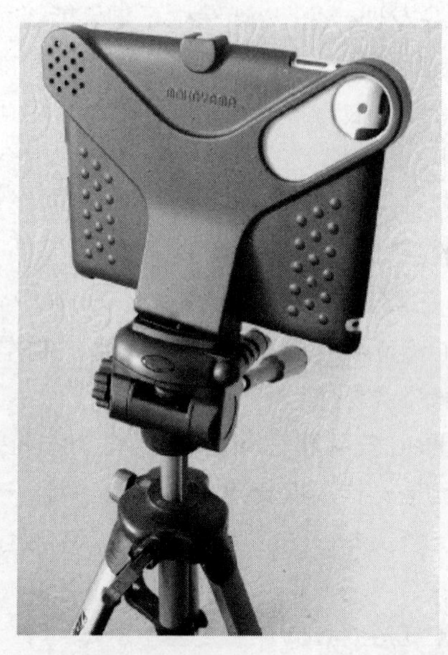

项目 18：改造或者制作一个斯坦尼康稳定器来使 iPad 在拍摄视频时保持稳定

iPad 可以拍摄高清视频，并且考虑到它的尺寸，它已经提供了非常好的效果。但是当你的拍摄物体在移动的话，它可能会有一点问题。

然而，全尺寸的视频摄像头采用的是一个机械快门来创建单独的视频帧，你的 iPad 使用的是一个滚动快门，这种快门需要几毫秒来创建每一帧。滚动快门不适合捕捉移动的图像，因为一个快速移动的物体在一个帧被捕捉的时候会移走。这将会导致视频变得模糊。

在拍摄视频的时候，如果你（摄影师）移动了 iPad，也会导致视频变得模糊。当你从一个固定的位置拍摄的时候，你可以通过使用一个三脚架来让 iPad 保持稳定，就如同在本章节中前面的高级技术达人中提到的一样。但是当你在移动中的话，你需要使用一个设备来稳定 iPad 和抵消你自己的运动，这样才能使你拍摄的视频显得平滑。

这样的视频相机稳定设备通常被称为斯坦尼康稳定器。你可以购买为像 iPhone 这样的小型设备设计的斯坦尼康支架，但是在撰写本文的时候，还没有任何专门为 iPad 设计的斯坦尼康支架。

如果已经有了一个斯坦尼康稳定器，你可以改造它，使它适合你的 iPad，如本章第一部分描述的那样。如果没有斯坦尼康稳定器，你可以耗费不多的精力从零开始制作一个手工支架。想要了解详细信息，请参见本项目第二部分所述。

将 iPad 安装在一个已有的斯坦尼康稳定器上

如果已经有了一个斯坦尼康稳定器，你应该可以将你的 iPad 安装到上面。

如果没有斯坦尼康稳定器，你可以花 100 美元或者更低的价格购买一个最合适的。在撰写本文的时候，最好的选择是 Lensse 卡片机稳定器——在 eBay 或者 Amazon 上面你会发现它大约 100 美元，或者是 Lensse MidPro 相机支持稳定器（大约 120 美元）。

对于大多数斯坦尼康稳定器来说，你需要的就是一个三脚支架，如在前面的项目中的高级技术达人侧边栏里面描述的那种。将三脚支架拧紧在斯坦尼康稳定器上，将你的 iPad 安装在支架上，然后看一下是不是可以平衡。

如果稳定器是为一个比 iPad 重得多的相机设计的（就像大多数斯坦尼康稳定器一样），你可能需要调整重量甚至在斯坦尼康稳定器顶部添加重量来获得最好的平衡。

为 iPad 制作一个手工斯坦尼康稳定器

如果没有斯坦尼康稳定器，并且你也不想买一个的话，你可以在几个小时之内自己制作一个，而且你使用的部件很可能就在你家里或者院子中——但是还有一件东西你可能需要去购买。

本节将会告诉你如何使用旧的自行车轮来制作斯坦尼康稳定器。

这种稳定器的灵感来源于托马斯·约翰逊设计的一个稳定器。想要看一下约翰逊的斯坦尼康稳定器，转到 YouTube，并且搜索一下“thomasumjohnson”。

获取制作斯坦尼康稳定器所需的材料

下面就是你制作斯坦尼康稳定器需要的材料：

- **自行车轮** 一个儿童自行车的车轮是最好的选择——例如，一个 18 英寸或者 20 英寸车轮。如果你想要的话，你也可以使用一个全尺寸（26 或者 27 英寸）的自行车轮，但是结果可能会比你想要的大一些，除非你也需要能够在斯坦尼康稳定器上面安装闪光灯以及一个比较重的话筒。

- **三脚架支架** 你需要一个三脚架支架将 iPad 安装在斯坦尼康稳定器的顶部。斯坦尼康稳定器在顶部有一个标准的螺钉，这样你可以使用一个与连接到你的 iPad 上的三脚架相同的三脚架支架。

- **三脚架头** 为了让 iPad 指向你想要的角度，你需要一个三脚架头。

- **万向支架或者万向节** 想要抵消你的移动，斯坦尼康稳定器需要一个能自由地转向两个方向的连接器。最好的选择就是由 Lensse 公司制作的黄铜万向节。你可以在 eBay 网站上以最高 15 美元的价格选购它们，或者，你可以使用一个万向节，就如 Traxxas 公司制作的，用在无线电遥控玩具车上的一样。

万向节是一种可以在两个或者三个方向自由转动来保持仪器水平的设备。大多数的万向节设计包括了一些环，这些环每一个之间枢轴都是直角。

- **配重** 想要获得最佳的平衡，斯坦尼康需要在底部有一个配重物。这可以是非常普通的物品——例如，几块废金属。我使用的是几片哑铃上的小重片。你所需要的重量取决于你使用在斯坦尼康稳定器上的其他东西，但是通常都是会在 2 ～ 5 磅。

- **工具** 你将会需要适当数量的自行车修理和金属加工工具。
  - 钢锯
  - 锉刀
  - 轮胎杠杆
  - 辐条扳手
  - 标准扳手
  - 螺丝刀（最好是电动的）
  - 铰刀

高级技术达人

使用废料或者管子制作你自己的万向节

万向节是 DIY 斯坦尼康稳定器中最昂贵的部件，并且你可能会不想花太多的钱——尤其是当你可以购买一个便宜的斯坦尼康稳定器（它也是包括万向节的），而不是以 3 倍或者 4 倍的价格购买的时候。

如果是这样的话，你可以像如下所示的设计图一样制作你自己的万向节。

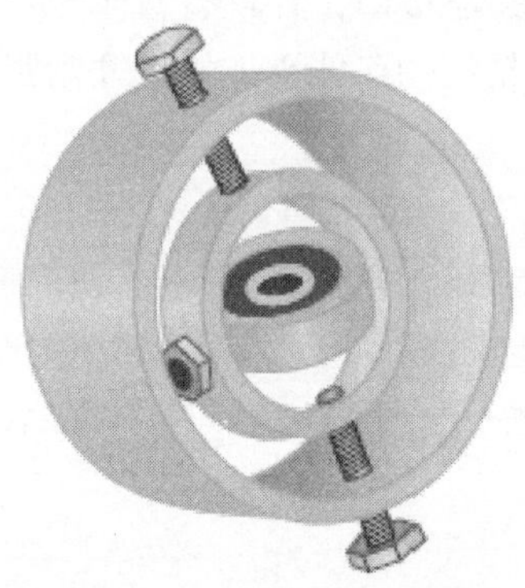

正如所看到的，你所需要的就是 3 个金属或者塑料的圆环，它们的尺寸要使彼此之间能够适合，你还需要一个螺栓来稳固它们。因为你不会将很重的物体放在万向节上，所以圆环可以是轻质材料的——例如，瓶子盖或者塑料管。使用两个螺栓将最小的环安装在中等环的上部和下部，这样它就可以自由地转动了，然后再使用两个螺栓将中等环安装到更大一点的环的左右两边，这样它就可以自由地在不同的方向之间转动了。

制作斯坦尼康稳定器

想要制作一个斯坦尼康稳定器的话，请按照如下步骤进行操作。

1. 如果自行车轮上有轮胎的话，将轮胎取下来。
2. 拧下螺丝钉，并且将它拿出来，保存好——你在后面会用到。
3. 拆下螺丝钉安装槽并且保存好。
4. 去除辐条两端的防护条，辐条是连接在车轮边缘的。
5. 拆下每一根辐条并且拆卸掉花鼓（轴承）。

使用辐条扳手通过转动其扣件来拆下每一根辐条，直到辐条自己脱离扣件顶端的螺旋槽。然后用一个螺丝刀来松动扣件。使用电动的螺丝刀将会为你节省时间和精力。为了防止花鼓悬空，在上下、左右各边留下一根连接的辐条，直到你已经拆除了所有其他的辐条。

6. 将边缘锯成两部分。

看一下车轮边缘的连接口，并且看看你能否将它拽开。有些轮辋是很容易分开的，但是其他的可能被连接得非常紧，以至于将它们锯开反而会更容易一点。

□ 你将用来建造斯坦尼康稳定器的那一部分需要有圆的一半以上的大小，这样才会有一些重叠的地方用来在顶部安装照相机以及在底部添加重量。

□ 通常情况下，你将至少需要一个圆环的 360 度中的 210 度——足够做成一个 C 形的大小（见下图）。

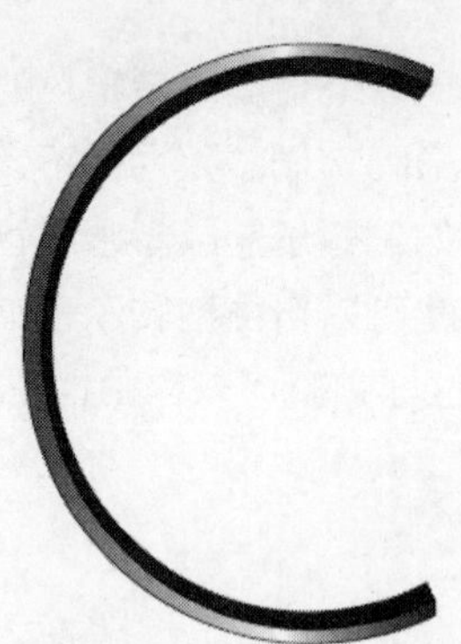

□ 你或者可以用眼睛来测量——它不必十分的准确——或者通过计算辐条孔数的方法测量。如果你要计算辐条孔数的话，将所有的辐条孔数乘以 0.58（小数表示的 21/36，或者 210/360）。例如，如果车轮有 48 个辐条孔的话，你需要 28 个辐条孔大小的圆环。如果车轮有 36 个辐条孔的话，你需要 21 个辐条孔大小的圆环。如果车轮有 24 个辐条孔的话，你需要 14 个辐条孔大小的圆环。

在大多数轮辋上，辐条孔是在中心两侧交替排列的。这对于安装把手和添加重量是非常合适的，但是你将会发现更容易的是将三脚架头连接到气门嘴孔上，气门嘴孔就在轮辋的中间。所以当你切割的时候，将气门嘴孔正好保持在切割点的正前方，同时也在 C 字形的顶部。

- 如果有疑问的话，切一段比你需要的更长一段。你可以很容易地将它切断。

7. 锉平切下来轮辋的边缘。

8. 如果有必要的话，使用一个金属铰刀来将气门嘴孔扩大，这样就能凭借螺栓将三脚架头穿过它了。

9. 使用一个螺栓将三脚架头连接到气门嘴孔上面（见下图）。

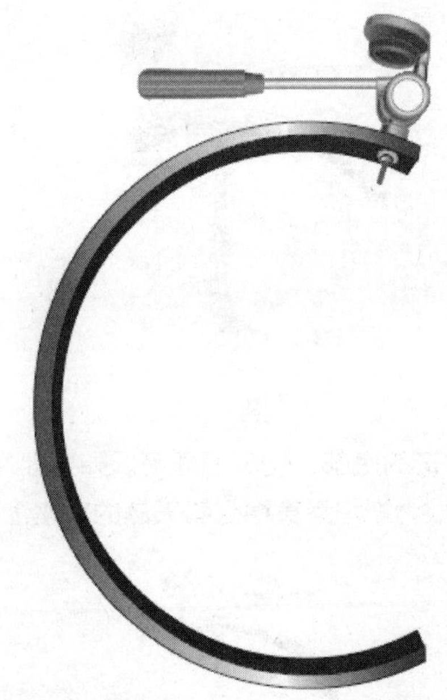

10. 锉平一个辐条孔，这个辐条孔就在 C 字形顶部的三脚架头后面一点的位置上，这样螺丝钉的尾部就能穿过它了。

11. 将螺丝钉的一端连接到轮辋上的辐条孔中，这样，螺丝钉的主要部分就在 C 字形的内部了，如下图所示。

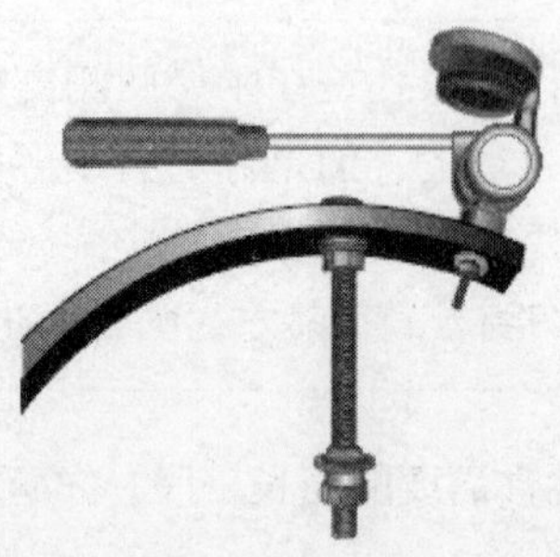

12. 将万向支架或者万向节连接到螺丝钉空着的一端。

13. 将螺栓（或者任何你用来作为把手的东西）连接到万向支架或者万向节上面（见下面插图）。

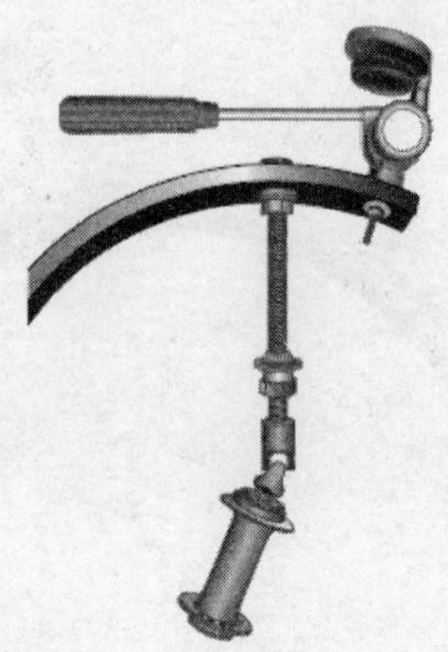

14. 将配重附加到 C 字形的底部，见下面插图。如果你使用一个重量板的话，将它安装得平一些，这样它就会成为斯坦尼康稳定器天然的底座了。

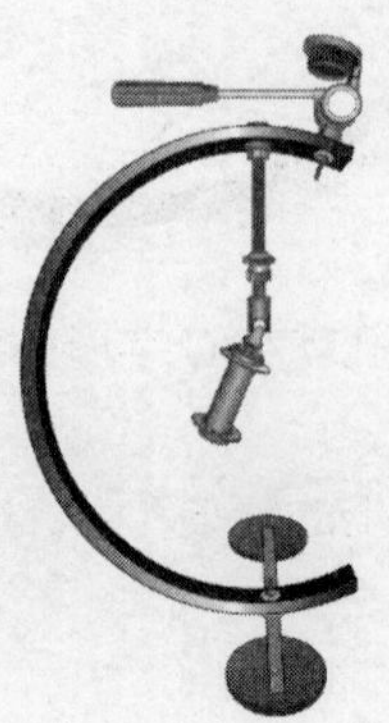

现在，将你的 iPad 安装到三脚架支架上，并将它拧到三脚架头上（见图 2–18）。你现在已经拥有了一台斯坦尼康器械，它将在你移动中使用你的 iPad 拍摄视频的时候起到保持稳定的效果。现在你已经准备好拍摄外景电影了。

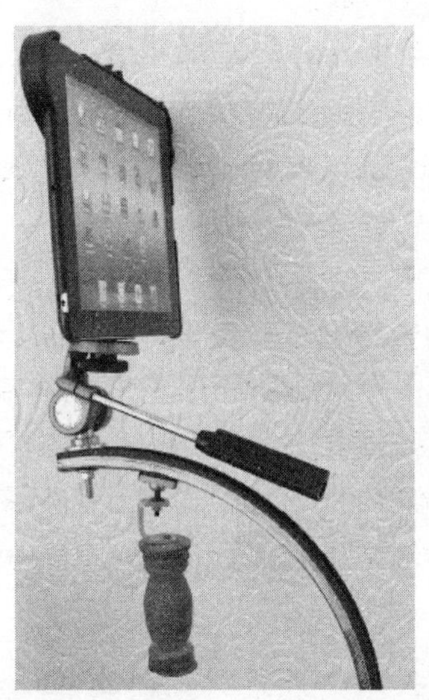

图 2-18　将你的 iPad 安装在你自己 DIY 的斯坦尼康稳定器上面，
你已经准备好开始拍摄高质量的视频了

项目 19：在 iPad 上面观察网络摄像头

当你离家在外的时候，如果你使用网络摄像头来监视家里发生的事情，你可以在你的 iPad 上点击进入网络摄像头来进行监控，无论你在哪里。

你也可以把你的 iPad 变成一个网络摄像头，这样你就可以在网络中通过其他电脑上进行监控。在本章末尾，我们将来看一看如何做到这些。

决定要获取哪些软件

想要在你的 iPad 上查看你的 PC 或者 Mac 的网络摄像头，你需要两个应用程序。

- **PC 或者 Mac 应用程序** 在你的 PC 或者 Mac 上，你可以运行一个应用程序来分流视频信号输出，分流将通过你的本地网络或者互联网传输到你的 iPad 能接收到的地方。
- **iPad 应用程序** 在你的 iPad 上，你运行一个应用程序来连接到你的 PC 或者 Mac 提供的视频流，并且将图片显示给你。

在本节中，我们来看一款 iPad 应用程序：Air Cam Live Video，它配套有适合 Windows 系统和 Mac 的软件。完整版本的 Air Cam Live Video 需要花费 7.99 美元，但是有一个免费的版本，叫作 Air Cam Live Video（精简版），你可能会想要先试一下这个免费版本。

如果你只需要查看一个连接到 Windows 系统的 PC 上的一个网络摄像头，你也可以看一下 JumiCam。首先试一下精简版的 JumiCam，它是免费的，但是受限于你的本地网络，看一下它是否能满足你的需要。如果你需要其他功能的话，例如，通过互联网来达到监视你的网络摄像头的目的，你可以升级到 JumiCam Pro（7.99 美元）。

获取软件，并在你的 PC 或者 Mac 上面设置软件

首先，下载并安装需要的桌面软件：用于 Windows 系统的 Air Cam Live Video 或者用于 Mac 的 Air Cam。

为你的 PC 或者 Mac 下载软件

打开你的网络浏览器，转到 Senstic 网站上的 iOS 版本的 Air Cam Live Video 页面（www.senstic.com/iphone/aircam/aircam.aspx）。然后视情况选择点击下载 Windows XP/Vista/7 版本的 Air Cam Live Video 链接或者下载 Mac OS X 版本的 Air Cam Live Video 链接。

安装并运行 Windows 版本的 Air Cam Live Video 程序

在下载 AirCamSetup.msi 文件的时候，选择运行程序选项（或者保存并运行程序，

视你的浏览器情况而定）。当 Air Cam 安装向导运行的时候，按照其提示进行操作。你将需要安装一些编解码器（编码 / 解码软件），除非你的计算机上已经有这些程序了，所以安装过程有很多步骤，并且安装的时候你也需要做出一些决定。

下面是安装过程中的关键点。

- 在你运行安装程序之前关闭 Internet 浏览器。
- “选择安装文件夹”窗口让你可以选择将 Air Cam 安装到一个另外的文件夹中，而不是默认文件夹(在你的Program Files文件夹里面的一个Senstic\Air Cam\文件夹)，但通常情况下，坚持使用默认文件夹是很安全的。
- 在 Windows 7 系统或者 Windows Vista 系统中，你将需要在“用户账户控制”对话框中点击“是”按钮（见下图），以便于继续安装程序。确保“用户账户控制”对话框给出的程序名称是 Air Cam 安装程序。

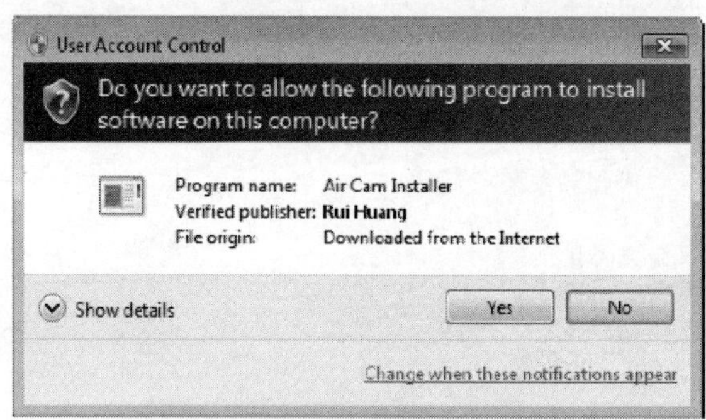

- 当安装程序显示“附加软件包”对话框（见下图）的时候，单击“Get K-Lite”按钮来打开一个浏览器窗口，转到提供 K-Lite 编解码器软件包的一个网址。按照链接下载 K-Lite软件包并且安装。在这个时候，Air Cam安装程序还在运行中，但是它是在后台运行。

Additional Packages:
Video Codec
Air Cam uses video codec for recording/playback. We recommend K-Lite codec pack.
Get K-Lite
Bonjour
Your device needs Bonjour on your host PC to establish connections.
Please proceed to install Bonjour from Apple.
Install Bonjour
Exit

在下载 K-Lite 编解码包的时候，确定点击的是正确的链接。网页上可能包含了一些其他软件的“尝试下载”按钮，这些软件是网页服务器想要你去尝试的。

- 当 Setup-K-Lite 编解码包安装程序运行的时候，你会看见另外一个“用户账户控制“对话框，这一次是 K-Lite 编解码包的。你将需要在这个对话框中点击“是”按钮来继续运行安装程序。

- 在 Setup-K-Lite 编解码包安装程序的初始窗口上（见下图），点击“简单模式”选项按钮。点击“下一步”按钮，并且浏览一下下面几个配置窗口。你将可能会接受这里的默认设置。

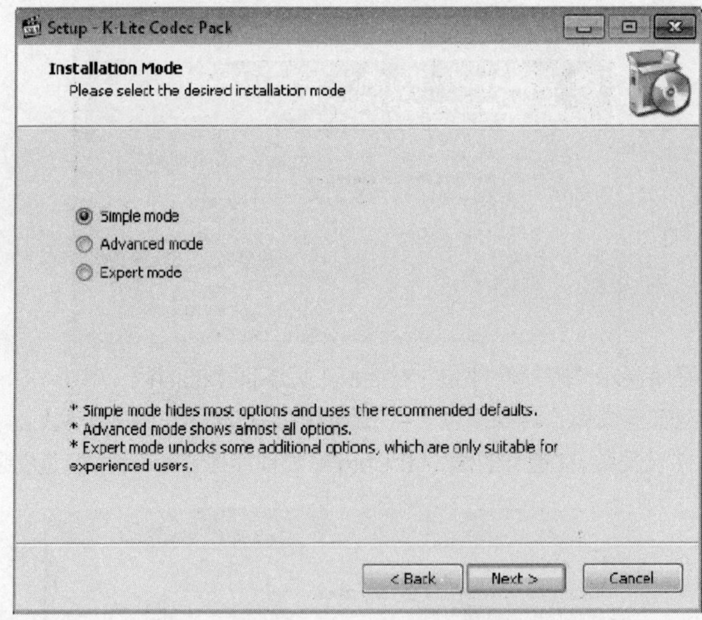

- 在 Setup-K-Lite 编解码包安装程序的“其他选项“窗口上（见下图），选择“不，谢谢。我不想要上述任何选项”复选框来防止安装程序用其他方式对你的计算机造成负担，这些方式有添加 StartNow 工具栏，将你的主页面设置为 StartNow，以及将雅虎设置为你的默认搜索引擎。

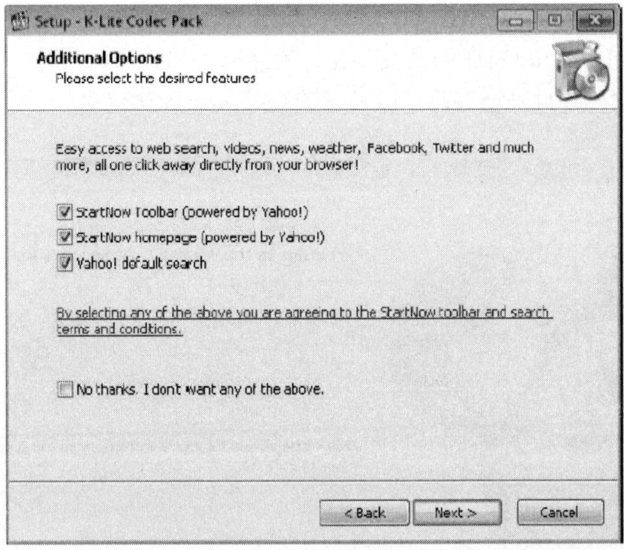

□ 当你运行到“准备好进行安装“窗口，点击“安装”按钮。

□ 当“完成”窗口（见下图）出现的时候，确保所有的复选框都是未被选中的，然后点击“完成”按钮。Setup-K-Lite 编解码包安装程序就会关闭。

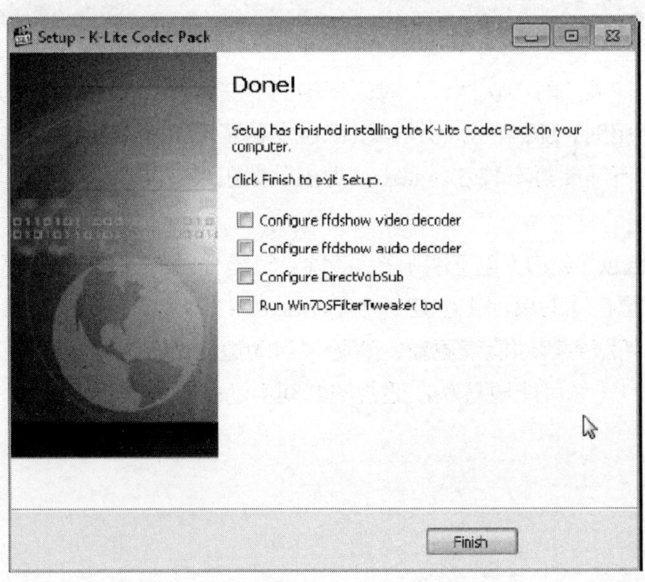

□ 返回到“附加软件包”对话框，点击“安装 Bonjour”按钮来安装苹果的 Bonjour 网络协议。然后，Bonjour 打印服务安装程序就会启动并显示其欢迎窗口（见下图）。点击“下一步”按钮，并且同意许可，以及阅读有关 Bonjour 信息。

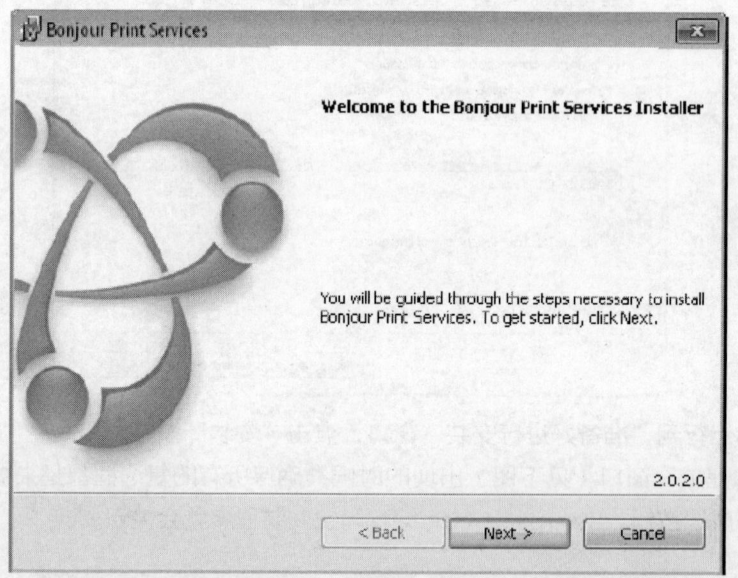

如果“附加软件包”对话框中的“安装 Boujour”按钮是灰色的并且不可用时，那就是你的计算机已经安装了 Windows 版本的 Boujour，所以你不需要再安装它。点击“退出”按钮来关闭“附加软件包”对话框。

□ 在“安装选项”窗口（见下图）上，清除“创建 Boujour 打印机向导桌面快捷方式”复选框，除非你想在你的桌面上创建一个 Boujour 打印机向导的桌面快捷方式。如果你不想苹果软件更新服务自动检查更新，清除“自动更新 Boujour 打印机服务以及其他苹果软件”复选框。（你可能更喜欢在适合的时间手动检查。）然后单击“安装”按钮。

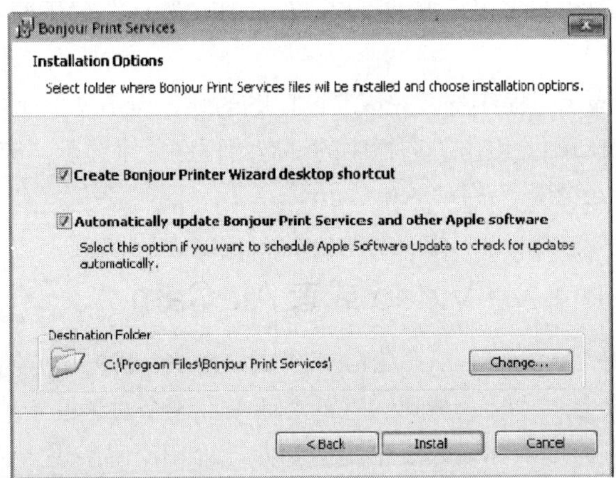

- 当 Boujour 打印机服务安装程序的“恭喜”窗口出现的时候，点击“完成”按钮。
- 在这个时候，你会再一次看见 Air Cam 安装程序窗口。单击“关闭”按钮，现在，你终于完成了安装过程。

在安装完 Air Cam Live Video 以后，通过选择“开始 | 所有程序 | Senstic | Air Cam | Air Cam Live Video”来运行程序。

如果 Windows 系统显示一个“用户账户控制”对话框，检查一下程序的名称是不是 Windows 版本的 Air Cam，然后点击“是”按钮。

现在，你可以输入你的访问信息，并且配置网络摄像头，这部分内容将在本项目稍后的章节“配置 Air Cam Live Video 或者 Air Cam”中介绍。

在 OS X 系统上面安装并运行 Air Cam 应用程序

在下载完 OS X 版本的 Air Cam 应用程序以后，请按照如下步骤安装。

1. 点击底座上的“下载”图标来显示一个栈，它是用来显示你的已下载文件的，然后点击“Air Cam.pkg.zip”文件。OS X 系统会解压缩文件并且显示一个 Finder 窗口，用来显示包含被选中的“Air Cam.pkg.zip”文件的下载文件夹。
2. 双击“Air Cam.pkg.zip”文件来启动 Mac 版本的 Air Cam 安装程序。
3. 点击“继续”按钮来显示“安装类型”窗口。在这里，如果你想阻止安装 AirCamLauncher 应用程序的话，你可以点击“自定义”按钮来显示“自定义”窗口，但是通常情况下，你最好还是进行标准安装。

4. 点击“安装”按钮来运行安装程序，然后在“验证”对话框中输入你的密码（或者一个管理员的密码）。

5. 当安装程序显示“程序安装完成”窗口的时候，点击“关闭”按钮。

6. 在 Finder 窗口中，点击侧边栏中的“应用程序”来显示“应用程序”文件夹。

7. 双击 Air Cam 图标来启动 Air Cam。

配置 Air Cam Live Video 或者 Air Cam

当你第一次启动 Air Cam Live Video（在 Windows 系统中）或者 Air Cam（在 Mac 上）的时候，程序会显示“输入访问信息”对话框。这个对话框（下图中显示的是 Mac 版本出现的对话框）会提示你输入一个电子邮件地址和密码来进入另外一台计算机上的 Air Cam Live Video 或者 Air Cam。这就是你从 iPad 上访问 Air Cam Live Video 或者 Air Cam 所需要的过程。

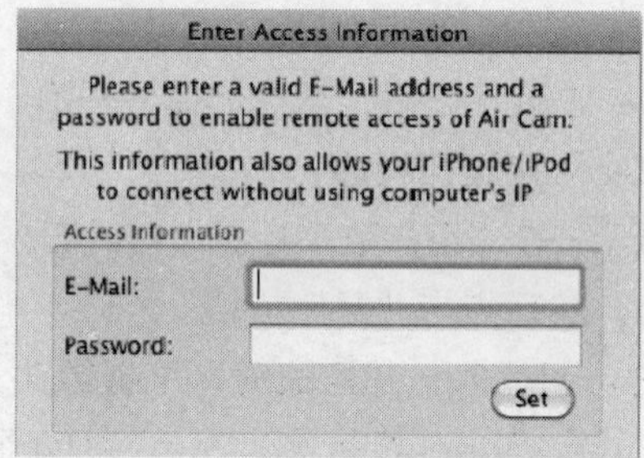

在电子邮件框中输入一个格式同电子邮件地址相同的的文本——你不需要输入一个真的电子邮件地址，并且你可能出于安全原因考虑不喜欢输入一个真实的电子邮件地址。例如，输入“notmyname@example.com”。

然后点击密码框并且输入密码，你将使用这个密码将你的 iPad 连接到 Air Cam Live Video 或者 Air Cam 上。设置一个高强度的密码——至少 6 个字符；包括大写和小写字母；包括至少一个数字和至少一个符号。

点击“完成”按钮（在 Windows 系统中）或者“设置”按钮（在 Mac 上）来关闭“输入访问信息”对话框。然后，你将会看到 Air Cam Live Video 窗口（在 Windows 系统中）或者 Air Cam 窗口（在 Mac 上）。图 2–19 中左边的窗口显示了 Air Cam Live Video 窗口；图 2–19 中右侧的窗口显示了 Air Cam 窗口。

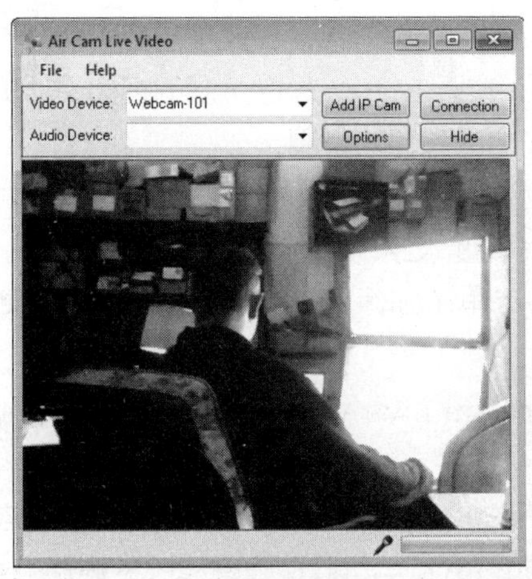

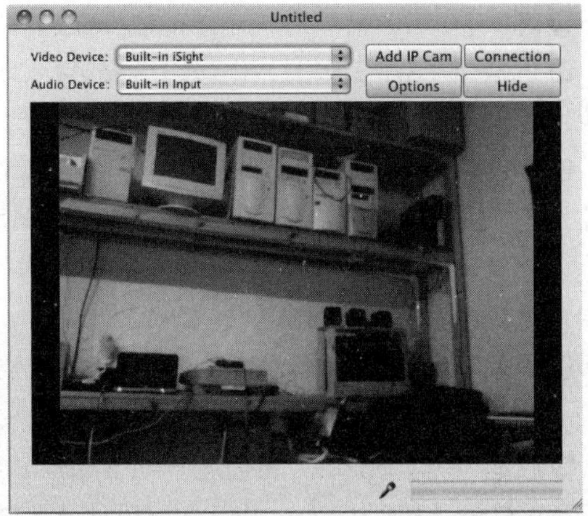

图 2-19 Air Cam Live Video 窗口（左图）显示了在你的 PC 上面的网络摄像头拍摄的内容。Air Cam 窗口（右图）显示了在你的 Mac 上面的网络摄像头的视图

对准摄像头（或者计算机，如果网络摄像头是内置的话），这样就会显示你想要观察的画面。然后单击“选项”按钮来显示“Air Cam 选项”对话框。在这个对话框中的 6 个窗口上，你可以设置 Air Cam Live Video 按照你喜欢的方式工作。

- **网路摄像头** 这个窗口（见下图）显示了你想要设置的选项（至少是验证）来使 Air Cam Live Video 正确地工作：你可以设置分辨率、水平或者垂直地翻转摄像头图片、打开窗口上的时间标签或者相机的名称、打开夜视模式（在光线较暗情况下使用）。

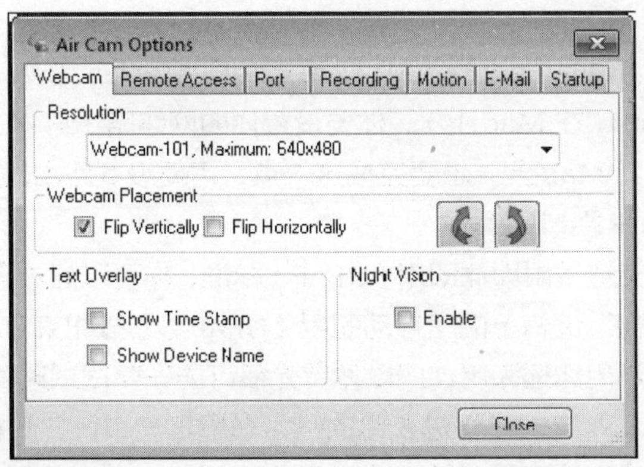

- **远程访问** 在这个窗口上，你可以改变你用来远程访问的电子邮件地址和密码。你还可以使用通用即插即用自动配置功能设置端口转发。

□ 端口 在这个窗口上，你可以改变默认的TCP监听端口。标准设置端口是1726接口。

□ 记录 在这个窗口上，你可以选择 Air Cam Live Video 保存录制的视频文件的文件夹。（一旦你将 iPad 连接上了，你可以在上面启动和停止录制。）

□ 运动 在这个窗口上，你可以配置运动检测设置。你可以通过单击“低”选项按钮，“中”选项按钮，或者“高”选项按钮来调节灵敏度水平。你可以选择 Air Cam Live Video 在检测到运动的时候怎么做：向你发送一个电子邮件，发送给你一个推送通知，或者自动开始录制。

□ 电子邮件 在这个窗口上，你可以设置 Air Cam Live Video 发送通知的电子邮件账户。

□ 启动 在这个窗口（只适用于 Windows 系统）上，你可以选择在启动的时候自动运行 Air Cam Live Video，并且你可以使 Air Cam Live Video 在隐藏模式下启动（这样你在通知区域只能看见一个图标而不是一个显示网络摄像头正在观察内容的窗口）。

当你在“Air Cam 选项”对话框中完成选择选项以后，点击“关闭”按钮。Air Cam Live Video 现在正在运行，并且你可以从你的 iPad 上连接它，这部分内容会在本节后面的内容中描述。

高级技术达人

让网络路由器从 iPad 传递请求到 Air Cam 上

想要通过互联网将你的iPad上的Air Cam连接到Air Cam Live Video（在Windows系统上）或者 Air Cam（在 Mac 上），你要设置你的网络路由器将 Air Cam 的传入请求发送到你的计算机或者 Mac 上。想要完成这一点，需要设置路由器在适当的端口转发流量。默认的端口是 TCP 端口 1726。

如果你的路由器支持通用即插即用（UPnP）标准，你可以通过点击“Air Cam 选项”对话框中的“远程访问”窗口上的“自动配置（UPnP）”按钮来自动地做到这一点。很多网络路由器都支持通用即插即用，所以你首先很可能先要试试这种方法。

如果这种方法不起作用的话，进入你的路由器配置窗口，并且确保通用即插即用是打开的，然后再试一次。你可能发现作为一种安全措施，通用即插即用是关闭的。（或者可能是你自己把它给关闭了。）

如果你的网络路由器不支持通用即插即用，或者它支持但你更喜欢让通用即插即用保持关闭，你可以自己设置端口转发。进入你的路由器的配置窗口，找到端口转发（或者端口重定向）的窗口，并设置一个规则来转发 TCP 端口 1726 到你的计算机或者 Mac 上。为了达到最佳效果，你可能需要给你的计算机或者 Mac 一个固定的 IP 地址而不是让你的网络路由器通过 DHCP 分配一个地址。

在 iPad 上面获取并且设置 Air Cam Live Video

现在，你已经获得了正在你的 PC 或者 Mac 上运行的 Air Cam Live Video，下一步就是在你的 iPad 上安装 Air Cam Live Video，并且设置它连接到你的 PC 或者 Mac 上。

激活 iTunes 窗口，然后在左侧"源"列表中双击"iTunes 商店"项目来打开一个显示 iTunes 商店的窗口。在搜索框中输入"Air Cam"，按下确定或者回车，然后点击适当的搜索结果。在应用程序页面上，点击按钮来下载免费的精简版，或者点击"购买"按钮来购买完整版。

如果你喜欢的话，你也可以在你的 iPad 上使用 iTunes 商店获得 Air Cam。

在 iTunes 下载完应用程序以后，同步你的 iPad 来安装它。根据你的同步设置，你可能需要在 iTunes 中的应用程序窗口上选择应用程序的复选框来将它安装到 iPad 上。

在安装完 Air Cam 以后，点击主窗口上它的图标来运行它。如果 Air Cam 显示了"请关闭蓝牙"对话框（见下图），看一下窗口顶部右侧的状态栏中，蓝牙图标是否出现。在撰写本文的时候，不管蓝牙是否开启，Air Cam 都会显示"请关闭蓝牙"对话框，而不仅仅只是当蓝牙开启的时候（如你所料）。

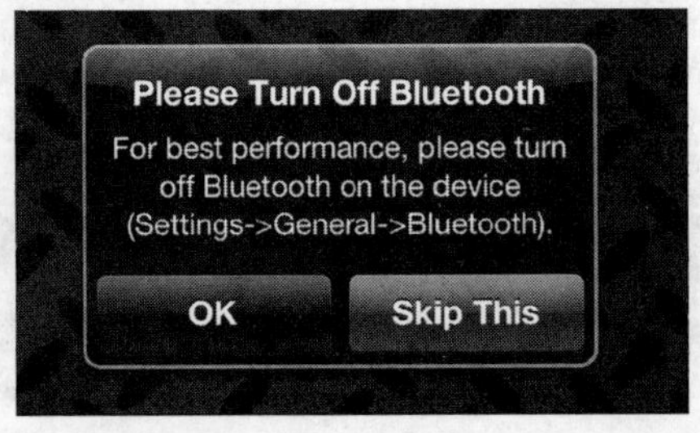

如果蓝牙图标没有出现在状态栏上面，点击“跳过这个步骤”按钮。但是，如果蓝牙图标出现在状态栏上面了，请按照如下步骤关闭蓝牙。

1. 点击主键，显示主窗口。
2. 点击“设置”按钮，显示“设置”窗口。
3. 点击“通用”按钮，显示“通用”窗口。
4. 点击“蓝牙”按钮，显示“蓝牙”窗口。
5. 点击蓝牙开关，并将它移动到关闭位置。
6. 点击“通用”按钮，返回到“通用”窗口。

现在，快速地连续两次按下主键来显示应用程序切换栏，并点击上面的“Air Cam”按钮，切换回 Air Cam。在“请关闭蓝牙”对话框中点击“OK”按钮。

将 iPad 连接到网络摄像头

接下来，你会看见连接窗口（见下图），它列出了你可以连接的网络摄像头——可能就是你设置的网络摄像头。

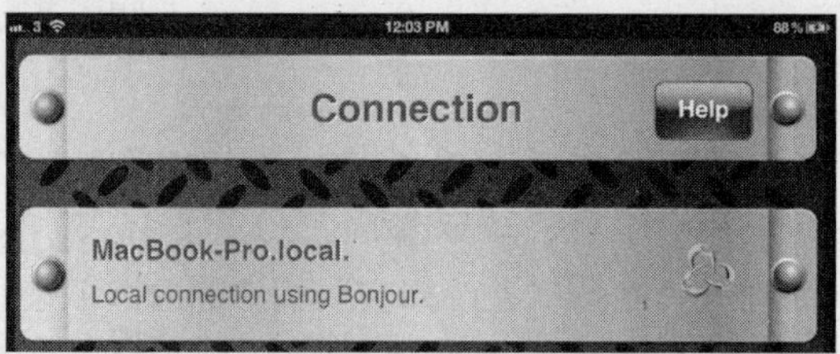

点击你想要查看的网络摄像头。如果这个网络摄像头有密码的话（通常情况是这样的），Air Cam 显示了身份验证窗口（见下图），提示你输入它。

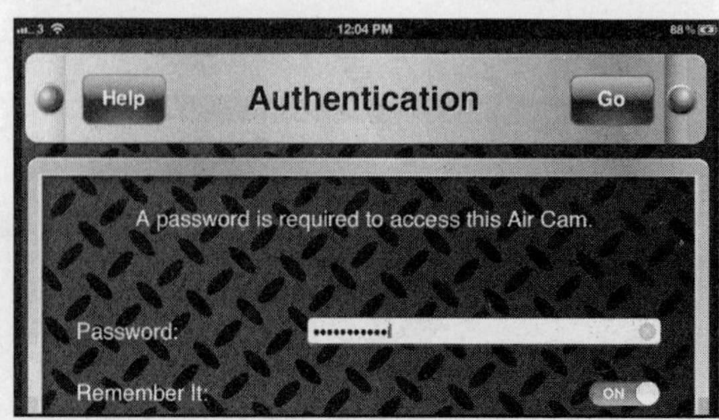

输入密码，然后将“记住它”开关适当地移动到开启位置或者关闭位置。保存密码会使将来访问网络摄像头更加快捷，所以你很可能会想保存它，除非这样做有太多的安全风险。

点击窗口右下角的“继续”按钮或者键盘上面的“继续”按钮来连接到网络摄像头。它的图像会出现在窗口上，见图 2–20。在人像方面，你可以使用控制来改变 Air Cam 的设置，调整画面，拍摄快照和进行录制，并且同步音频和视频：

- **设置** 点击这个按钮来显示“设置”窗口，它将提供给你访问 Air Cam 选项。
- **快照** 点击这个按钮来拍摄一张窗口的快照。
- **远程录像** 点击这个按钮来开始录制一段视频。
- **源选择** 点击这个按钮来改变视频源。
- **音量控制** 点击这个按钮使用窗口右侧出现的滑块来调节音量。
- **帧速率** 点击这个按钮使用窗口右侧出现的滑块来调节帧速率。
- **音频 / 视频同步控制** 点击这个按钮使用窗口右侧出现的滑块来调节音频 / 视频同步。

图 2-20　人像图像中，你可以使用 Air Cam 的按钮来配置应用程序本身，以及它接收到的视频和音频

在你的 iPad 上，Air Cam 很容易控制，但是它似乎缺少一个关闭连接到你正在查看的网络摄像头的命令。你可以按下主键来显示主窗口，但是 Air Cam 仍然会在后台运行。所以，想要关闭应用程序，你需要像下面这样强制退出 Air Cam。

1. 按下主键显示主窗口。
2. 快速地连续两次按下主键来显示应用程序切换栏。
3. 点击并持续按住“Air Cam”按钮，直到一个包含“–”符号的红圈出现在应用程序切换栏中的每一个应用程序图标的左上角。
4. 点击 Air Cam 上面的“–”按钮来关闭应用程序。

高级技术达人

把 iPad 变成一个网络摄像头

正如你所知道的，你的 iPad 拥有两个而不是一个内置视频摄像头，还有一个无线网络接口。因此，如果你需要的话，它自己完全具备了充当网络摄像头的功能。

如果你在任何时候都保持随身携带 iPad 的话，你可以用它来播放你正在做什么，这样别人在网页浏览器上就可以看见了。如果你不介意将你的 iPad 放置在其他地方一段时间——可能会使用一个三脚架，就像本章项目 17 中的高级技术达人侧边栏中描述的那样——你可以用它来保持监视那里发生了些什么事。例如，你可以将 iPad 作为一个婴儿监视器，检查你的狗在你外出的时候在干什么，或者你也可以操纵你的 iPad 保持监视你的工作桌，看一下是谁拿走了你的甜甜圈。

你可以在你的本地网络或者互联网上广播，并且使用几乎所有的网页浏览器都可以点击进入。

想要使你的 iPad 成为一个网络摄像头，那就从苹果商店获取一个网络摄像头应用程序——移动 IP 摄像头（2.99 美元）。启动应用程序，你就会看见预览画面，它显示了后置摄像头正在捕捉的画面，如下图所示。

接下来，点击底部的“选项”按钮来显示“选项”窗口（见下图左侧）。在这里，你可以设置摄像头。

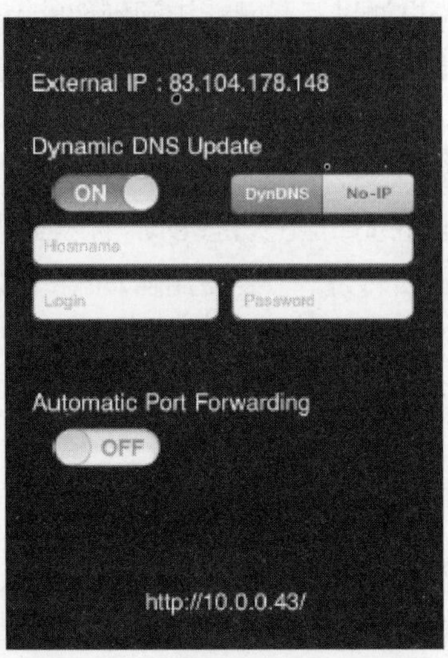

- **摄像头**　点击“后面”按钮或者“前面”按钮来切换摄像头。
- **图片大小**　沿着小—中—大规模拖动滑块来设置你想要的图片大小。大尺寸的图片

在本地网络中效果很好，但是如果你正在通过互联网监视的话，你通常要使用中等大小。

□ **图像质量** 沿着低—高规模拖动滑块来设置图像质量。

□ **4:3 裁切** 如果你想将图片裁切为 4:3 的横纵比，那就将这个开关移动到开启位置。如果你想看到 iPhone 的图片是原始未变的，那就将这个开关移动到关闭位置。

□ **时间戳** 如果你想看见在 iPad 的图片上叠加有日期和时间的话，那就将这个开关移动到开启位置。

□ **监听端口** 如果需要的话，将该文本框中的数值从默认值（80）改为一个不同的端口数值。在你通过一个路由器使用互联网访问你的 iPad 的时候，你可能需要使用一个不同的端口。

□ **安全性** 如果你想要保护连接，在登录框中输入登录名，在密码框中输入密码。

□ **音频** 如果你在接收 iPad 的图片的同时还想接收音频的话，将这个开关移动到开启位置。获取音频会增加传输的数据量，但是这对于知道正在发生什么有很大的帮助。

当你完成在“选项”窗口的选择设置以后，点击窗口底部的“高级”按钮来显示“高级”窗口（见上图右侧）。这个窗口上包含了三个项目。

□ **外部 IP** 这个输出显示了你的网络正在使用的外部 IP。这个地址就是你用来从你的网络之外通过互联网连接到你的 iPad 的地址。你可能需要在你的互联网路由器上改变设置来使计算机通过互联网能访问到你的 iPad。

□ **动态 DNS 更新** 如果你的互联网服务供应商使用的是一个动态 IP 地址，而不是静态的 IP 地址，在它改变的时候，你可以使用动态 DNS 服务或者无 IP 服务来提供 IP 地址。想要使用动态 DNS，将这个开关移动到开启位置。在当开关移动到开启位置时出现的控制器上，适当地选择点击动态 DNS 标签或者无 IP 标签，然后填写相应的字段。

□ **自动端口转发** 想要使用自动端口转发，将这个开关移动到开启位置。自动端口转发会让 ipCam 告诉你的互联网路由器将来自于互联网的 ipCam 的输入请求发送到哪里。想要使用自动端口转发，你的互联网路由器必须支持通用即插即用（UPnP）或者 NAT-PMP。

当你设置 iPad 进行监视的时候，打开一个网页浏览器，并且转到显示在“ipCam”窗口底部的 IP 地址。你将会看见“控制”窗口，如下图左侧所示。

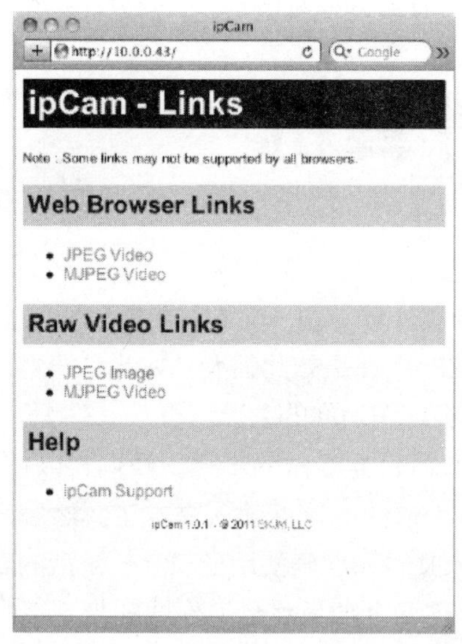

在网页浏览器中的链接区域，点击 JPEG 视频链接，你将会看见一个来自 iPad 的视频提要，如上图右侧所示。在网页浏览器中的链接区域，单击 MJPEG 视频链接，你将可以得到一个视频提要以及音频提要。想要使用音频的话，你需要将“选项”窗口上的音频开关设置为开启位置。

在使用 ipCam 的时候，你通常想要将你的 iPad 插入 USB 电池适配器，以确保你不会把电池电量耗光。

第 3 章
将 iPad 作为主计算机

直到目前为止，你已经非常需要一台全尺寸计算机——PC 或者 Mac，台式机或者笔记本电脑——来认真完成计算。但是，现在 iPad 是如此强大，如此有能力，所以你可以给它配备功能和应用程序，这样你就可以将它作为你的主计算机了。

本章将告诉你想要把 iPad 变成你的主计算机需要做的步骤。我们将以在 iPad 上面连接一个硬件键盘开始，这样的话你就可以用最快的速度输入文本了。然后，在你手边没有硬件键盘的时候，我们将来探索快速输入文本和准确使用窗口上的键盘的高级技巧，这里隐藏着很多大多数人都会忽略的秘密。这两个项目将会把你成功带到下一个主题：如何在你的 iPad 上创建办公文档——Word 文档、Excel 电子表格、PowerPoint 演示文稿，以及 PDF 文件。

在这之后，我将会告诉你如何使你的 iPad 成为计算机的移动存储设备，然后再成为你的本地网络的文件服务器。这些步骤将会让你无论走到哪里都可以随身携带重要文件，还可以让你从任何正在使用的计算机上面访问它们。

在本章结尾部分，你将学习如何使用电子邮件应用程序开发高级电子邮件技能，以及如何从你的 iPad 上直接传输演示文稿。

让我们开始吧。

项目 20：将一个蓝牙键盘或者其他硬件键盘连接到 iPad 上

iPad 的窗口键盘已经是苹果能做到最好的了，并且听写功能在书写备忘录、笔记、电子邮件以及文本信息的时候会很有帮助，而且不需要让你手动操作。

但是当你需要在 iPad 上输入大量的文本的时候，没有任何东西可以替代一个硬件键盘。通过蓝牙或底座连接器接口连接一个键盘，你能够在任何需要的应用程序——电子邮件、笔记、iWork 应用程序、Documents To Go 软件以及任何其他软件上以最快的速度输入文本。

连接并且使用苹果 iPad 键盘底座

能够使你的 iPad 更像一台笔记本电脑的最简单方式就是使用一个苹果 iPad 键盘底座连接器，它可以通过底座连接器连接一个硬件键盘。iPad 键盘底座是专门为 iPad 定制的，所以它包含有专门为 iPad 设计的硬件控制键，例如，返回到主窗口、锁定 iPad、改变窗口亮度以及调整播放音量。iPad 键盘底座也包括一个用于从你的 iPad 上面以标准音量输出音频的管道音频输出口，这样的话，你就可以简单地将你的音响连接到 iPad 上面了。

这是非常不错的，但是 iPad 键盘底座确实也有几个缺点。

- 因为端口的位置，iPad 不得不保持纵向定向，这对于一些应用程序来说不是很好，但是鉴于你将能够以更快的速度输入文本，你可能会想要做出牺牲。
- 你通常需要将 iPad 从保护壳中拿出来，以便于使用 iPad 键盘底座。如果你使用的是一个可以轻易拆卸的保护壳的话，这没什么问题，但是对于非常紧的保护壳或者重型保护壳来说，这就将会是一个问题。

想要将你的 iPad 连接到 iPad 键盘底座上面，只需要简单地将 iPad 放置在键盘底座上面，这样底座连接器就会自动连接，然后你就可以开始尝试使用了。

连接并且使用一个蓝牙键盘

在你将蓝牙键盘连接到你的 iPad 上面之前，你必须做两件事情。

- 打开蓝牙 为了省电，你的 iPad 上的蓝牙功能会保持关闭直到你需要它的时候。
- 匹配你的键盘和 iPad 是一个一次性的过程，它能将键盘连接到你的 iPad，并且可以设置它们来共同工作。匹配有助于确保只有经授权的蓝牙设备才能连接到你的 iPad 上。

打开蓝牙

想要打开设置应用程序中的蓝牙窗口并且打开蓝牙，请按照如下步骤操作。

1. 单击“设置”窗口上的“通用”按钮来显示“通用”窗口。

2. 单击“蓝牙”按钮来显示蓝牙窗口（见下图）。

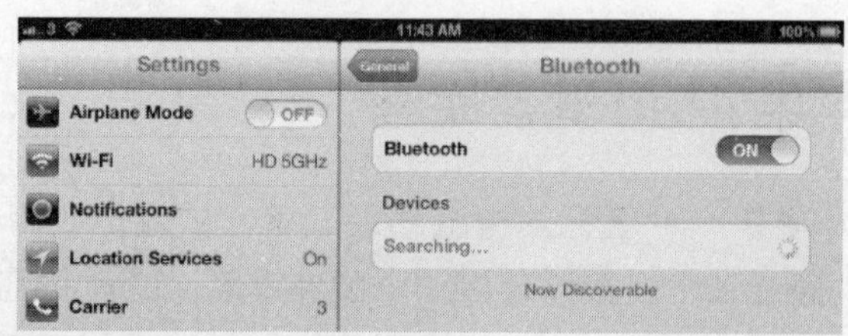

3. 单击蓝牙开关，并将它移动到开启状态。

匹配蓝牙键盘

想要匹配你的蓝牙键盘，请按照如下步骤进行操作。

1. 打开蓝牙，如前面描述的那样。

2. 将蓝牙键盘设置成匹配模式。你如何做到这一点取决于键盘，但是它通常会有一个神奇的电源按钮——例如，按住电源按钮直到红色和蓝色的指示灯开始闪烁。

3. 当键盘的按钮出现在“设备”列表中的时候，它显示的是没有匹配（如下图所示），单击按钮来连接键盘。

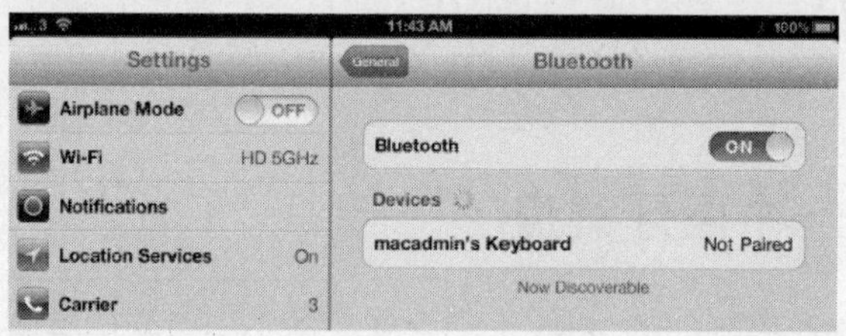

4. 然后，iPad 会提示你在键盘上输入一个匹配密码，如下图所示。输入密码，然后按下“ENTER”键或者“RETURN”键，键盘就会和 iPad 建立连接。

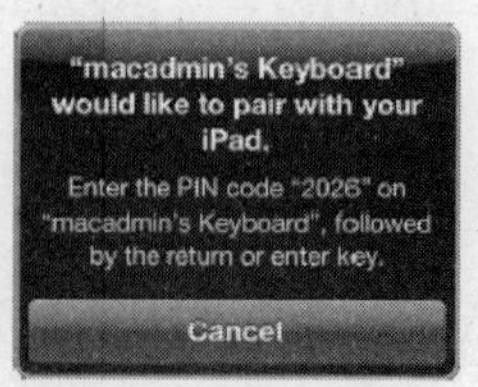

在匹配完键盘以后，你的 iPad 就会自动地连接它（见下图），前提是你想要使用你正在匹配的键盘。为了便于使用，按照接下来的章节“再次连接蓝牙键盘”中描述的那样来连接键盘。

断开蓝牙键盘的连接

想要从你的 iPad 上断开蓝牙键盘的连接，请关闭键盘，然后，iPad 就会在蓝牙窗口的设备列表中显示键盘未连接。

你也可以通过关闭你的 iPad 上的蓝牙来断开连接键盘。

当你不使用蓝牙功能的时候，将其关闭来节省电源和延长你的 iPad 的电池寿命。

再次连接蓝牙键盘

当匹配好你的蓝牙键盘以后，你可以通过将它移动到你的 iPad 的蓝牙范围之内并开启它来快速地再次连接蓝牙键盘。只要你的 iPad 的蓝牙是开启的，iPad 就会连接到键盘上，并且几秒钟之内你就可以开始使用键盘了。

让 iPad 忘记蓝牙键盘

当你不再需要在你的iPad上使用蓝牙键盘的时候，你可以让你的iPad忘记这个设备。请按照如下步骤进行操作。

1. 在蓝颜窗口上，单击键盘上面的“>”按钮来显示键盘的控制窗口。这个插图显示了一个例子。

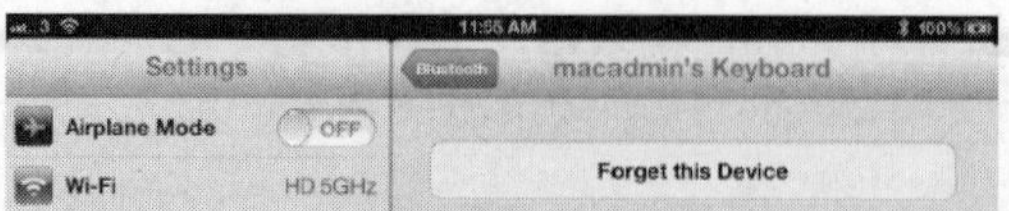

2. 单击“忘记这个设备”按钮。你的 iPad 会显示一个确认对话框，见下图。

3. 单击“OK”按钮。你的 iPad 就会忘记这个设备，然后再一次显示“蓝牙”窗口。

高级技术达人

为一个蓝牙键盘改变键盘布局

连接一个蓝牙键盘到你的 iPad 上是一个快速输入文本的好方法。如果你在键盘上使用的是一个不同的布局，例如欧式布局或者优化 Dvorak 布局，你可以切换键盘来使用那种布局。

如果你需要使用一种不同的键盘布局，而不是你现在能获得的，无论是窗口键盘或者一个你连接的外置键盘，按照如下步骤来改变键盘布局。

1. 按下主键来显示主窗口。
2. 单击“设置”图标来显示“设置”窗口。
3. 单击“通用”按钮来显示“通用”窗口。
4. 向下滑动到窗口的底部。
5. 单击“键盘”按钮来显示“键盘”窗口（见下图左侧）。

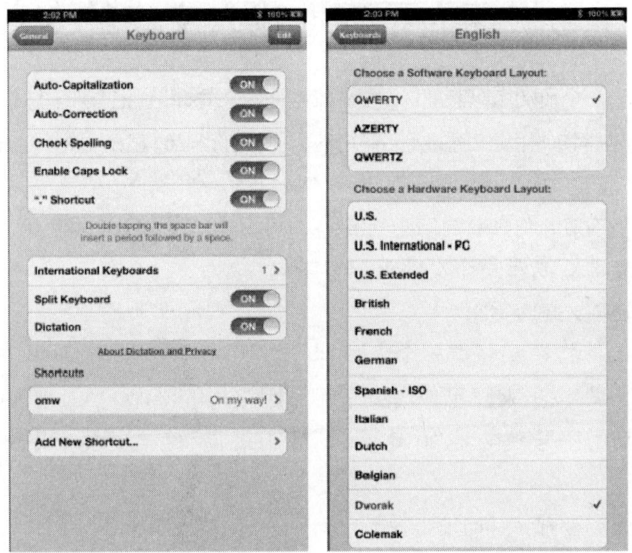

6. 单击“国际键盘”按钮来显示“键盘”窗口，见下图，图中添加了一个单独的键盘。

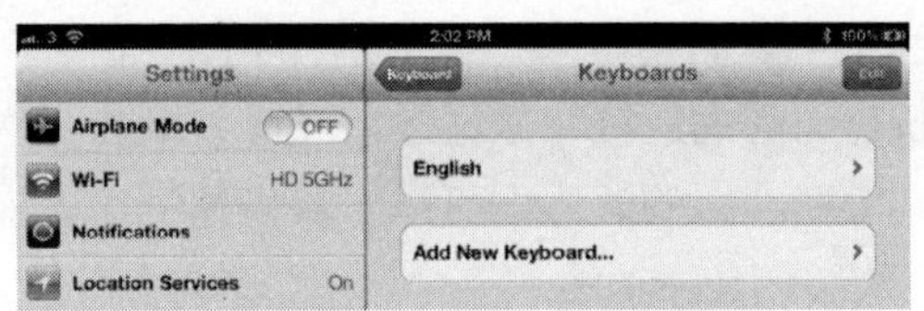

7. 单击顶部的按钮。这个按钮的名称取决于你正在使用的键盘——例如，English。键盘窗口就会出现。在这个侧边栏中步骤 5 的插图右侧窗口显示了一个例子。

8. 在选择一个软件键盘布局框中，单击你想要使用的窗口键盘布局——例如，全键盘布局。

9. 在选择一个硬件键盘布局框中，单击你想要使用的外置键盘布局——例如，Dvorak。

10. 单击“键盘”按钮，返回到键盘窗口。

在“键盘”窗口上面，你也可以通过单击“添加新键盘”按钮来添加一个新键盘。但是，如果你仅需要改变你正在 iPad 上面使用的键盘，选择改变现在使用的，而不是添加另外一个键盘。

项目 21：学习快速而正确地输入文本的专业技巧

当你没有使用一个硬件键盘的时候，你将会想要发挥 iPad 窗口上的键盘的最大功能，你可以使用这些键盘快速而准确地输入文本，只要你知道它的秘密。并且当你更喜欢说出你的想法的时候，你可以使用听写功能来代替。

乍看之下，你的 iPad 的主窗口上的键盘几乎不可能很简单地使用。

- 单击一个文本框或者一个文件来召唤键盘。
- 单击你想要输入的字母。
- 单击“Shift”按钮来获得一个大写字母。
- 单击“.?123”按钮来显示包含数字和常用符号的键盘。
- 在数字和常用符号键盘上，单击“#+=”按钮来显示包含括号、双括号、字符（#%^&!）等符号的键盘。
- 当你再一次需要输入字母的时候，单击“ABC”按钮。

但是窗口上的键盘也有一堆隐藏的技巧，它们可以为你节省输入、时间。请继续阅读。

如果你已经像前面那个项目中描述的那样连接了一个硬件键盘的话，你将需要断开与它的连接，这样才能让窗口键盘再次生效。如果键盘是通过底座连接器连接的话，你可以直接拔掉键盘。如果键盘是通过蓝牙连接的话，请关闭蓝牙功能。

输入重音或者备选字符

单击并按住基本字符，直到出现一个弹出面板，然后单击你想要的字符。例如，单击并按住 E，直到如下图所示的面板出现，然后单击需要的字符。

输入一个连接符（–）或者一个破折号（—）

单击并按住连字符键，然后在弹出的面板上单击一个连接符(–)或者一个破折号(—)。一个连接符是一个单英文字符宽度的符号，而一个破折号是一个双英文字符宽度的符号，这明显是更宽一点的。

从弹出面板上，你也可以输入一个小圆点而不用转到“#+=”窗口再去输入。

快速输入一个句号

想要快速输入一个句号，快速地连续两次单击空格键。

如果这不起作用的话，你需要打开此项功能。参见接下来的“打开所有的自动校正功能”一节。

输入其他域名而不是 .com

当你使用 Safari 浏览器的时候，窗口键盘上有一个“.com”按钮，你可以单击它轻松地输入 .com 域名。想要输入其他广泛使用的域名，单击并按住“.com”键，然后在弹出面板上单击相应的域名（见下图）。

输入一个电子邮件地址的域名

想要输入一个电子邮件地址的域名，单击并按住“.”（句点）键，然后在弹出面板上单击相应的域名（见下图）。

输入标点符号并且直接返回到字符键盘

通常情况下，你将需要输入一个单一的标点符号字符，然后再返回输入字符。想要做到这一点的话，单击“.?123”按钮，但是不要将你的手指离开窗口。将你的手指滑过标点符号键，然后再让你的手指离开窗口。iPad 会输入这个字符并再一次显示字符窗口。

持续输入，并且让自动校正修复你的打字错误

你的 iPad 上的自动纠错功能（在接下来讨论）能整理出很多错别字。所以，如果你在输入一个单词的过程中发现你出现了拼写错误，你最好还是继续输入，并且接受自动校正（见下图），而不是返回去修改错字。

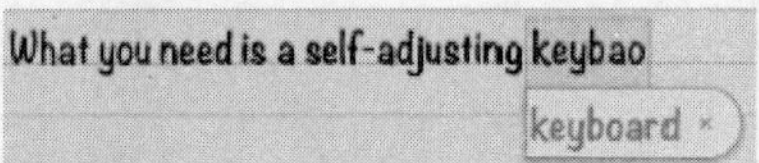

打开所有的自动纠错功能

你的 iPad 有很多自动纠错功能来帮助你快速而更加准确地输入文本。想要打开键盘窗口并且选择设置，请按照如下步骤进行操作。

1. 按下主键来显示主窗口。
2. 单击“设置”图标来显示“设置”窗口。
3. 单击“通用”按钮来显示“通用”窗口。
4. 向下滑动到窗口的底部。
5. 单击“键盘”按钮来显示“键盘”窗口（如图 3-1 左侧所示）。

6. 如果你想让你的 iPad 将新句子或者一个新的段落的第一个单词自动大写的话，将“自动大写”开关设置为开启位置。

7. 如果你想使用自动更正功能，就将“自动校正”开关设置为开启位置，这些通常都是很有帮助的。

8. 如果你想通过双击切换键就能够打开大写锁定，那就将“启用大写锁定”开关设置为开启状态。这通常是很有用的，除非你发现自己偶然地打开了大写锁定。

9. 如果你想如本节前面描述的那样通过双击空格键就能够输入一个句号，那就将“快捷键”开关设置为开启位置。这个快捷键通常是很有帮助的。

10. 保持键盘是可见的，这样你就可以像接下来将要描述的一样设置文本快捷键。

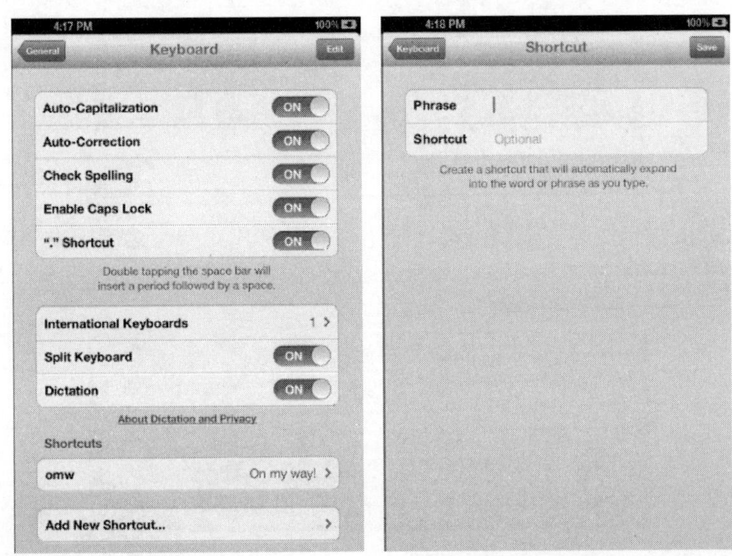

图 3-1　在“设置”窗口的“键盘”窗口上（左侧），单击“添加新的短语”按钮来开始创建一个新的短语。在“用户词典”窗口上（右侧），输入短语和输入码，然后单击“存储”按钮

开启拆分键盘和听写功能

如果你想要使用拆分键盘的话，将“键盘”窗口上的“拆分键盘”开关移动到开启位置。想要了解关于拆分键盘的详细信息，请参加下面侧边栏“使用拆分键盘”。

高级技术达人

使用拆分键盘

当你拿着你的 iPad 并且在输入的时候，召唤拆分键盘，这样的话你可以用你的拇指轻松地进行输入。

想要切换到拆分键盘，第一个步骤就是单击一个文本框或者一个文件来显示常规键盘。然后单击右下角的“隐藏键盘”并且将它向上拖动，以此来切换到拆分键盘，见下图。

你也可以单击并且安装“隐藏键盘”按钮来显示弹出菜单，然后单击“拆分”按钮，见下图。

在显示拆分键盘以后，你可以通过“隐藏键盘”按钮上面的控制键将它在窗口上上下移动。

如果控制键没有出现在“隐藏键盘”按钮上的话，拆分键盘就是不可用的。这意味着你需要像在正文中描述的那样在设置应用程序中打开它。转到“键盘”窗口，并且将“拆分键盘”开关移动到开启位置。

拆分键盘很容易使用：一旦显示了拆分键盘的话，就可以正常使用按键。但是你也可以使用 6 个看不见的按键，如果你习惯使用你的另外一只手来输入中间字符的话，这是很有用的。

当你使用完拆分键盘的时候，单击并且按住“隐藏键盘”按钮，然后在弹出菜单上面单击“底座以及合并”按钮。

如果不是拆分键盘的话，你可以轻松地移除它，然后将它放置在窗口上任何你觉得舒服的地方。想要移除键盘的话，单击并且按住“隐藏键盘”按钮，然后在弹出菜单上面单击“移除”按钮。然后抓住“隐藏键盘”按钮上的控制键，并且将键盘拖到任何你想要的位置。

创建文本快捷键

如果你使用过 Microsoft Word 或者其他文字处理器，你就会非常熟悉自动更正功能，它能够自动修复拼写错误以及扩展你已经定义的快捷短语（例如，将 myadd 这个词扩展为你的详细通信地址）。你的 iPad 也有一个类似的功能，并且你可以通过如下这样设置快捷短语来提高你的输入水平。

1. 按下主键来显示主键盘窗口。
2. 单击“设置”图标来显示“设置”窗口。
3. 单击“通用”按钮来显示“通用”窗口。
4. 向下滑动到窗口的底部。
5. 单击“键盘”按钮来显示“键盘”窗口。
6. 在窗口的底部，单击“添加新的短语”按钮来显示“用户词典”窗口（见图 3-1 右侧）。
7. 在短语框中输入替换的单词或者短语。
8. 在输入码框中输入快捷键。
9. 单击“存储”按钮。
10. 对于每一个你想要创建的短语，重复第 6 步到第 9 步。
11. 当你完成创建快捷短语和选择键盘设置的操作以后，单击“键盘”按钮来返回到“键盘”窗口。

高级技术达人

将你的内容听写给 Siri

我非常确定你知道 iPad 的听写功能是一个非常好的在你的 iPad 上快速而准确地输入文本的方法。通过使用认知引擎认识的词语，你可以极大地提高你的速度和准确性。

想要听写文本，你只需要在记事本、电子邮件信息或者其他你正在书写的文件中放置插入点，单击键盘上面的“话筒”按钮，然后说出你想要听写功能为你记下的单词。当你停止说话的时候，听写功能会处理你的输入信息，然后写下苹果数据中心服务器已经理解的文本。

想要插入标点符号，只需要在文本流中说出标点符号即可。你不需要提醒听写功能你准备使用一个标点符号。下面这些标点符号是你可以使用的。

- “句点”
- “逗号”
- “分号”
- “冒号”
- “感叹号”
- “倒感叹号”
- “问号”
- “倒问号”
- “连字符”
- “连接号”（–）
- “破折号”（—）
- “下画线”
- “左括弧”和“右括弧”
- “左方括号”和“右方括号”
- “与字符”
- “星号”

下面是一列你可以告诉 Siri 输入的符号。

- “At 符号”（@）
- “版权符号”
- “注册符号”
- “井号”或者“散列符号”（#）
- “美元符号”（$）
- “分币符号”（¢）
- “欧元符号”（€）
- “英镑符号”（£）
- “日元符号”（¥）
- “百分号”（%）
- “大于号”(>) 和“小于号”(<)
- “斜杠”（/）和“反斜杠”（\）
- “竖线”（|）
- “脱字符号”（^）

想要告诉 Siri 如何规定格式和布置文本，使用下面这些命令。

- “新行” 它能提供单独一行，在段落之间没有空行。

- “新段” 它能提供两行，所以在段落之间你会得到一个空行。

- “大写” 这能够让听写功能对于接下来的单词的首字母应用大写。例如，“大写 cheeese”会产生“Cheese”。

- “小写”这能够防止听写功能对一个单词应用首字母大写，而且你会得到正常的单词。例如，“他是小写 Russian”会产生“他是 russian”。

- “大写开启”和“大写关闭” “大写开启”会打开“Caps Lock”键，使每一个你听写的单词都是大写的，直到你说出“大写关闭”。

- “小写开启”和“小写关闭” “小写开启”会关闭大写，使所有你听写的内容都是小写的，直到你说出“小写关闭”，在这之后，正常的大写就会恢复了。

- “左引号”和“右引号” 例如，“左引号大写 hello 感叹号右引号 she said 句点”会输出“Hello！”she said.

- “空格键”这会强迫 Siri 在单词之间放置一个空格，否则它就会在中间放置一个连字符。例如，“这个文件是 up 空格键 to 空格键 date”会输出这个文件是 up to date（而不是 up-to-date）。

- “没有空格”这将会阻止 Siri 在单词之间插入空格。例如，如果你需要输入产品的名称 BovineEmulator，你可以说“大写 bovine 没有空格大写 emulator.”你也可以说“开启没有空格”来打开没有空格功能直到你说出“关闭没有空格”来再一次关闭它。

- “句点”这将会在两个单词之间放置一个句点——例如，“Amazon 句点 com”会输出“Amazon.com”。

- “点”这将会在数字之间放置一个点——例如，“2 点 5 倍可能会成功”会输出“2.5 倍可能会成功”。

最后，你也可以通过说“笑脸”、“愁眉苦脸”，以及“眨眼”等输入最常见的表情。

项目 22：用 iPad 创建并且共享办公文档

如果你正在使用你的 iPad 作为你的主计算机，你将可能需要在上面创建办公文档。在这个项目里。我将告诉你如何创建和编辑基本类型的办公文档——从重要的备忘录和仅仅只是用来计算的电子表格直到引人注目的演示文稿以及专业的PDF文件的任何文件。

即使你在 iPad 上创建了办公文档，你可能也并不想将它们保存在那里。所以，我将带你通过你能使用的不同方式来在 iPad 和 PC 或者 Mac 之间共享文件。你可以使用

iTunes 的文件共享功能来复制文件，将文件添加到电子邮件信息里，通过第三方应用程序传输文件，或者使用 iCloud 服务共享文件。

在 iPad 上面创建办公文档

在本节中，我们将快速看一下在 iPad 上创建办公文档的主要应用程序：Word 文档、Excel、PPT 和 PDF 文件。

鉴于 Microsoft Office 不仅主导了办公文档的 Windows 市场，同时在 Mac 市场上还占有相当大的份额，它最可能是你需要用来创建你的 Word、Excel、PowerPoint 格式办公文件的工具——所以，我们将从这里开始。接下来，我们将讨论创建 Pages、Numbers 以及 Keynote 格式的文件，它们将用于苹果公司的 iWork 套件中的应用程序里。最后，我们来看一下如何创建 PDF 文件。

高级技术达人

了解为什么 iPad 可以查看办公文档但是却不能编辑

你的 iPad 的操作系统内置有可以查看大部分类型文件的阅览器，包括以下几种。

- **PDF 文件** 可调整的 PDFs 可以在你的 iPad 上很好的工作，因为它可以让这些文件进行调整，以此来适应窗口，但是不可回流的往往意味着你需要改变方式以非常小的尺寸来查看它们，或者进行放大，并且来回滚动。
- **Word 文档** 你的 iPad 通过使用 Word 2007/2008 以及更新的版本既可以显示 .doc 的老格式，又可以显示 .docx 的新格式。
- **Excel 工作簿** 你的 iPad 通过使用 Excel 2007/2008 以及更新的版本既可以显示 .xls 的老格式，又可以显示 .xlsx 的新格式。
- **PowerPoint 演示文稿** 你的 iPad 通过使用 PowerPoint 2007/2008 以及更新的版本既可以显示 .ppt 的老格式，又可以显示 .pptx 的新格式。
- **RTF 格式** 你的 iPad 可以显示所有格式的 RTF 文档。
- **纯文本** 你的 iPad 在显示纯文本文档的时候没有任何的问题。
- **HTML** 你的 iPad 可以显示使用超文本标记语言创建的文件。

各种各样的应用程序可以访问这些阅览器——例如，如果你接收到一个附加在一封电子邮件信息中的 Word 文档的话，邮件应用程序会在一个阅览器中打开这个文档，这样的话你就可以看见它的内容了。但是你不得不购买第三方应用程序来编辑这些类型的文档。

以 Microsoft Office 文件格式创建文档

想要在你的 iPad 上以 Microsoft Office 文件格式创建文档，你有 4 个主要的选择。

- Documents To Go 最基本版本的Documents To Go可以创建Word文档、Excel电子表格以及查看 PowerPoint 演示文稿和 iWork 文件。高级版本，Documents To Go Premium，添加了创建和编辑 PowerPoint 演示文稿功能。图 3–2 显示了 Documents To Go 打开一个 Word 文档，并在其中工作的窗口。

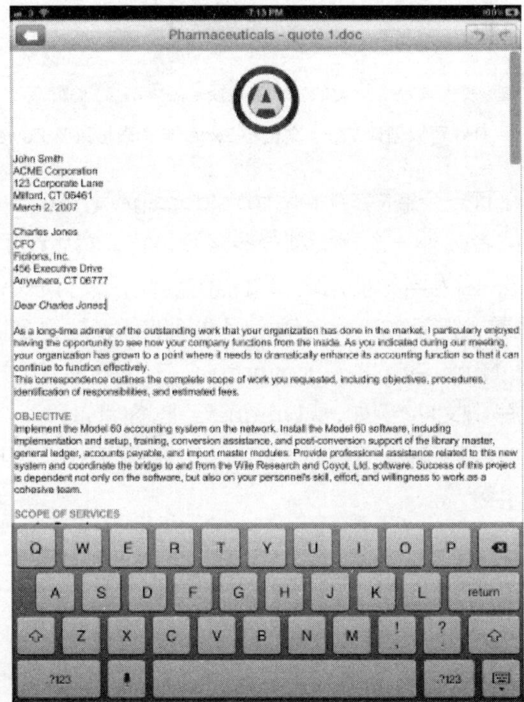

图 3-2　Documents To Go Premium 可以创建和编辑 Word 文档、Excel 电子表格以及 PowerPoint 演示文稿

□ Quickoffice 最基本版本的 Quickoffice 可以创建 Word 文档和 Excel 电子表格。Quickoffice Pro，还可以创建和编辑 PowerPoint 演示文稿。图 3-3 显示了 Quickoffice Pro 创建一个演示文稿。

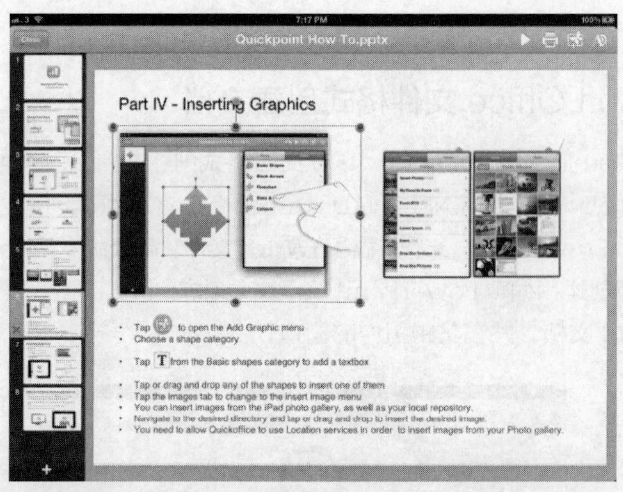

图 3-3　Quickoffice Pro 可以创建 Word 文档和 Excel 电子表格以及 PowerPoint 演示文稿

□ **谷歌文档**　如果你有一个谷歌文档(http://docs.google.com)的账户，你可以在你的 iPad 上使用 Safari 或者另外一个网页浏览器来登录它，然后在里面创建字处理文档、电子表格以及演示文稿。因为当你使用窗口键盘的时候，只有一小块地方可以留下来给你使用，所以界面有些差，但是如果你的触摸很准确的话，这也是很可行的。

□ **iWork**　Pages、Numbers 以及 Keynote（在下一节中讨论）可以以相应的 Microsoft Office 格式导出文件。例如，从 Numbers 上，你可以以一个 Microsoft Excel 格式导出一个电子表格。想要了解详细信息，参见旁边的侧边栏“将你的 iWork 文件转换成 Microsoft Office 格式”。

Documents To Go 软件和 Quickoffice 软件是令人印象深刻的应用程序，但是在创建文档、电子表格以及演示文稿的时候，它们使你只能使用最普通的格式和对象（如表和形状）。因为这些限制，再加上 iPad 的窗口只提供了很小的一块地方来用于工作，你通常最好是在一台计算机上完成你的文档，而不是在 iPad 上。

高级技术达人

将你的 iWork 文件转换成 Microsoft 格式

3 个 iWork 应用程序——Pages、Numbers 以及 Keynote——很适合在 iPad 上工作。但是，如果你或者你的同事在你的计算机上使用 Microsoft Office 的话，你需要将你所创建的 iWork 文件转换成它们的 Office 版本。想要转换文件，你要使用 iWork 应用程序中的共享和打印功能。

想要使用共享和打印功能来转换文件，请按照如下步骤在你的 iPad 上操作。

1. 打开文档属于的应用程序。我将以 Pages 作为例子。

2. 如果应用程序打开了一个文档，而不是你想要转换的文档，单击窗口左上角的“文档”按钮、“电子表格”按钮或者“演示文稿”按钮来返回到文件管理器窗口。这个窗口上显示了文档文件夹、电子表格文件夹或者演示文稿文件夹中的内容。

3. 单击你想要转换的文档，应用程序就会打开文档。

4. 单击“工具”按钮（这个图标就是窗口右上角带有一个扳手的图标）来显示“工具”窗口（见下图左侧）。

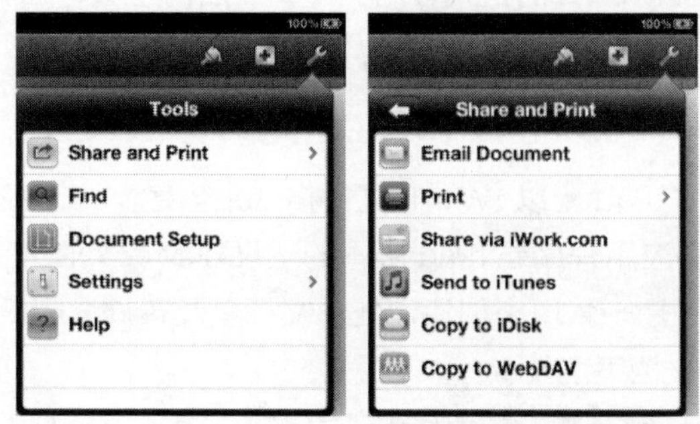

5. 单击“共享和打印”按钮来显示“共享和打印”窗口（见上图右侧）。

6. 适当地单击“电子邮件文档”按钮或者“发送到 iTunes”按钮。你的 iPad 会显示一个选择文档格式的窗口。在下图中的左侧窗口显示了“电子邮件文档”窗口，当你选择用电子邮件发送一个文档的时候，这个窗口在 Pages 中会显示。在 Numbers 中是“用电子邮件发送电子表格”窗口，在 Keynote 中是“用电子邮件发送演示文稿”窗口，“选择格式”窗口（想要发送到 iTunes）会提供相似的选择。

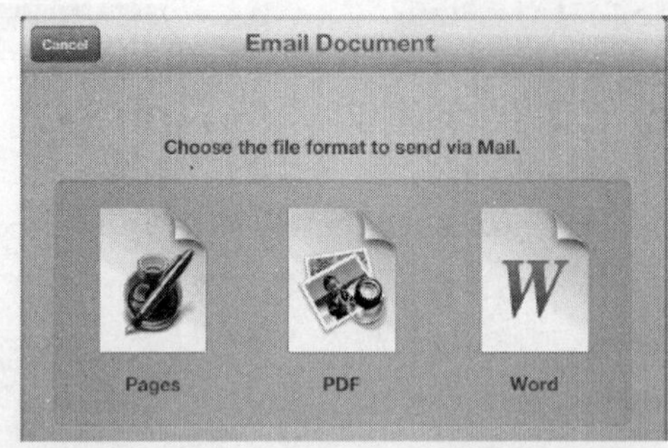

7. 选择导出文件要使用的格式：

- **本地格式** 单击“Pages”按钮，“Numbers”按钮，“Keynote”按钮来保持文档的本地格式。
- **PDF** 单击“PDF”按钮来创建一个可移植的文档格式文件，以便能在任何计算机上查看（但是不包括编辑）。
- **Office 格式** 单击“Word”按钮（在 Pages 上）、“Excel”按钮（在 Numbers 上）或者“PowerPoint”按钮（在 Numbers 上）。

8. 应用程序会按照你选择的格式导出文件，然后再一次显示文档。

以 iWork 文件格式创建文档

如果你需要在你的 iPad 上以 iWork 文件格式来创建文档，没有比苹果的 iWork 应用程序更好的了。这些应用程序是 iPad 版本的全尺寸 Mac OS X 系统应用程序。

- **Pages** Pages 是一款用来创建字处理文档以及布局文档的应用程序。图 3-4 显示了 Pages 正在一个文档里工作。
- **Numbers** Numbers 是一款创建电子表格的应用程序。图 3-5 显示了在 Numbers 中打开的一个电子表格。
- **Keynote** Keynote 是一款用来创建和编辑演示文稿的应用程序。图 3-7 介绍了 Keynote。图 3-6 显示了 Keynote。

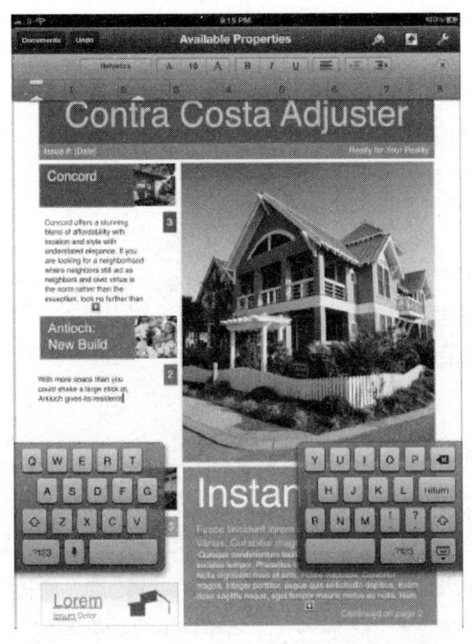

图 3-4　在你的 iPad 上面，使用 Pages 应用程序来创建和编辑字处理文档

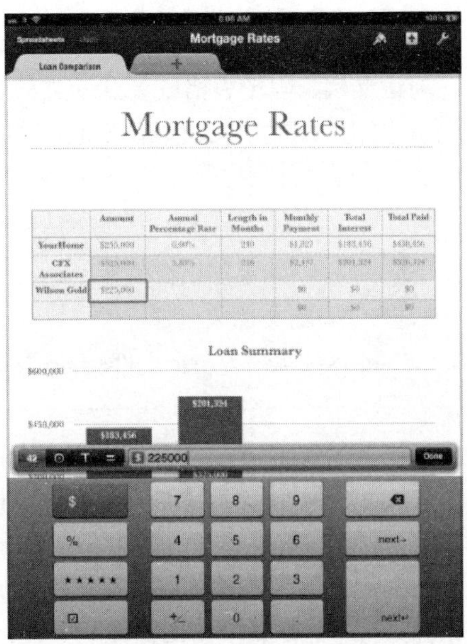

图 3-5　使用 Numbers 应用程序来创建和编辑电子表格

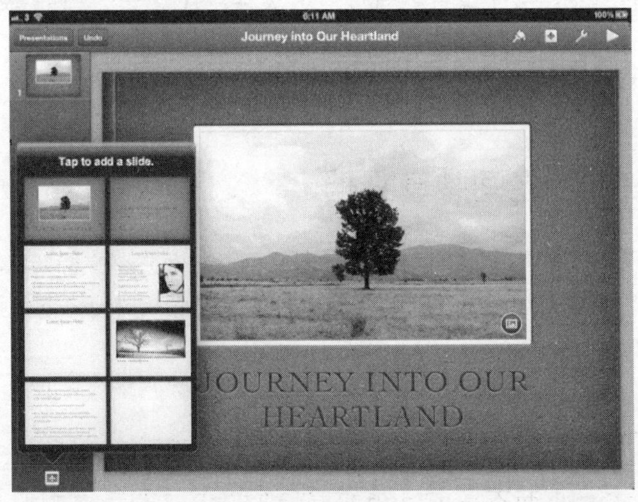

图 3-6　使用 Keynote 在你的 iPad 上面创建和编辑演示文稿。如果需要的话，你可以用 Microsoft PowerPoint 格式导出演示文稿

创建 PDF 文件

创建文档、电子表格或者演示文稿是很有帮助的，但是有的时候你可能需要在你的 iPad 上创建 PDF 文件，这样提供给你的用户的就会是完全编排好的文档，并且它们不能更改。

如果你正在使用 Pages、Numbers 或者 Keynote 的话，你可以通过导出文档来创建一个 PDF 文件。想要了解详细情况，请参见前边的侧边栏“将 iWork 文件转换成 Microsoft Office 格式”。

当你需要创建 PDF 文件的时候，试一下下面 2 个应用程序。

- **Adobe CreatePDF** CreatePDF 来自于 Adobe 这个制定了 PDF 文件格式的公司，它使你能够从一个文件存储区域中提取文档，并将它转换成 PDF 文件。CreatePDF 有一点拙劣，因为它并没有一个文件浏览器来获取从其中创建 PDF 文件的文档，相反，你不得不从文档所在的应用程序的文件存储区域开始，然后在 CreatePDF 中使用打开命令来打开它。但是，一旦你已经提取了文档，转换到 PDF 的过程就会运行得十分顺利。
- **Save2PDF** Save2PDF 是一款用来创建和操纵 PDF 文件的应用程序。Save2PDF 的功能包括将 2 个或者更多的 PDF 文件合并成一个单独的文件，以及在已有的文档中添加额外的页数。例如，如果你有一个包含标准合同的 PDF 文件，你可以添加额外的页数，这样可以把它变成一个定制版本。

在 PC 或者 Mac 之间共享文档

在本节中，我们将来看一下如何在 iPad 和计算机之间共享文档。我们将讨论 iTunes 的文件共享功能，看看通过电子邮件传输文档，并且最后来讨论一下使用苹果的 iCloud 服务共享文档。

使用 iTunes 的文件共享来共享文档

如果你使用 iTunes 而不是 iCloud 来同步你的 iPad 的话，你可以使用 iTunes 的文件共享功能来将你的计算机上的文档放到 iPad 上，或者从你的 iPad 上将文档复制到你的计算机上。这是从 A 点到 B 点最直接的转换文件方式。

想要使用文件共享功能来传输文档，请按照如下步骤操作。

1. 像通常一样，将你的 iPad 连接到计算机上。

2. 如果计算机不能自动打开或者激活 iTunes，你可以自己打开或者激活。

3. 在“源”列表中，单击进入 iPad 来显示它的控制窗口。

4. 单击应用程序标签来显示 iPad 上的应用程序和文件。

5. 向下滑动到文件共享区域（见图 3-7）。

6. 在“应用程序”列表中，单击你想要向它传输文件的应用程序。该应用程序的文件列表会出现在“文档”窗口的右侧。

7. 想要将文档添加到应用程序中，请按照如下步骤操作。

a. 单击“添加”按钮来显示“打开”对话框。

b. 浏览并选择文档或者你想要添加的文件。

c. 单击“完成”按钮（在 Windows 系统中）或者“打开”按钮（在 Mac 上）。

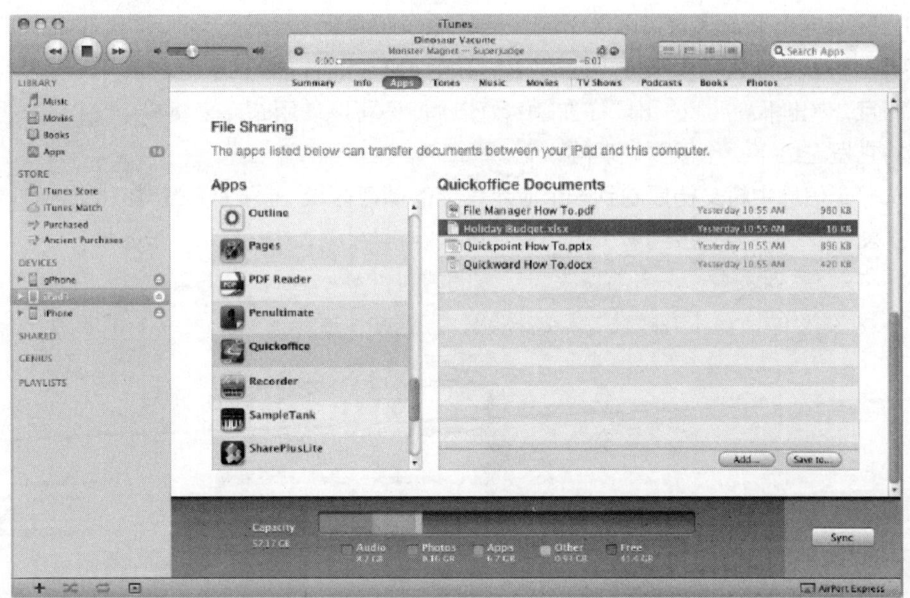

图 3-7　在 iTunes 中的一台 iPad 的控制窗口里的应用程序标签上的文件共享区域列出了可以传输文件的应用程序列表。单击一个应用程序来看一下它的文件

8. 想要从应用程序上将文档复制到计算机上，请按照如下步骤操作。

a. 单击“保存至”按钮来显示“打开”对话框。

b. 浏览你想要在其中保存文档的文件夹。

c. 单击“选择文件夹”按钮（在 Windows 系统中）或者“打开”按钮（在 Mac 上）。

文件传输一般运行都很快速，如USB 2.0可以处理多达480兆比特每秒（Mbps），但是，如果你要传输很多非常大的文件，它将要花费一段时间。（并且，如果你正在使用的是一个 USB 1.x 接口，它的 12Mbit/s 的限制将会使过程变得更加缓慢。）

通过电子邮件传输文档

当你想要在你的 iPad 上快速地获取文档的话，你可以简单地通过电子邮件将它们发送到 iPad 上的一个账户里。然后，你可以直接从电子邮件信息里以一个 iPad 的阅览器或者任何你想要在文档上使用的应用程序来打开这个文档。

电子邮件看起来可能是有些拙劣的传输文档的解决方法，但是，它是十分快捷和有效的，除非这个文档太大，以至于无法通过电子邮件服务使用。当文件是在某些其他的计算机上而不是你通常用来同步你的 iPad 的计算机的话，电子邮件是特别有用的。

而且，你也不需要我指出“在你编辑好以后，你可以使用邮件来将一个文档发送回来，或者将它发送给下一个需要处理的人”。

从一个信息中将文档复制到一个应用程序的储存区域 想要从一个电子邮件信息中获取一个文档，并且将它放到一个应用程序的储存区域里，请按照如下步骤操作。

1. 在信息列表中，点击信息来显示它的内容。

2. 在信息中，点击并按住文档的按钮，直到邮件显示了一个菜单，见下图。

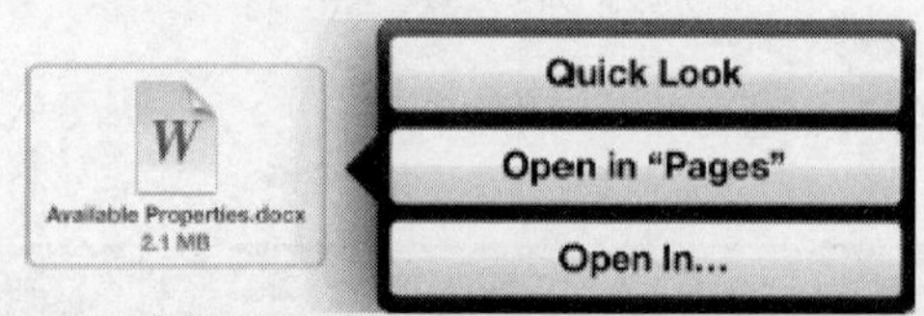

3. 如果你想要用一个基本的阅览器来打开文档，点击“快速查看”按钮；不过，通常你在一个应用程序里打开文档会更好。如果你想要在默认应用程序中打开文档（在这个例子中是 Pages），点击“在‘应用程序’中打开”按钮（在这里，应用程序代表的是它的名称）。否则，点击“打开”按钮来显示打开菜单（见下图），然后，点击你想要使用的应用程序。

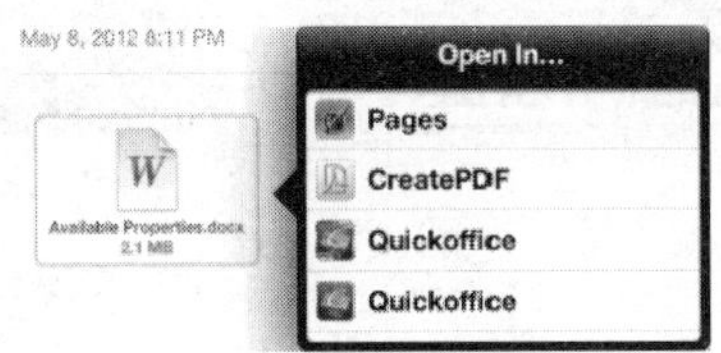

这是从信息中复制文档以及将它放到应用程序中最有效的方法。但是，通常你可能想要做的是查看一下文档的内容，这样你可以决定使用哪个应用程序来打开它。例如，如果你在你的 iPad 上接收到一个 Word 文档，你可能想要使用 Pages 来打开它，这样你就可以使用 Pages 的精简布局工具。但是，如果你只是简单地想要按照一个 Word 文档来编辑文件，你最好还是在 Documents To Go 中打开文档，或者一个相似的可以操作 Word 文档格式的应用程序。

查看一个文档，并决定要使用哪个应用程序来打开它　想要查看一个文档，然后决定使用哪个应用程序来打开它，请按照如下步骤操作：

1. 在信息列表中，点击信息来显示它的内容。
2. 点击你想要打开的附件文档的按钮。你的 iPad 会在一个阅览器中显示文档。
3. 点击“操作”按钮（这个按钮就是窗口右上角的带有一个弯曲的箭头的按钮）来显示在默认应用程序或者另外一个应用程序中打开文档或者打印文档的菜单。下面的插图显示了一个 PDF 文档，对于这个程序来说，iBook 是默认的应用程序。

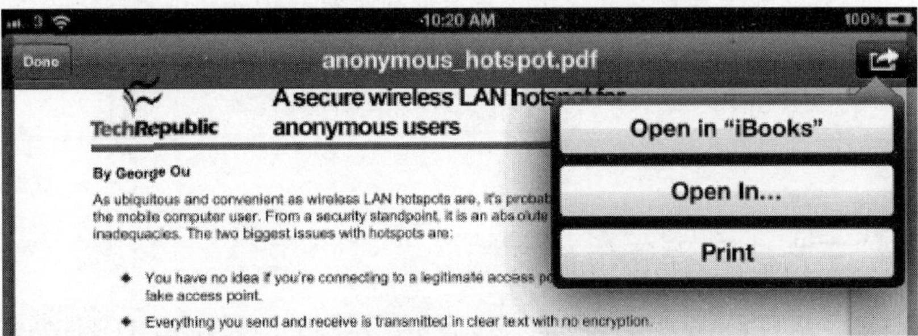

4. 如果你想要使用默认应用程序，点击它的按钮来在其中打开文档。否则，点击“打开”按钮来显示可以在其中打开文档的应用程序列表。下面的插图显示了这样一个列表的例子。

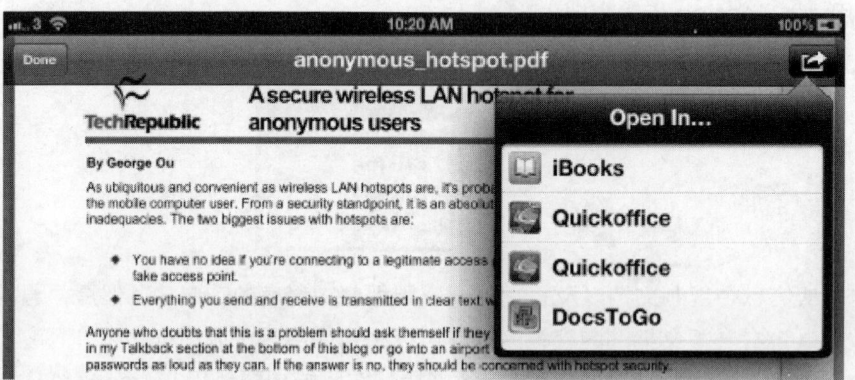

5. 点击你想要在其中打开文档的应用程序。

这个操作会让文档在邮件应用程序的阅览器中保持打开状态。所以当你返回到邮件应用程序的时候，点击“完成”按钮来关闭阅览器并且返回信息。

如果需要的话，从邮件中删除文档 一旦你在另外一个应用程序中打开了一个附加的文档，这个应用程序就会在它的储存区域中存储一个该文件的备份。如果需要的话，现在你可以删除电子邮件信息和它附加的文档；你已经添加到其他应用程序存储区域的文档的备份却不受影响。

如果你将一张照片附加到一个电子邮件信息中，接收方可以将图片保存到他或者她的 iPad 的照片存储区域中。但是，如果你附加了一个音乐文件或者视频文件，接收方只能在阅览器中播放或者将它添加第三方应用程序中，这个程序可以处理媒体文件类型，而不是将它添加到 iPad 的音乐存储区域中。

使用第三方应用程序传输文档

如果你需要比 iTunes 提供的更直接或者更广范围的访问 iPad 的文件系统，你将需要使用一个第三方应用程序来替代。本节将向你介绍 3 款当下最流行的有效应用程序：Air Sharing、FileApp Pro（带或者不带 DiskAid），以及 Documents To Go。

使用 Air Sharing 传输文档　iPad 版本的 Air Sharing 是一款将文档传输到 iPad 以及从 iPad 上面传输文档的应用程序，它可以让你在设备上查看文档。Air Sharing 使你能够将你的计算机通过一个无线网络连接到你的 iPad 上。Air Sharing 也包括这样一些功能，像连接到一台运行协同程序的 Windows PC、安装远程文件系统、打开并且创建 Zip 文件以及从网页上面下载文件。

想要了解通过 Air Sharing 连接一台 PC 或者 Mac 的话，参见这一章后面的项目 24，“使 iPad 成为你的家庭文件服务器”。

使用 FileApp Pro 来传输文档　像 Air Sharing 一样，FileApp Pro 也是一款传输文档到 iPad 以及从 iPad 上面传输文档的应用程序，它可以让你在设备上查看文档。使用 FileApp Pro，你可以通过 USB 数据线（具有很快的速度），或者通过一个无线网络（具有很好的灵活性）来连接到你的 iPad 上。想要通过 USB 连接，你需要使用 iTunes 的文件共享功能或者在你的 PC 或 Mac 上运行 DigiDNA 公司（www.digidna.net）的 DiskAid 程序。完整版的 DiskAid 需要花费 24.90 美元，但是你也可以获取一个免费版本的，它可以将文件复制到应用程序中，但是却不能将音乐、视频、信息、通讯录或者其他内容从你的 iPad 复制到你的计算机上面。

图 3-8 显示了 FileApp Pro 的主窗口，这上面，你可以浏览你的本地文件夹以及设置 USB 共享或者 Wi-Fi 共享。

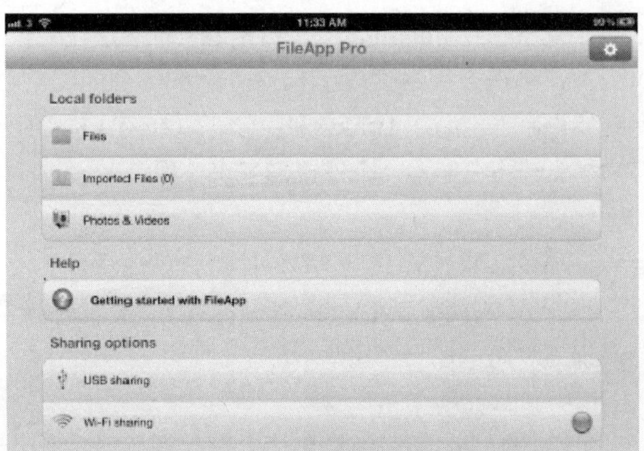

图 3-8　FileApp Pro 让你可以选择是使用 USB 还是 Wi-Fi 来连接到你的 iPad 上面

你可以通过使用 iTunes 中“应用程序”标签里“文件共享”区域的“进入 FileApp Pro”来传输文档，但是，如果你想要轻易地传输很多文件，并且选择将它们放到哪个文件夹中，获取 DiskAid 以及将它安装到你的计算机上是很有必要的。一旦你在 iPad 上设置了共享，你可以通过 DiskAid 连接，并轻松地来回传输。图 3-9 显示了运行中的 DiskAid。

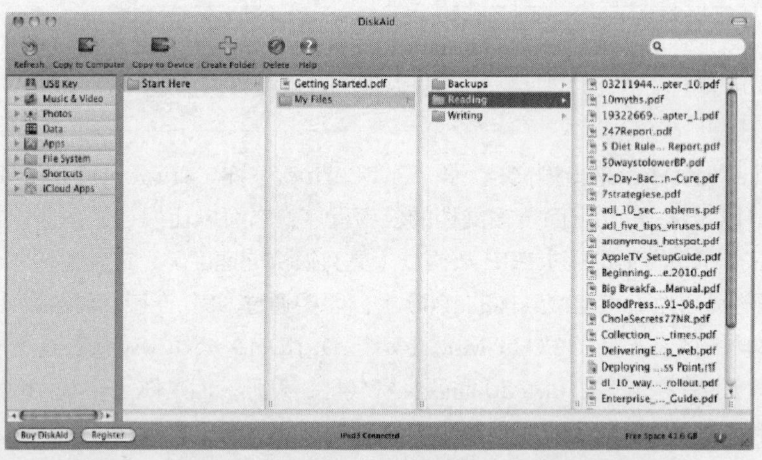

图 3-9　DiskAid 是 FileApp Pro 的伴随程序，它使 FileApp Pro 便于同你的 iPad 之间传输文件。你也可以单独使用 DiskAid

如果你只是想在你的 iPad 上存储文件而不是在 iPad 上打开文件的话，DiskAid 是一个很方便的工具——例如，想要将它们从一台计算机传送到另外一台上。有了 DiskAid，你可以在 iPad 上创建你自己的文件夹，它使你能够将它作为一个外置磁盘来使用。

使用 Documents To Go 来传输文档　如果你工作的时候需要经常使用 Microsoft Office 文档——例如，Word 文档或者 Excel 电子表格——你将可能发现 iWork 太繁琐了。与其在令人沮丧的转换中挣扎，还不如获取一个可以处理主要 Office 文件格式而无需转换它们的第三方应用程序。

如同在本章前面讨论过的一样，直接在 iPad 上创建和编辑 Microsoft Office 文档的最主要选择就是 Documents To Go 和 Quickoffice。在撰写本文的时候，Documents

To Go 似乎是两者之间功能更加强大的，尤其是因为它具有在计算机和 iPad 之间传输文档的优良功能。

你可以通过使用 iTunes 中的“应用程序”标签上的“文件共享”区域里的“进入 Documents To Go”来下载文档到 Documents To Go 里，但是为了经常使用，下载免费伴随桌面程序，它能在你的 PC 或者 Mac 上运行来同步 iPad 的文档。想要获取程序，转到在 DataViz 网页地址上的 iOS 版的 Documents To Go 页面（www.dataviz.com/DTG_iPad.html），然后点击“下载 Win 版本”按钮或者“下载 Mac 版本”按钮。一旦你已经安装了这个程序，你可以通过 HotSync 的安装过程来将你的 iPad 和桌面程序匹配。然后，你可以使用桌面程序来在你的 iPad 上来回传输文件（见图 3-10）。

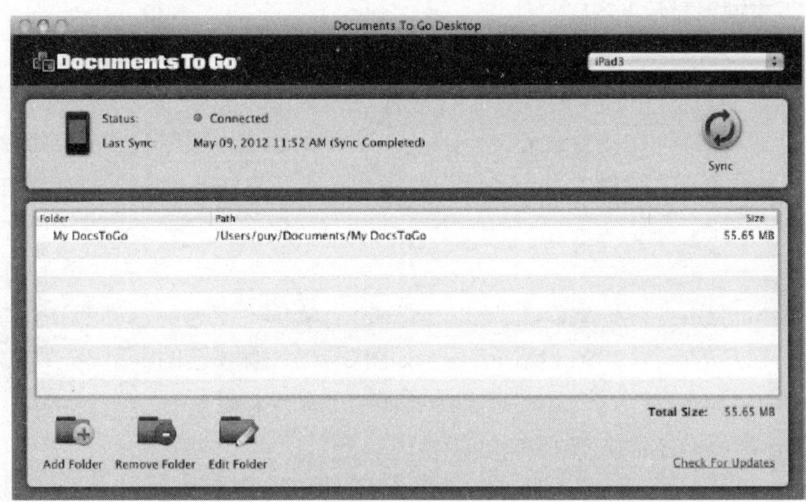

图 3-10　在你的计算机上面的 Documents To Go 桌面程序，并且已经连接到了你的 iPad 上面

Documents To Go Premium 可以访问一个在线存储账号里的文档，例如，谷歌文档、Box.net、Dropbox，或者 iDisk。

使用 iCloud 共享文档

苹果公司的 iCoud 服务是在你的 iOS 设备和计算机之间共享数据的非常好的方式。

你可以使用 iCloud 将你的邮件、通讯录、日历和事件、书签以及照片同时同步到你的 PCs 和 Macs 上面。如果你已经有一台 Mac 的话，你也可以同步你的文档和备忘录。在本节中，我们将来关注一下同步你的文档。（如果你使用的是一台 PC 的话，你可能想要跳过这一节）。

一旦你已经在你的 iPad 上面设置了 iCloud 账户的话，使用 iCloud 的应用程序就可以将文档存储到 iCloud 中，并且从那里访问它们。同样地，你的其他 iOS 设备或者你的 Mac 可以访问你的 iCloud 账户，使你能够在那里创建和编辑文档。

在你的 iPad 上面设置 iCloud 想要在你的 iPad 上面设置 iCloud 的话，请按照如下步骤进行操作。

1. 按下主键来显示主窗口。
2. 点击“设置”图标来显示“设置”窗口。

如果你在设置一个 iCloud 账户的同时也在设置你的 iPad 的话，你不需要再一次设置它。但是你可能需要确定“文件 & 数据”开关是在开启位置上。

3. 点击“iCloud”图标来显示“iCloud”窗口。如果你还没有在你的 iPad 上面设置一个 iCloud 账户的话，iCloud 窗口会显示如图 3-11 左侧所示的界面。
4. 点击“Apple ID”按钮，然后输入你的电子邮件地址。
5. 点击“密码”按钮，并且输入你的密码。
6. 点击“登录”按钮。你的 iPad 会登录 iCloud 并且显示“允许 iCloud 使用你的 iPad 的位置？”对话框（见下图）。

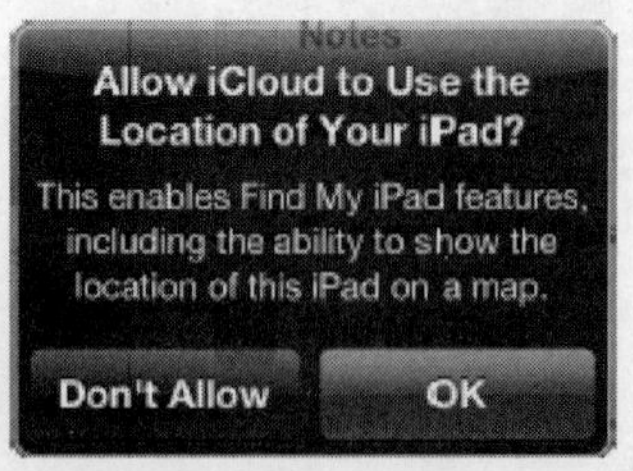

7. 如果你想要能够使用“寻找我的 iPad”功能的话，点击“OK”按钮。这通常是一个好主意。如果你不想追踪你的 iPad 的话，点击“不允许”按钮。

8. 然后，iCloud 窗口会显示你的账户的设置，如图 3-11 右侧所示。

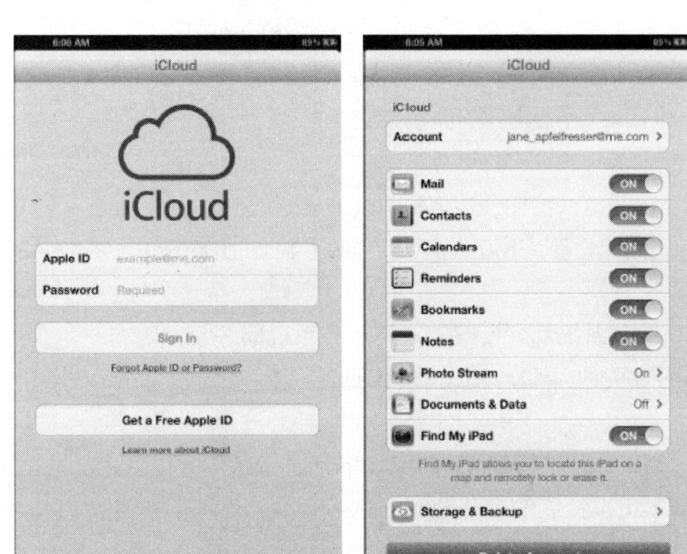

图 3-11　如果你还没有设置你的 iCloud 账户的话，输入你的信息并且点击“登录”按钮（左侧）。在登录以后，选择使用什么 iCloud 服务（右侧）

9. 设置开关来指定你想要使用什么 iCloud 功能。例如，如果你想要在 iCloud 中存储你的通讯录的话，将“通讯录”开关设置为开启状态，这样的话，你就可以很容易地在你所有的设备上面同步它们了。

10. 点击“文档 & 数据”开关来显示“文档 & 数据”窗口（见下图）。

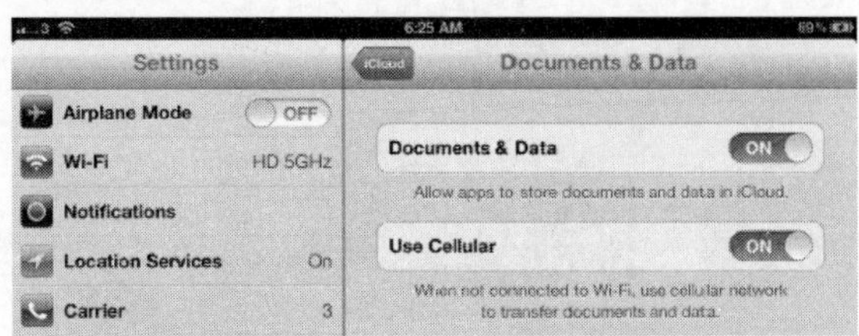

11. 点击“文档 & 数据”开关，并将它移动到开启位置。

12. 如果你的 iPad 连接的是蜂窝数据，并且你想要使用蜂窝网络同步你的文档的话，将“使用蜂窝数据”开关移动到开启位置。如果你只想通过 Wi-Fi 同步的话，将开关移动到关闭位置。

通过蜂窝网络同步文档非常适合保持你的数据同步，但是如果你的文档非常大的话，你会发现你的数据流量使用得非常迅速。测试一下这种方法并且监控一下你的流量使用情况，这样的话，你就清楚使用蜂窝网络同步是否适合你的流量计划了。

13. 点击“iCLoud”按钮，返回到“iCloud”窗口。

在你的 Mac 上面设置 iCloud 想要在你的 Mac 上面设置 iCloud 的话，请按照如下步骤操作。

1. 选择“苹果｜系统偏好设置”来打开“系统偏好设置”窗口。
2. 在“互联网 & 无线”部分，点击“iClOUD”图标来显示“iCloud”面板（见图 3–12）。

如果你已经登录了 iCloud 的话，系统偏好设置中的“iCloud”面板会显示可以控制的完整范围，见图 3–14。转到这个列表的步骤 8。

3. 输入你的“Apple ID”和密码，然后点击“登录”按钮来进行登录。然后，“iCloud”面板会显示如图 3–13 所示的“iCloud 设置”窗口。

4. 如果你想要在 iCloud 中存储你的通讯录、日历以及书签的话，选择“对通讯录、日历以及书签使用 iCloud”复选框。这通常是一个好主意。

图 3-12　如果你还没有登录 iCloud 的话，输入你的“Apple ID”以及密码，然后点击“登录”按钮

图 3-13　在这个“iCloud”窗口上，你将通常想要选择“对通讯录、日历以及书签使用 iCloud”复选框。对于一台 Mac 来说，也选择“使用寻找我的 Mac”复选框

图 3-14　在“iCloud”面板上，选择“文档 & 数据”复选框来开始通过 iCloud 共享你的文档

5. 如果你有一台 Macbook 的话，确保选择“使用寻找我的 Mac”复选框，这样，

如果你不小心弄丢了它或者某些人拿走了它的话，你就可以定位——并且如果需要的话可以擦除——你的 Macbook 了。如果你有一台 iMac、一台 Mac mini，或者一台 Mac Pro 的话，你可能相信它不会丢失，但是一旦它被偷走了的话，“寻找我的 Mac”是一个非常有效的安全措施。

6. 点击“下一步”按钮。如果你选择了“使用寻找我的 Mac”复选框的话，请按照如下步骤操作。

- 在确认对话框中，点击“允许”按钮。

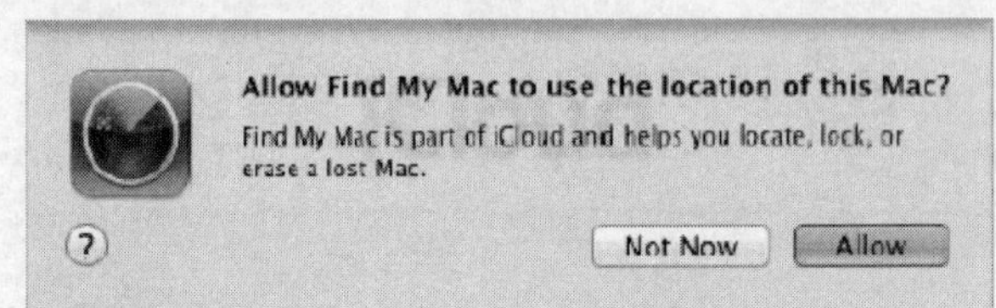

- 在“如果它丢失了的话，允许访客登录来帮助恢复你的 Mac ？”对话框（见下图）中，点击“允许访客登录”按钮。

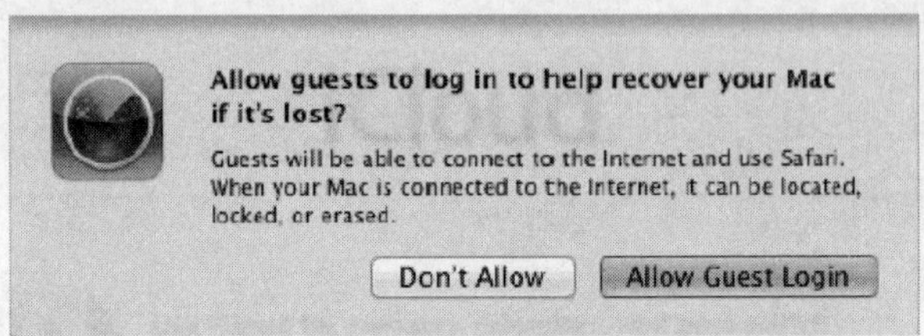

7. 系统偏好设置会设置 iCloud 并且显示带有它的全部控制设置的“iCloud”面板。

8. 为每一个你想要同步的项目选择相应的复选框。想要通过 iCloud 共享你的文档的话，选择“文档 & 数据”复选框。

9. 选择“系统偏好设置 | 关闭系统偏好设置”来关闭系统偏好设置。

设置一款 iOS 应用程序使用 iCloud 想要让你的 iOS 设备使用 iCloud 的话，你可以选择一个选项，当你开始使用这个应用程序的时候启动 iCloud，或者你可以在设置应用程序中打开 iCloud。例如，按照下面这些步骤为 Pages 应用程序打开 iCloud。

1. 按下主键，显示主窗口。

2. 点击“设置”图标来显示“设置”窗口。

3. 滚动左栏，直到你在“应用程序”列表中看见 Pages 应用程序。

4. 点击“Pages”按钮来显示“Pages 设置”窗口（见下图）。

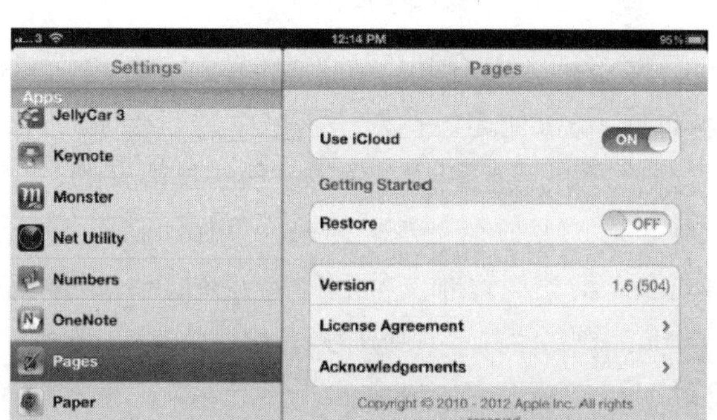

5. 点击“使用 iCloud”开关，并将它移动到开启位置。

在 OS X 中打开一个 iCloud 文档　当你在 iCloud 中创建了一个文档以后，你可以在你的 Mac 上面打开它并在上面工作。这个过程会根据应用程序的不同而变化，但是下面使用 TextEdit 作为一个例子。

1. 选择“文件 | 打开”来显示“打开”对话框。

2. 在标题栏的左边，点击“iCloud”按钮。你在 iCloud 中的文档以及用来存储的文件夹就会出现（见图 3–15）。

3. 点击你想要打开的文档。

4. 点击“打开”按钮。

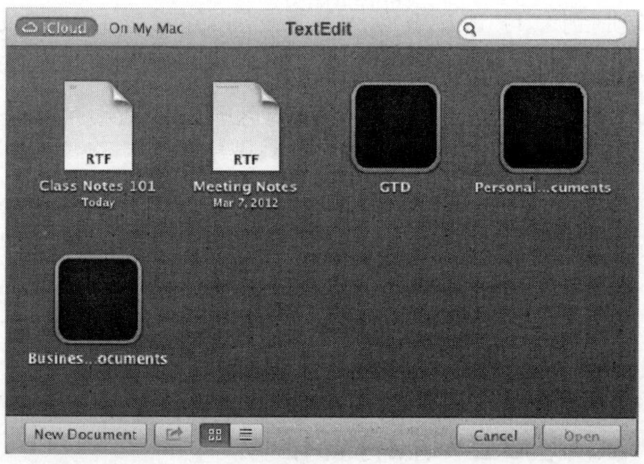

图 3-15　点击“打开”对话框标题栏左边的“iCloud”按钮来显示你在 iCloud 中已经存储的文档

项目 23：使 iPad 成为一个移动存储设备

如果你有一些你必须在任何时候随身携带的文件，你可以将它们存储在你的 iPad 上，并将它作为一个移动存储设备来使用。这对于携带你需要在任何时间或者从任何计算机上都能访问的文件以及制作你的最重要的文件的备份都是很好的。

你也可以使用你的 iPad 来从一台计算机传输大量文件到另外一台计算机上。

在本节中，我将向你介绍如何复制文件到你的 iPad 上，以及如何从你的 iPad 上复制文件。我们将从 iTunes 的文件共享功能开始，你可以用它来将文件复制到 iPad 的特定应用程序的存储区域里或者从里面复制文件。然后，我们将转到第三方应用程序上，它可以让你在任何你想要的地方将文件储存到你的 iPad 的文件系统中。

将文件存储在你的 iPad 上是保持它们在任何时候都可以让你可以使用的很好的办法，但是，确保你同时将它们备份到你的计算机里或者一个在线存储账户里。否则，如果你的 iPad 被弄丢了，被偷了或者只是被砸坏了的话，你将会永远丢失任何你只存储在 iPad 上的文件。

使用 iTunes 的文件共享功能将文件复制到你的 iPad 上

第一种将文件复制到你的 iPad 或者从上面复制文件的方法就是使用 iTunes 的文件共享功能。文件共享功能能使你将一个文件放到一个特定的应用程序文件储存区域，而不是放在一个你自己选择的文件夹中。想要知道这些文件储存区域是如何工作的，参见旁边的侧边栏“了解 iPad 的独立文档存储区域”。

想要使用文件共享功能将文档传输到你的 iPad 上或者从里面传输文件，请按照这一章前面项目 22 中“使用 iTunes 的文件共享功能共享文档”这一节的指示操作。

高级技术达人

了解 iPad 的独立文档存储区域

出于安全考虑，iPad的文件系统，iOS，给每一个应用程序提供了独立的文档存储区域。

iOS 主要限制了每个应用程序存储在它自己的存储区域，以及防止它们访问其他应用程序的存储区域。这种安全性措施，既可以保护一个应用程序免受恶意软件的侵害，又可以防止一个应用程序对其他应用程序的数据文件进行不必要的更改。

例如，如果你在 iPad 上有 Pages 这个应用程序，你可以使用文件共享来将一个 Pages 文档从你的 Mac 上传输到你的 iPad 上。一旦 Pages 文档传输到了你的 iPad 上，你可以打开 Pages，然后打开文档。但是，你不能用另外一个应用程序来打开文档，因为它是储存在 Pages 存储区域中的。

唯一的例外是应用程序可以接受传入的文件，例如，邮件或者 Safari 浏览器。这些应用程序可以将文件提供给其他应用程序。例如，如果你在 iPad 上接收了一个附加在电子邮件信息上的 Word 文档，你可以选择是在 Pages 中打开这个文档，或者在一个处理 Word 文档的应用程序中打开。邮件使文档对于 Pages 或者你选择的应用程序都是可用的。

当你在 Pages 中打开文档的时候，你的 iPad 会将文档复制到 Pages 中的存储区域里。然后，你可以使用 Pages 从它的存储区域打开那个新的备份。原来的附加的文档仍然保持附加在邮件的信息里，如果需要的话，你可以将它复制到另外一个应用程序的存储区域。

寻找一个合适的程序，用它来在 iPad 上传入或传出文件

当你需要全面地访问你的iPad的文件系统的时候，iTunes的共享功能可能是不够的。相反，你需要使用一个第三方应用程序，它可以使 iPad 作为一个外置驱动器来使用。

本节为你介绍了 3 个这样的程序：DiskAid、Air Sharing 以及 PhoneView。你可以在网站或者苹果商店（你可以在计算机上通过 iTunes 来访问，或者在 iPad 上通过苹果商店应用程序来访问）里找到其他的程序。

DiskAid（Windows 版和 Mac OS X 版）

来自 DigiDNA 公司的 DiskAid（24.90 美元；www.digidna.net/diskaid）是一个让你可以将 iPad 作为一个外置磁盘来安装的实用工具。图 3–9（在本章前面内容有提到）显示了在一台 Mac 上工作的 DiskAid。

DiskAid 的“工具栏”按钮让你可以轻松地创建文件夹，复制项目到设备以及从设备上复制项目，从一个设备上删除项目。但是，你也可以简单地从一个 Windows 资源

管理器窗口或者一个 Finder 窗口拖曳文件和文件夹到 DiskAid 窗口来将它们添加到设备中。

DiskAid 包含一个叫作 TuneAid 的功能，你可以用它来从 iPad 上将歌曲恢复到计算机上——例如，在你的计算机的硬盘驱动器运行了备份以后，你不得不更换它。

Air Sharing（Windows 版和 Mac OS X 版）

iPad 版本的 Air Sharing 来自于 Avatron 软件公司（www.avatron.com），你可以从苹果商店上以 7.99 美元购买它，它可以让你通过一个无线网络连接而不是大多数其他程序要求的USB 连接来访问你的iPad。不需要将设备连接到你的计算机上是一个优势，但是你会获得比通过 USB 传输更慢的文件传输速度，并且，在你使用 Air Sharing 的时候，你的 iPad 不能充电，除非你将它插在苹果的 USB 电源适配器上。

Air Sharing 也能够安装远程文件服务器（例如 Dropbox）以及使用打印机打印。

想要了解在iPad上设置Air Sharing以及从PC或者Mac连接到它上面的说明，请参阅在本章后面的项目 24：“使用 iPad 成为你的家庭文件服务器”。

PhoneView （只有 Mac OS X 版本）

PhoneView（见图 3-16）来自 Ecamm 网络公司（19.95 美元；www.ecamm.com/mac/phoneview），它让你可以从 Mac 上访问 iPad。Ecamm 公司提供了一个带有大多数功能的试用版本，它能提供给你 7 天的时间来确定 PhoneView 是否适合你的需要。

当你使用完PhoneView的时候，退出它(例如，按下“⌘+Q”键或者选择“PhoneView | 退出 PhoneView”）。PhoneView 会关闭它的窗口，并且释放它在你的 iPad 文件系统中占用的内存。

图 3-16　PhoneView 能够让你快速访问你的 iPad 的内容，进行复制、添加或者删除文件

项目 24：使用 iPad 成为你的家庭文件服务器

如果你家里有几台计算机的话，你可能需要在它们之间共享文件。你可以通过在一台计算机或者另外一台计算机上共享文件夹来完成操作，但是，这只是在每台计算机共享文件都被打开而且运行正常的情况下才会起作用。很多人会发现他们最好还是使用一个单独的计算机或者设备来共享文件，将它作为一个文件服务器来使用。

使用你的 iPad 作为一个文件服务器意味着你可以在 iPad 上携带所有你的重要文件，并且无论你走到哪里都可以带着它们。使 iPad 作为一个文件服务器。iPad 的无线网络连接在传输数量低的数据时拥有足够快的速度，但是，如果你试图一次连接很多计算机到 iPad 上，你的 iPad 将会表现不佳。

你可以支付几百美元来购买一台计算机作为一个文件服务器，或者你可以购买一个网络附加存储（NAS）设备——实际上，适当配置的计算机可以在一个网络里充当服务器。但是，如果你不想花费金钱的话，你可以将 iPad 来替代一个文件服务器。你所需要做的就是安装正确的应用程序，设置它来共享文件，然后将你的计算机连接到它上面。

当你使用 iPad 作为一个服务器的时候，保持将它连接到电源上。并且确保已经备份好了所有你关心的文件，以免一旦你丢失了 iPad 的话，也会失去你的数据。

你可以获取各种各样的应用程序，它们能使你将 iPad 作为一个服务器来使用，但是，在撰写本文的时候，最好的选择是 Air Sharing，你已经在本章前面的内容中见过它了。在本节中，我将首先介绍给你如何在 iPad 上设置 Air Sharing，然后介绍如何使用 PC 或者 Mac 连接到你已经共享的文件夹。

在 iPad 上设置 Air Sharing

在下载完 Air Sharing，并将它安装到你的 iPad 上以后，无论是在你的 iPad 上使用苹果商店应用程序还是通过 iTunes 同步，设置 Air Sharing，这样你的计算机就可以连接到它上面。请按照如下步骤操作。

1. 在你的 iPad 上面。通过点击主窗口上面的图标来打开 Air Sharing。“我的文档”窗口就会出现。

2. 点击右下角的扳手图标来显示“设置”窗口（见图 3–17）。

3. 点击“共享”按钮来显示“共享”窗口（见下图）。

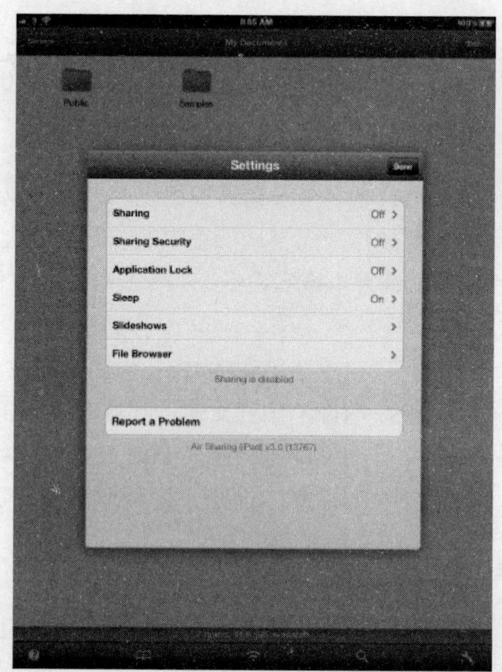

图 3-17　点击“我的文档”窗口右下角的扳手图标来显示“设置”窗口

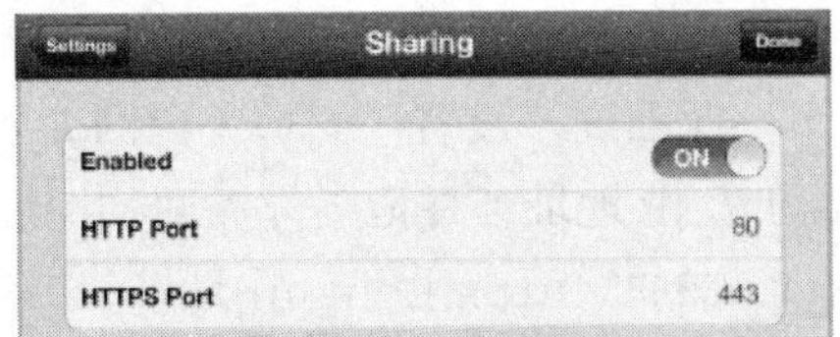

4. 点击“启动”开关，并将它移动到开启位置。

在将“共享”窗口上的“启动”开关移动到开启位置以后，如果你需要的话，你可以改变 HTTP 接口设置或者 HTTPS 接口设置。通常，最简单的方法就是维持默认设置——适用于 HTTP 的 80 端口和适用于 HTTPS 的 443 端口。HTTP 是常见的超文本传输协议，你可以用于无保护的访问。HTTPS 是受保护版本的 HTTP，你可以用于受保护的访问。

5. 点击“设置”按钮，返回到“设置”窗口。
6. 点击“共享安全”按钮来显示“共享安全”窗口（见下图）。

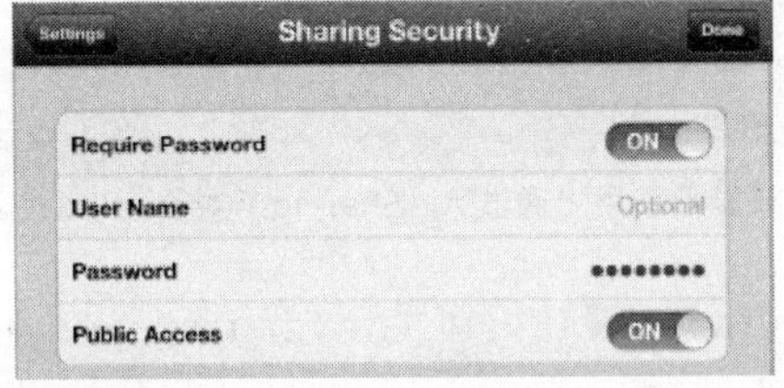

本节将告诉你如何在 iPad 上应用一个合理的共享安全级别。Air Sharing 不仅可以为 iPad 提供无密码访问，还可以提供公开访问，但是，你最好还是只为你正在共享的内容提供安全访问。

7. 点击“需要密码”开关，并将它移动到开启位置。
8. 点击用来连接的用户名和密码。每个用户都将会使用相同的用户名和密码。

用户名是可选的——如果你喜欢的话，你可以只使用密码。但是通常情况下，设置用户名也很简单。

9. 点击“公开访问”开关，并且将它移动到关闭位置，除非你想提供公开访问。

10. 点击“设置”按钮，返回到“设置”窗口（见图 3-18）。看一下在底部给出的你的 iPad 的 Bonjour 地址和 IP 地址，并记下你需要的地址——Windows 系统的非 https IP 地址，以及 OS X 系统的非 https Bonjour 地址。

11. 点击“完成”按钮，返回到“我的文档”窗口。

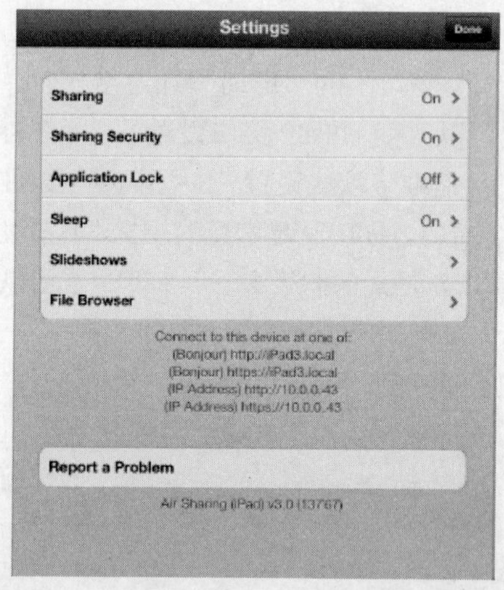

图 3-18 “设置”窗口的下部显示了用于通过 Air Sharing 连接到 iPad 使用的 Bonjour 地址和 IP 地址

现在，你已经在你的 iPad 上设置好了 Air Sharing，你可以像接下来将要讨论的一样从你的 PC 或者 Mac 上连接到 Air Sharing。

通过在“Air Sharing”窗口底栏上点击中间的“Wi-Fi”图标（一个点上面带有两个括弧），你也可以看见 Bonjour 地址和 IP 地址。

从一台 PC 连接到你的 iPad 上面的 Air Sharing

想要从一台PC连接到你的iPad上面的Air Sharing的话，请按照如下步骤进行操作。

1. 选择“开始 | 计算机”来打开一个“计算机”窗口。

2. 在工具栏上面点击“映射网络驱动器”按钮来显示“映射网络驱动器”对话框（见

图 3–19）。

3. 在“驱动器”下拉列表中，选择你想要映射到你的 iPad 上的驱动器盘符。

4. 在“文件夹”文本框中，输入 http:// 以及你的 iPad 的 IP 地址——例如，http://10.0.0.36。

5. 如果，你想让你的 Windows 系统在每次你登录的时候自动重新连接驱动器，选择“登录时重新连接”复选框。除非，你准备一直在你的 iPad 上运行 Air Sharing，你最好好还是清空这个复选框，并且在每次你需要的时候手动建立连接。

6. 点击“完成”按钮。Windows 系统会试图连接到你的 iPad。

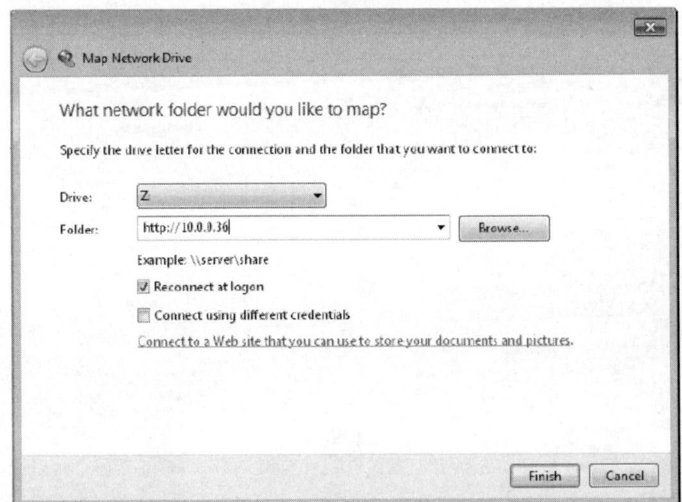

图 3-19　在“映射网络驱动器”对话框中，选择要使用的驱动器盘符，然后在文件夹区域输入你的 iPad 的地址

7. 如果你在 Air Sharing 上设置了一个用户名和密码的话，Windows 会提示你输入它们，见下图。

8. 输入你的用户名和密码。

9. 如果你想要 Windows 系统存储用户名和密码以备将来使用的话，选择“记住我的证书”复选框。如果你正在使用你自己的 PC，这通常是一个好主意。

10. 点击“OK”按钮。Windows 会建立到你的 iPad 的连接，并且显示一个 Windows 资源管理器窗口来显示它的内容（见图 3-20）。

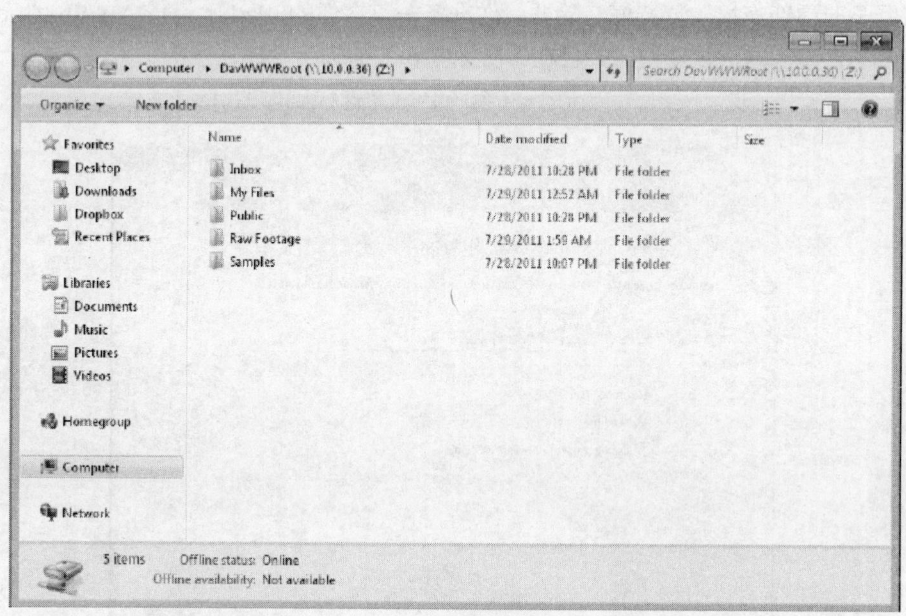

图 3-20　Windows 系统会打开一个 Windows 资源管理器窗口来显示你的 iPad 的文件系统

现在，你可以使用标准的 Windows 资源管理器技术来在 iPad 的文件系统上工作。例如，想要创建一个新的文件夹，在文档区域的空白区域中右键单击，从下拉菜单中选择“新建 | 文件夹”，输入要给文件夹赋予的名称，然后按下“确定”。

当你在 PC 上使用完你的 iPad 的时候，像这样断开网络驱动器连接：

1. 在 Windows 资源管理器窗口中，单击地址框中的“计算机”来显示“计算机”窗口。或者，选择“开始 | 计算机”来打开一个“计算机”窗口。

2. 右键单击代表你的 iPad 的驱动器，然后在下拉菜单中单击“断开连接”按钮。

高级技术达人

从 Windows XP 系统连接到 Air Sharing

如果你的PC运行的是Windows XP系统，要想连接到Air Sharing上，你必须安装Service Pack 3。如果你不确定你的计算机运行的是哪一版的Service Pack，单击“开始”按钮，右键单击“我的计算机”图标，在下拉菜单中单击“属性”，然后看一下在系统属性对话框中的常规选项卡上的系统读出。

还有一个问题：XP 系统无法连接到 iPad 的共享目录。相反，你必须连接到一个子目录上——最好是你想要在其中工作的那一个。如果你主要在一台装有 Windows XP 系统的计算机上使用你的 iPad 的话，你可能将会想要在你的 iPad 文件系统中设置一个包含你所有其他文件夹的子文件夹。

假设你的计算机已经安装了 Service Pack 3，按照如下这样来连接：

1. 选择“开始 | 我的计算机”来打开一个“我的计算机”窗口。
2. 选择“工具 | 映射网络驱动器”来显示“映射网络驱动器”对话框。
3. 在“驱动器”下拉菜单中，选择你要映射的驱动器盘符。
4. 在文件夹文本框中，输入 http://、iPad 的 IP 地址、一个斜杠，以及文件夹的名称——例如，http://10.0.0.36/Files。
5. 单击“完成”按钮。
6. 如果Windows XP显示了一个对话框来提示你输入你的用户名和密码，输入它们，然后单击“完成”按钮。

从一台 Mac 上连接到 iPad 上的 Air Sharing

想要从一台 Mac 上连接到 iPad 上的 Air Sharing，请按照如下步骤操作。

1. 点击桌面，启动 Finder。
2. 选择“继续 | 连接到服务器”或者按下“⌘-K”来显示“连接到服务器”对话框（见下图）。

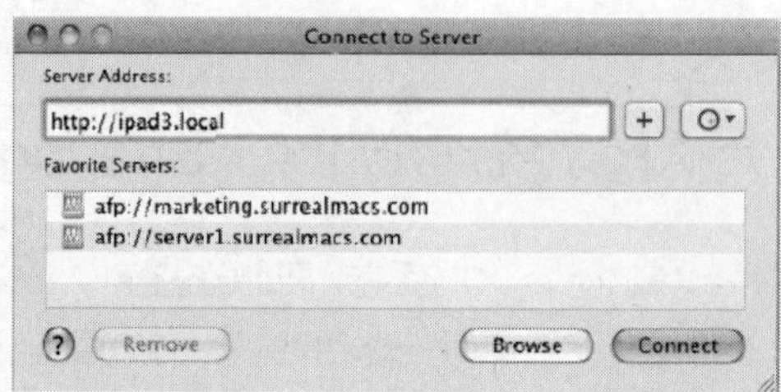

3. 在“服务器地址”文本框中，输入 http:// 以及代表你的 iPad 的 Bonjour 地址——例如，http://ipad3.local。

不输入 Bonjour 地址，你还可以输入你的 iPad 显示的 IP 地址。但是考虑到无论任何时候，你的 Mac 都在运行着 Bonjour，所以通常 Bonjour 地址是一个更好的选择。这是因为你的 iPad 的 Bonjour 地址是保持不变的，除非你改变了你的 iPad 的名称，然而，如果你的 iPad 从一个 DHCP 服务器获取它的 IP 地址（如正常设置一样）的话，每次当它连接到 DHCP 服务器的时候，你的 iPad 通常都会获取一个不同的 IP 地址。

4. 如果你想要将你的 iPad 添加到你的服务器列表中，点击“添加（+）”按钮。如果你计划经常使用这台 Mac 来访问你的 iPad 的话，这是一个很棒的主意。

5. 点击“连接”按钮。Finder 会尝试连接到你的 iPad 上面。

6. 如果你已经在 Air Sharing 上面设置了用户名和密码的话，Mac OS X 系统会提示你输入它们，见下图。

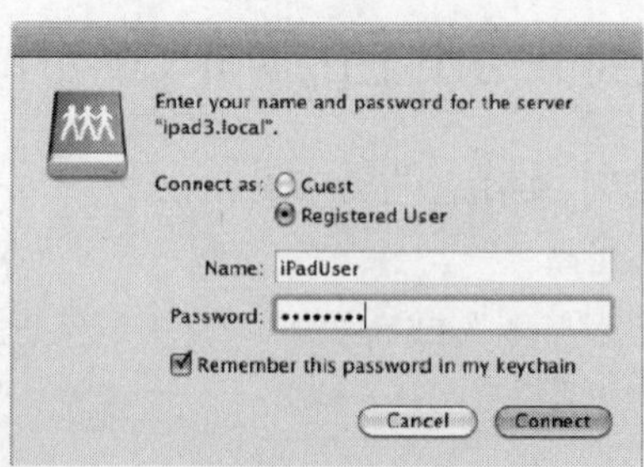

7. 确保“注册用户”选项按钮已被选择。

8. 输入你的用户名和密码。

9. 如果你想要你的 Mac 存储密码以备将来使用的话，选择“在我的密码链中记住此密码”复选框。当你在使用你自己的 Mac（而不是别人的 Mac）的时候，这通常是一个好主意。

10. 点击“连接”按钮。Finder 会建立到你的 iPad 的连接，并且在一个 Finder 窗口中显示你的 iPad 的内容。

现在，你可以使用与任何其他驱动器一样的技术来在你的 iPad 文件系统上面工作了。例如，按住“ctrl”键单击或者右键单击，然后在下拉菜单中单击“新文件夹”来创建一个新的文件夹。你可以在未命名文件夹上面输入文件夹的名称（见图 3-21）。

当你在 Mac 上使用完你的 iPad 以后，在 Finder 窗口中单击“断开连接”按钮来断开与驱动器的连接。

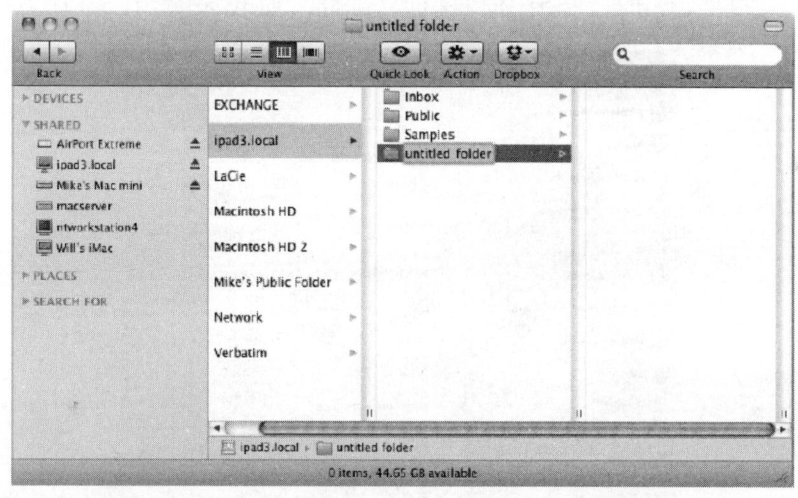

图 3-21 在使用 Air Sharing 连接到 iPad 上面以后，你可以使用正常的 Finder 技术在它的文件系统上面工作

项目 25：使用高级电子邮件技巧

无论你是将 iPad 用于工作还是娱乐，或者两者皆有，你将几乎肯定要使用它上面的电子邮件来工作。你可以很轻松地开始使用邮件应用程序，但是，你也将发现它有很强大的功能以及许多不为人知的秘密。

本节将介绍给你 10 个在 iPad 上使用电子邮件工作更加快速，更加聪明的方法——从通过批量编辑你的信息来节省时间到用草稿来工作以及在一条信息中改变引用等许多技巧。我们将以为邮件选择 5 个基本设置开始。

为邮件选择 5 个基本设置

想要使邮件应用程序按照你的方式来操作，你可以在"邮件、通讯录、日历"窗口上面选择设置。按照下面这样操作。

1. 按下主键来显示主窗口。
2. 点击"设置"按钮，显示"设置"窗口。
3. 点击"邮件、通讯录、日历"按钮来显示"邮件、通讯录、日历"窗口（见图 3-22）。

图 3-22　打开设置应用程序中的"邮件、通讯录、日历"窗口来为邮件应用程序选择基本设置

大多数的设置都很简单，但是本节将告诉你 5 个最重要的点。

- 选择要显示多少信息，以及如何预览它们。
- 设置你用来发送信息的默认账户。
- 将你的信息推送到你的 iPad 上。
- 保护自己免受垃圾信息的图片侵害。
- 设置你需要的签名。

选择要显示多少信息，以及如何预览它们

在“邮件、通讯录、日历”窗口上的邮件框的顶部，选择应该显示多少信息以及应该以哪种预览方式来显示它们。

- **显示** 点击这个按钮来打开“显示”窗口，然后点击你想要看的信息的数值按钮：50 个最近的信息、100 个最近的信息、200 个最近的信息、500 个最近的信息或者 1000 个最近的信息。除非你有一大堆电子邮件，50 个最近的信息通常是最好的选择方式。当你已经选择完成以后，点击“邮件、通讯录、日历”按钮。
- **预览** 想要选择邮件显示每个信息多大的预览，点击这个按钮，然后在“预览”窗口上点击适当的按钮：0 行、1 行、2 行、3 行、4 行或者 5 行。你显示的行数越多，你就能更好地从预览中分辨每条信息——但是，你在窗口上一次能看见的预览就会变少。选择你想要的。当你做完选择以后，点击“邮件、通讯录、日历”按钮。

> 如果你发现邮件加载很慢的话，在“预览”窗口上尝试点击“0 行”按钮来关闭预览。看一下这个改变是否做出了你想要的变化。

设置用来发送信息的默认账户

如果你在你的 iPad 上设置了两个或者更多的账户，你需要告诉邮件应用程序哪个是你要用来发送信息的默认账户。想要分辨默认账户，在“邮件、通讯录、日历”窗口上按照如下步骤进行操作。

1. 点击“默认账户”按钮来显示“默认账户”窗口（见下图）。

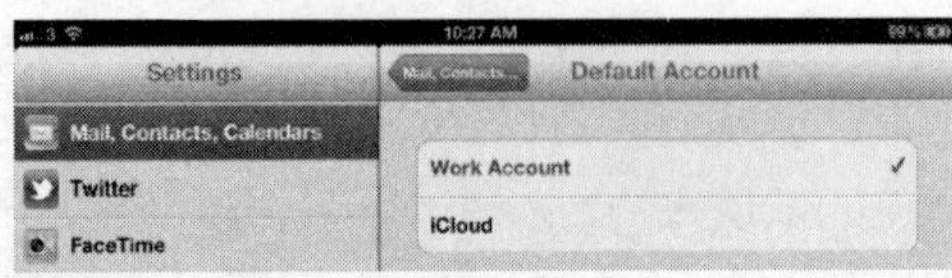

2. 点击你想要设置为默认的账户。

3. 点击“邮件、通讯录、日历”按钮，返回到“邮件、通讯录、日历”窗口。

将你的信息推送到你的 iPad 上

想要尽快获取你的信息，设置你的电子邮件账户在你的 iPad 上使用推送功能。使用推送会告诉你服务器在一条信息到达服务器的时候，立刻推送到你的 iPad 上，而不是将信息保留在服务器中，直到邮件应用程检查邮件。

不是所有的电子邮件供应商都支持推送功能。如果你的电子邮件账户不提供推送服务的话，你可以设置你的 iPad 在很短的时间间隔内检查邮件来替代，这就是所谓的获取。而且，不管你使用的是推送还是获取，你都可以在任何时间点通过点击“刷新”按钮来手动检查邮件，这个按钮就是在“邮件”窗口左下角的那个顺时针弯曲的箭头图标。

想要设置你的 iPad 使用推送功能，请按照如下步骤进行操作。

1. 在“邮件、通讯录、日历”窗口点击“获取新数据”按钮来显示“获取新数据”窗口（见图 3–23）。

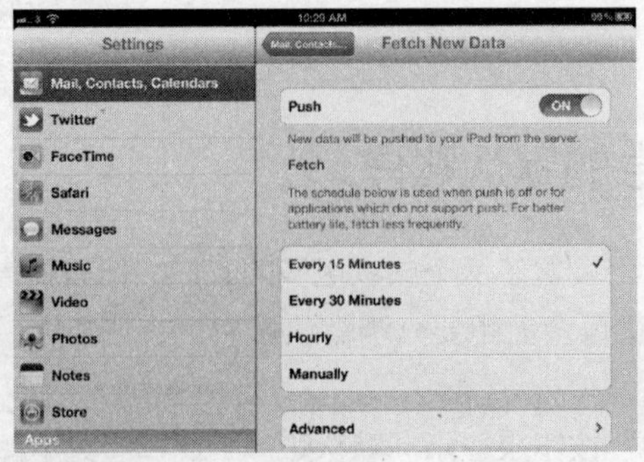

图 3-23　在“邮件、通讯录、日历”窗口上，点击“获取新数据”按钮来显示“获取新数据”窗口，然后将“推送”开关移动到开启位置

2. 确保“推送”开关被设置为开启位置。

3. 在获取区域，当推送功能不可用的时候，在你想要使用的获取间隔的按钮上放置一个复选标记：每 15 分钟、每 30 分钟、每小时或者手动。

如果你想要为每一个电子邮件账户选择不同的设置，在“获取新数据”窗口上点击“高级”按钮。在出现的“高级”窗口上，点击账户来显示一个带有它的名字的窗口。然后在“选择计划”框中，点击“推送”按钮、“获取”按钮或者“手动”按钮，在你想要使用的方式上面放置一个复选标记。点击“高级”按钮，返回到“高级”窗口，然后点击“获取新数据”按钮，返回到“获取新数据”窗口。

4. 点击“邮件、通讯录、日历”按钮，返回到“邮件、通讯录、日历”窗口。

保护自己免受垃圾信息的图片侵害

当下，很难避免会收到一些垃圾邮件——骚扰信息。当你收到的时候，你可以简单地删除它们。但是，这些垃圾邮件具有一定的危险性：远程图像，这也被称为 Web bugs。通过在一条信息中包含一个被储存在远程服务器上的图像的引用，犯罪分子不但可以知道你什么时候打开这个邮件，而且他还会知道你的 IP 地址以及大概的地理位置。

想要避免这个麻烦的话，你可以在“邮件、通讯录、日历”窗口上将“载入远程图像”开关设置为关闭状态。这将会告诉邮件应用程序不要载入远程图像。然后，这个图像在你的信息中会以一个占位符的形式出现。你可以点击一个占位符来显示它的图像——最好是在检查完这个信息是正常的以后。

高级技术达人

通过使用文本快捷键创建多个签名

在撰写本文的时候，iPad 只允许你创建一个签名，它适用于你的所有账户。这意味着任何你新创建的邮件都会有一样的签名。任何你转发或者回复的邮件也会获得签名。

这对某些人很有用，但是，如果你需要能在不同的邮件上应用不同的签名，你必须采取另外一种方法。

不是创建一个签名，而是转到“签名”窗口，并且点击“清除”按钮来清除任何在那里的签名。然后打开“通用”设置屏幕，点击“键盘”按钮来显示“键盘”窗口，并且为每一个签名或者部分你想要能够快速输入的签名设置文本快捷键。例如，为你的名字创建一个文本快捷键，再为你的职位设置一个，为你的公司名称设置一个，同时为你的地址设置一个。想要了解创建文本快捷键的说明，请参见在章节“创建文本快捷键”。

一旦你创建了你的快捷键，你可以通过输入每个快捷键并且点击空格键来用适当的签名快速结束一个电子邮件。

改变你的签名

与其在每一条信息的最后输入一个结束线以及你的名字，你可以让邮件自动添加一个你自己的签名。添加一个签名可以为你节省很多的输入时间，特别是在你需要在其中包含你的公司名称或者联系方式的时候。

你的 iPad 使用的是默认的签名“发自我的 iPad”。刚开始这可能是很有意思的，但是时间一长你将会想要改变它。

想要改变你的签名，在“邮件、通讯录、日历”窗口上按照下面的步骤进行操作。

1. 点击“签名”按钮来显示“签名”窗口（见下图）。

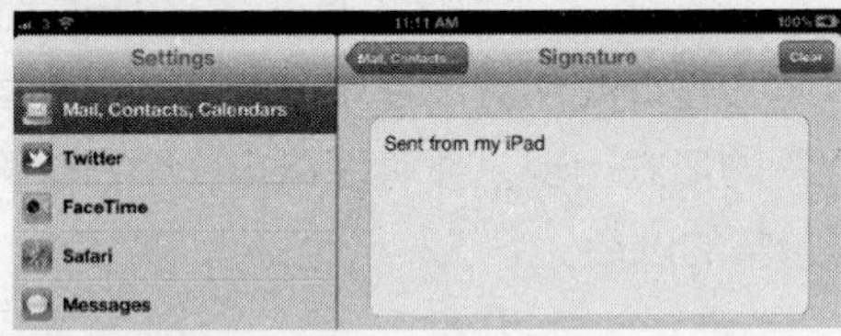

2. 如果有一个你想要清除的现有签名的话，点击“清除”按钮。
3. 输入你想要使用的签名。
4. 点击“邮件、通讯录、日历”按钮，返回到“邮件、通讯录、日历”窗口。

批量编辑你的电子邮件

与在一个收件箱或者文件夹中逐个处理电子邮件相反，你可以使用批量编辑来一次操作多个邮件。想要使用批量编辑的话，请按照如下步骤进行操作。

1. 打开包含邮件的收件箱或者文件夹。图 3-24 左侧窗口显示了一个使用 Gmail 的例子。

2. 点击窗口右上角的“编辑”按钮来打开编辑模式。

3. 为每一个你想要操作的邮件点击“选择”按钮，如图 3-24 右侧窗口所示。

4. 点击“适当的命令”按钮。例如，点击“移动”按钮来显示“邮箱”窗口，然后点击你想要向其中导入邮件的邮箱。

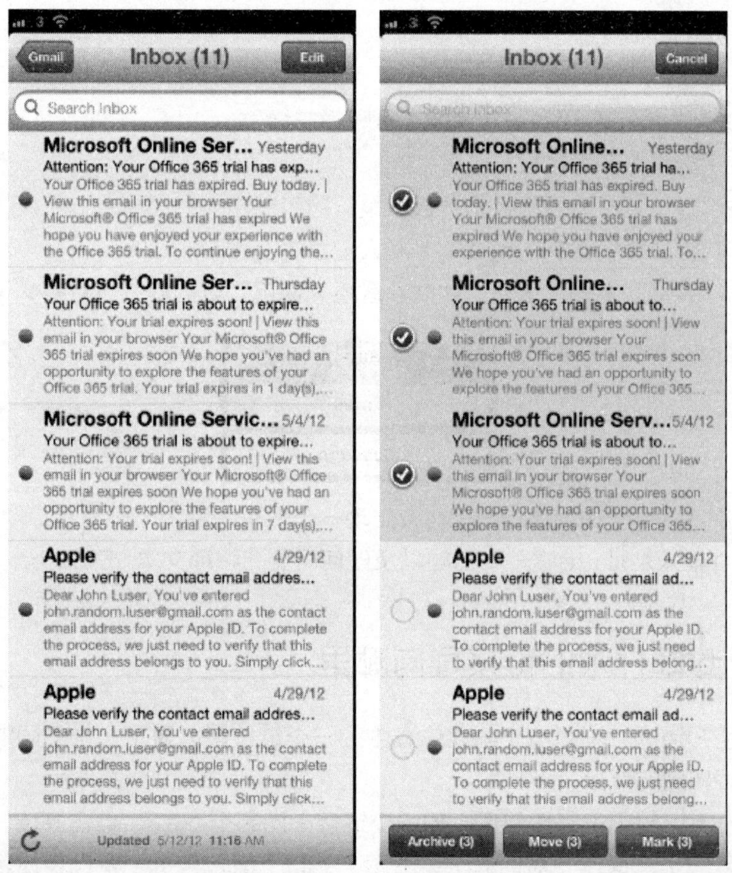

图 3-24 在一个收件箱或者文件夹（左侧）的右上角点击“编辑”按钮来打开编辑模式。然后你可以为每一个你想要操作的邮件点击“选择”按钮，然后点击“适当的命令”按钮

将你的电子名片发送到通讯录中

当你需要与其他人共享你的通讯录信息的时候，将它当作一个电子名片附加到一个电子邮件中来发送。然后，接受方可以直接将数据导入到他的地址簿中或者联系人管理程序中，而不需要再次输入它。

你也可以将你的电子名片作为一个即时信息的附件来发送。只需要在“共享联系人使用”对话框中点击“信息”按钮，然后写上地址并且发送即时信息。

想要发送你的电子名片，请按照如下步骤进行操作。

1. 按下主键来显示主窗口。
2. 点击“通讯录”图标来显示“通讯录”应用程序。
3. 点击包含你想要共享的数据的联系人记录。
4. 点击“共享联系人”按钮。“共享联系人使用”对话框就会打开，见下图。

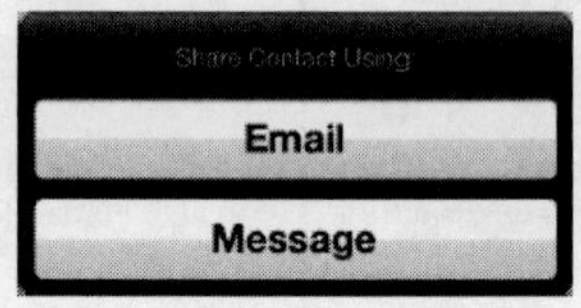

5. 点击“邮件”按钮。你的 iPad 会启动一个附有联系人记录的新邮件。
6. 为邮件输入地址，给它一个标题以及任何需要的解释文本，然后点击“发送”按钮。

看一下一封邮件中的链接导向哪里

正如你所知道的，一封电子邮件信息中的一个链接可以显示一个不同的地址，而不是它实际上要转到的页面。

想要看一下一封电子邮件信息中的一个链接指向哪个 URL，点击并按住那个链接，直到邮件显示一个“操作”对话框（见下图），它上面包含每一个代表你可以对链接进行相应操作的按钮。URL 会出现在顶部。然后，如果它是安全的，可以打开的，你可以点击“打开”按钮，如果你想要储存这个URL或者将它与其他人分享的话，你可以点击“复制”按钮，或者点击“取消”按钮来阻止打开它。

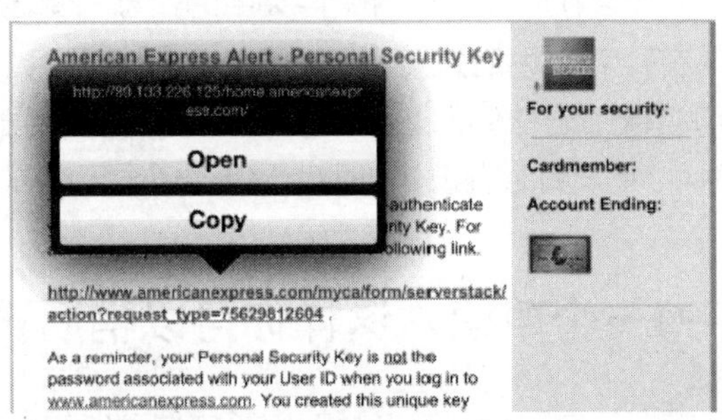

将一封邮件标记为未读或者将它标记为重要

当你接收到一封新邮件的时候，新邮件左侧会放置一个蓝点，这样你一眼就可以看出来它是未读的。当你打开这个邮件的时候，系统会将这个邮件标记为已读，并且移走那个蓝点。

点击窗口顶部的 iPad 状态栏，快速滑动到打开信息的顶部。

当你在筛选你的电子邮件的时候，你可能想要快速地浏览一封邮件，但是随后将它标记为未读，这样你就可以知道它仍然需要你的注意。想要将一条信息标记为未读，点击收件箱一行右侧的“详细”按钮来显示详细信息，“详细”按钮会变成一个“隐藏”按钮。然后点击邮件日期右侧的“标记”按钮，然后在打开的对话框中点击“标记为未读”按钮（见下图）。

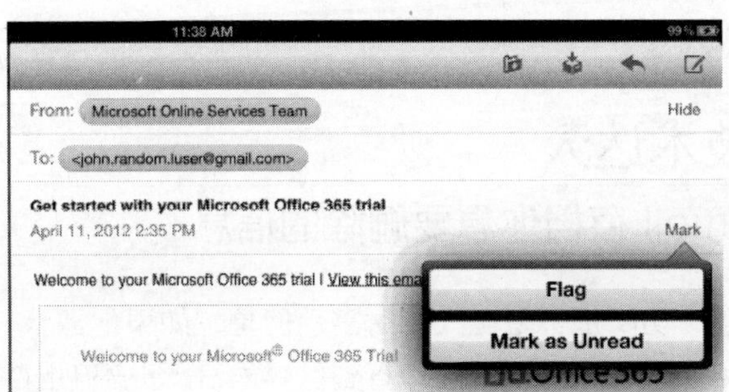

在当你点击“标记”按钮时打开的对话框中，你也可以点击“旗标”按钮来用一个旗子标记信息。然后，邮件会在收件箱或者文件夹中的信息左侧显示一个旗子图标。

这个旗标会一直存在，直到你通过点击“标记”按钮，并且点击“取消旗标”按钮来移除它。你可以使用旗标用于任何你选择的目的，但是它相比于标记信息为未读状态最主要的优势就是当你打开信息进行阅读的时候，旗标还会保留在原来的地方。

将一封邮件保存为一个草稿，这样你可以稍后再完成它

当你没有时间来完成一条你已经开始书写的电子邮件的时候，将它保存为一个草稿，这样你可以稍后再来完成它。点击“取消”按钮，然后在“草稿”对话框（见下图）中点击“保存草稿”按钮。邮件会将信息保存在你的草稿文件夹中。（如果草稿文件夹不存在的话，系统会创建一个。）

你可以在邮件中通过简单地点击并按住“撰写”按钮来快速地重新打开你最近的草稿邮件。想要打开一个旧的草稿邮件，转到草稿邮件的账户，然后点击邮件。

1. 点击窗口左上角的“邮箱”按钮来显示“邮箱”窗口。
2. 在账户框中，当你创建草稿的时候，点击你正在使用的账户。这个账户的文件及列表就会出现。
3. 点击“草稿”按钮。草稿文件夹就会打开，显示草稿邮件的列表。
4. 点击你想要打开的邮件。

高级技术达人

阻止 Gmail 存档你想要删除的信息

Gmail 的无限存储功能是一笔巨大的财富，但是，如果你像我一样的话，你将想要删除一些你的旧邮件，而不是把它们存档，直到世界末日。想要阻止 Gmail 存档邮件的话，

在“邮件、通讯录、日历”窗口上按照如下步骤操作。

1. 在账户列表中，点击你的 Gmail 账户来显示它的控制窗口。

2. 点击“存档信息”开关，并且将它移动到关闭位置。

3. 点击“完成”按钮来返回到“邮件、通讯录、日历”窗口。

在你做完这些以后，邮件会为你的 Gmail 账户显示“删除”按钮，而不是“存档”按钮，并且你可以删除信息而不是对它们进行存档。

更改你用来发送信息的账户

如果你从一个错误的账户上面编写一条电子邮件信息的话，你不需要取消这个信息再重新开始一遍。只需要点击“发件人”区域来扩大“抄送 / 密件抄送和发送”区域，再点击一次“发件人”区域，然后在出现的滚轮上点击你想要使用的地址（见下图）。

在一封邮件中套用格式文本

如果你想让部分你正在撰写的信息内容更加突出，你可以应用粗体、斜体或者斜划线（或者 3 个中的 2 个，或者 3 个都用）。

想要应用格式，请按照如下步骤进行操作。

1. 选择你想要设置格式的文本。包含一个“剪切”按钮和一个“复制”按钮的工具条就会出现。

2. 点击“>”按钮来显示工具栏的下一部分（见下图左侧）。

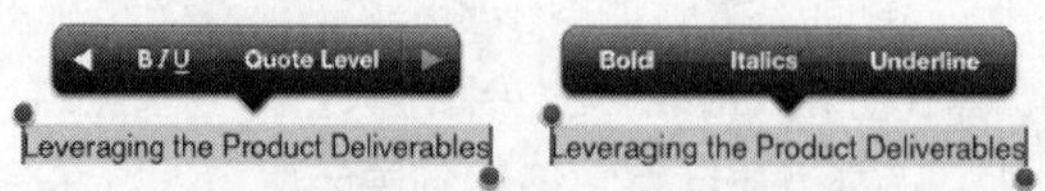

3. 点击“BIU”按钮来显示“粗体、斜体、下划线”栏（见上图右侧）。
4. 按照需要，点击“粗体”按钮、“斜体”按钮或者“下画线”按钮。

改变一封邮件中的引用水平

另外一个让你正在书写的邮件中的文本突出的方式是将它标记为缩进。你可以通过选择文本，在出现的栏上点击“>”按钮，点击“引用水平”按钮，然后再在出现栏上点击“增加”按钮来完成操作（见下图）。你也可以点击“减少”按钮来减少已经缩进过文本的缩进。

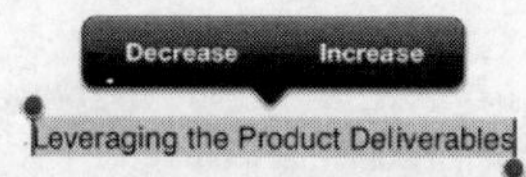

将信息发送到一个不显示电子邮件地址的组里

当你需要向一组不需要互相知道的人发送一个电子邮件信息的时候，不要将所有的电子邮件地址放到收件人框或者抄送框中，因为这样的话，每个收件人都将能够看到所有其他的地址。

相反，将你自己的地址放置在收件人框中，然后点击“抄送 / 密件抄送，收件人”区域来显示密件抄送字段。将每一个电子邮件地址放置到这个区域内，每个收件人将只能看见他或者她自己的电子邮件地址，而不是那些其他密件抄送接收人的地址。（它们也将能看见你的电子邮件地址，无论是在“发件人”区域还是在“发送者”区域。）

项目 26：直接从 iPad 上面进行演讲

如果你进行商务出差的话，就会有机会需要进行演讲。如果你随身携带一个笔记本电脑，这很好，因为这仍然是进行演讲的最佳工具。但是，如果你只有你的 iPad 的话，不用担心——你可以使用它进行精彩的演讲。你将只需要做一点准备以及装备好正确的应用程序和数据线。

在本节中，我们首先将浏览从你的 iPad 进行演讲的选项，然后我们将看一看如何使用每个选项。

选择你将如何进行你的演讲

首先，选择一下你将如何进行你的演讲。你有 3 个主要的选项。

- **使用物理连接将你的 iPad 连接到一台投影仪、显示器或者电视上**　这种做法就像使用一台笔记本电脑一样，并且很适用于标准演讲情况——例如，向一群在同一个屋子里并且在观看同一个屏幕的人进行演讲。进行演讲的最好应用程序是苹果公司的 Keynote，你也可以用它来创建和编辑演示文稿。
- **使用无线连接将你的 iPad 连接到一个或者更多的笔记本电脑或者台式机上**　这种方法不需要数据线，并且让你可以通过无线网络在广播距离内从一台或者更多电脑上将演示文稿发送到一个网页浏览器上。你不能在你的 iPad 上使用 Keynote 来这样做，你需要使用一个第三方应用程序。你的演示文稿被限制为 PDF 文件或者照片。
- **在 Mac 上将你的 iPad 作为一个 Keynote 的控制器来使用**　使用这个方法，你将使用你的 iPad 来控制演示文稿，但是演示文稿实际上是在一台连接到投影仪、显示器或者电视上的 Mac 上运行。

在接下来的章节里面，我们将讨论这些可能性。

使用 Keynote 和一个投影仪、显示器或者电视来进行演讲

在本节中，我们将来看一下如何在你的 iPad 上使用苹果公司的 Keynote 进行演讲。你将需要将 iPad 连接到你将要展示演示文稿的投影仪、显示器或者电视上。

添加 Keynote 到你的 iPad 上

如果你还没有 Keynote 的话，第一个步骤就是将它添加到你的 iPad 上。转到苹果商店，无论是在你的 iPad 上，还是在你的计算机上使用 iTunes，购买 Keynote（它需要花费 9.99 美元），然后下载并安装它。

准备你的演示文稿

接下来，准备你的演示文稿。通常，你将想要使用下面其中之一的方式。

- **在 Mac 上的 Keynote 里创建演示文稿** 当演示文稿已经准备好使用的时候，你可以通过使用 iTunes 的文件共享功能或者铜鼓将它存储在 iCloud 中来将它传输到你的 iPad 上。
- **在 Windows 系统中或者 Mac 上的 PowerPoint 中创建演示文稿** 在这种情况下，你也可以通过使用 iTunes 的文件共享功能来讲演示文稿传输到你的 iPad 上。
- **在你的 iPad 上的 Keynote 里创建演示文稿** 无论你走到哪里，iPad 上的 Keynote 为创建演示文稿提供了令人吃惊的优良性能。想要开始一个新的演示文稿，点击在窗口左上角的“新建（+）”按钮，在弹出的面板上点击“创建演示文稿”按钮（见下图），然后在“选择一个主题”窗口上点击你想要的主题（见图 3–25）。

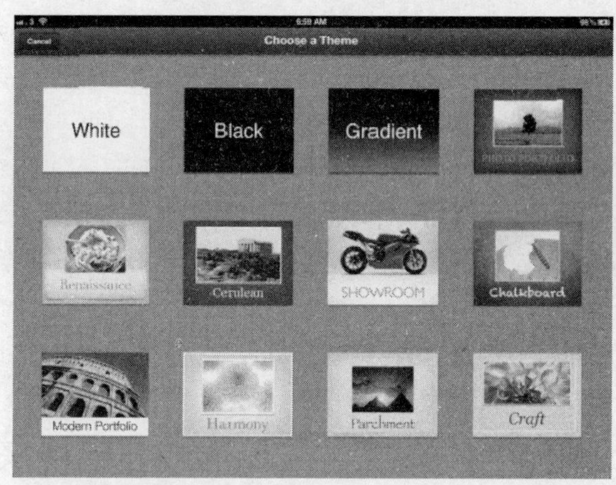

图 3-25 在“选择一个主题”窗口上，点击你想要在新演示文稿中使用的主题。

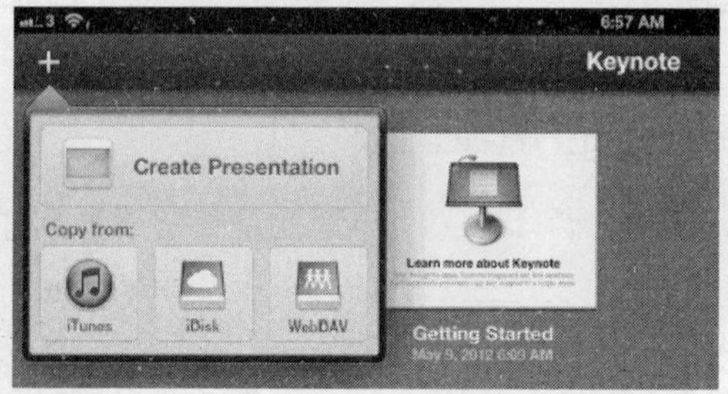

高级技术达人

仔细检查任何你导入到 iPad 版的 Keynote 里的演示文稿

在你将一个演示文稿导入到 iPad 版的 Keynote 以后，始终要密切检查一下。尽管 Keynote 支持尽可能多的 iWork 团队能够装进去的功能，但是，它不支持它的前一代，Mac 版本的 Keynote 的所有功能，更不要说 PowerPoint 的所有功能了。

下面有 3 个例子。

- **字体** 当 Keynote 没有演示文稿所使用的字体时，Keynote 会用一个相似的字体来替代。除非你非常执着于设计（或者你的观众是这样的），这个替换通常没有什么差别。
- **3D 图表** iPad 版的 Keynote 不支持 3D 图表，所以它将它们转换成 2D 图表。
- **构建顺序** Keynote 可能会在一些幻灯片上改变对象的构建顺序，这可能会导致一些有趣的意外。

所以，在你导入了一个演示文稿以后，浏览一下，并确保每张幻灯片看起来都是不错的。

将 iPad 连接到一个投影仪、显示器或者电视上

如果你正准备向一个观众展示演示文稿的话，你可能只需要在将 iPad 摆在那个人面前。但是如果你准备直接从你的 iPad 上进行一个传统的演讲的话，你需要将它连接到一个投影仪、显示器或者电视上。

想要将你的 iPad 连接到一个投影仪、显示器或者电视上的话，你需要正确类型的数据线。这些是你可能需要的 3 种类型数据线：

- **苹果的数字 AV 适配器** 这个短短的数据线在一端有一个底座连接器，并且在另外一端有一个 HDMI 端口和一个底座连接器端口。你将底座连接器插入到你的 iPad 上，然后，将一根 HDMI 数据线插在数据线的另外一端以及你的电视上。你可以将 iPad 的 USB 数据线连接到底座连接器端口来为 iPad 充电。

如果你不得不在 HDMI、VGA，以及复合线之间进行选择的话，每次都选择 HDMI，因为它将为你提供更高的质量。

□ 苹果的 VGA 适配器 这根短数据线在 iPad 的一端有一个底座连接器，在另外一端则有一个凹形的 VGA 连接器，你可以将一个从投影仪或者显示器上拉出的标准 VGA 数据线连接到它上面。

□ 苹果的复合 AV 适配器 这根数据线在一端有一个底座连接器，并且在另外一端有三个 RCA 插头——红色和白色的连接器是为音频频道准备的，还有一个黄色的连接器是为视频准备的。RCA 一端也有一个 USB 数据线，它是用来为 iPad 充电的。使用这根数据线来连接到一个带有复合视频插孔的电视上。

在你将 iPad 连接到一个输出设备上以后，Keynote 会像镜像一样出现在上面。所以，当你在 iPad 上改变幻灯片的时候，新的幻灯片也会出现在输出设备上。

在 iPad 上进行你的演讲

想要在 iPad 上进行演讲的话，在 Keynote 中打开演示文稿，显示第一张幻灯片，然后点击窗口右上角的“播放”按钮。

演示文稿会在你的 iPad 屏幕上以及你已经将 iPad 连接的屏幕上同时开始播放。你可以通过在屏幕上任何地方点击或者在屏幕上用手指从右滑到左来显示下一张幻灯片。如果你需要显示上一张幻灯片，有手指在屏幕上从左滑到右。

想要结束演示文稿，在屏幕上用两个手指向内捏一下。

通过无线网络将你的 iPad 连接到一台或者多台计算机上

当你不能使用 Keynote 或者在你的 iPad 和投影仪、显示器或者电视之间不能建立一个物理连接的时候，你可以通过无线网络连接来进行演讲。使用无线网络连接也可以使你能一次在多个窗口上同时进行演讲，这对于实验室或者教室的情况是很有用的。

在撰写本文的时候，使用这种无线连接的最好方法是 AirProjector，你可以在苹果商店上以 2.99 美元来购买它。先试一试免费版本的——AirProjector Free，来看一下它为你工作的情况，然后，如果你需要的话，再转成完整版本的。

AirProjector 使你能够在一台笔记本电脑或者台式机上的浏览器中播放来自于你的 iPad 的 PDF 文件或者照片。你可以使用那台计算机的屏幕，或者将那台计算机连接到一个投影仪上来进行一个大屏幕的文稿演示。你只需在网页浏览器中输入 AirProjector 正在 iPad 上使用的 IP 地址和接口号。然后，浏览器就会显示你在 iPad 屏幕上显示的照片或者 PDF 文件。

将 iPad 当作 Mac 的远程控制器使用

如果你在一台 Mac 上进行文稿演示的话，你可以把 iPad 当作一个远程控制器使用。

在撰写本文的时候，“Keynote 远程”应用程序是专门为 iPhone 和 iPod Touch 设计的，所以它只会使用 iPad 屏幕上面很小的一块地方，除非你点击“2X”按钮。

想要这样做的话，从iTunes商店下载并安装Keynote远程应用程序（它需要花费0.99美元），搜索“Keynote 远程”，你很快就会发现它。

一旦你已经安装好这个应用程序，找到它——你将会发现它以“远程”出现，而不是“Keynote 远程”，但是在搜索的时候你可以使用“Keynote”——然后运行它。你首先将会看见一个窗口告诉你你还没有连接到 Keynote，见下面插图左侧。点击“连接到 Keynote”按钮。然后，Keynote 远程会自动显示“设置”窗口，见下面插图右侧。

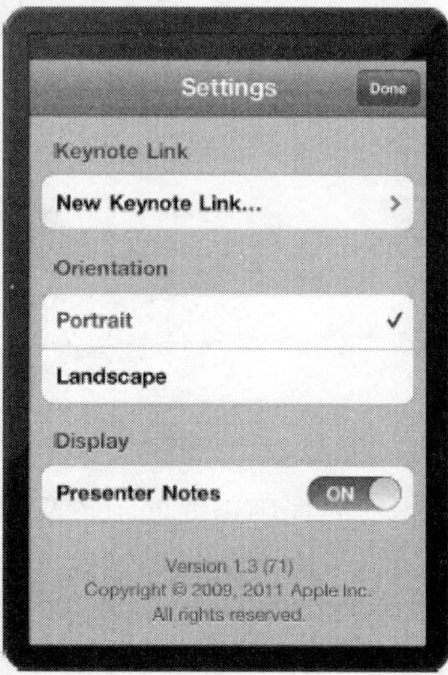

想要设置连接到 Keynote 的话，请按照如下步骤进行操作。

1. 点击“设置”窗口上面的“新建 Keynote 连接”按钮。Keynote 远程会显示“新建连接”窗口，其中包含了一个用于连接到 Keynote 的新密码。

2. 在你的 Mac 上面打开 Keynote，如果它已经在运行的话，切换到 Keynote。

3. 在 Keynote 中，选择“Keynote ｜参数选择”来显示“参数选择”窗口。

4. 点击“远程”标签来显示它的内容，见下图。你的 iPad 应该在它的右边显示一个“连接”按钮。

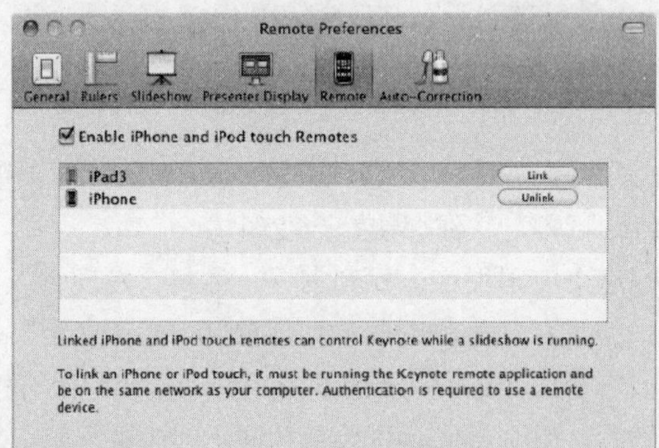

5. 确保“启动 iPad 以及 iPod touch 远程”复选框是被选中的。

6. 点击你的 iPad 的“连接”按钮来显示“为 iPad 和 iPod touch 添加远程“对话框（见下图）。

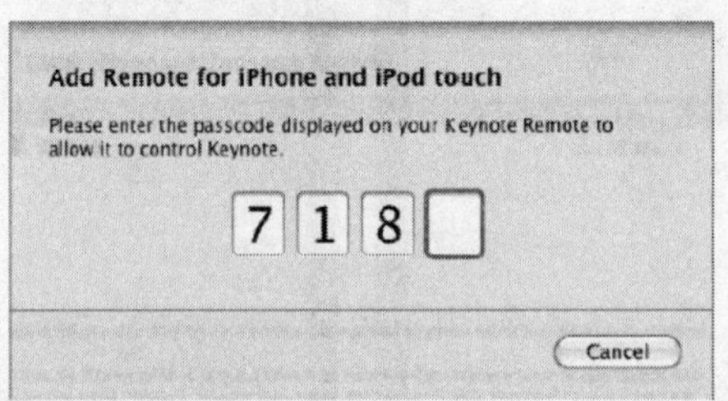

7. 输入远程应用程序正在显示的密码。Keynote 会检查密码，然后自动关闭“为 iPad 和 iPod touch 添加远程”对话框。然后你的 iPad 的“参数设置”窗口的“远程”标签上就会出现一个“断开连接”按钮。

8. 点击“关闭”按钮（那个红色的按钮）来关闭“参数设置”窗口。

第 4 章
安全性以及故障排除技术达人

在本章中，我们将着眼于如何保护你的 iPad 来防止盗窃和入侵，如何在你丢失它的时候进行跟踪，以及在你不能恢复你的 iPad 之时，如何从上面抹除数据。

我还将告诉你如何处理家庭使用范围内的问题。我们将考虑你在潮湿或者肮脏环境下安全使用 iPad 的注意事项以及如何让你的 iPad 可以安全地被孩子使用，对软件和硬件问题进行故障排除，如果它的软件被搞砸了或者你需要出售它的时候，如何将你的 iPad 恢复成出厂设置。

项目 27：保护 iPad，防止盗窃和侵入

iPad 不仅融入了目前最先进的技术，而且包含了你最珍贵的私人秘密以及商业情报，对于盗贼来说是一个诱人的目标，他们知道可以很轻松地将 iPad 或者 iPad 包含的数据卖掉来换取一大笔金钱。所以，无论你在公共场合如何紧紧握牢你的 iPad，或者在家如何将它仔细藏好，你需要有效地确保它的安全以免将它丢失（假设被偷了）。

将你的 iPad 锁在你的银行中的一个防火并且防水的保险箱里可能会确保它的自身安全，但是，它对于你来说将没有任何用处。既然你需要时刻随身携带你的 iPad，就要保护你的 iPad，包括阻止其他人访问它上面的数据。

这里有 2 个主要的方式来保护你的 iPad 上的数据：

- 设置你的 iPad 在你停止使用不久后锁定自己。
- 需要输入一个密码来解锁 iPad。如果需要的话，设置你的 iPad 在有人连续很多次输入错误密码后，抹除它上面的数据。

设置你的 iPad 自动锁定自己

首先，设置你的 iPad 的自动锁定功能，来在你停止使用不久后自动锁定 iPad。

想要设置自动锁定的话，请按照如下步骤进行操作。

1. 按下主键来显示主窗口。

2. 点击“设置”图标来显示设置窗口。

3. 点击“通用”按钮来显示“通用”窗口。

4. 点击“自动锁定”按钮来显示“自动锁定”窗口（见图 4–1）。

5. 点击代表你想要使用的时间间隔的按钮：2 分钟、5 分钟、10 分钟、15 分钟或者永不。时间间隔越短，安全性越高，所以，试一下 2 分钟的设置，并且看一下它是否适合你。

6. 点击“通用”按钮，返回到“通用”窗口。

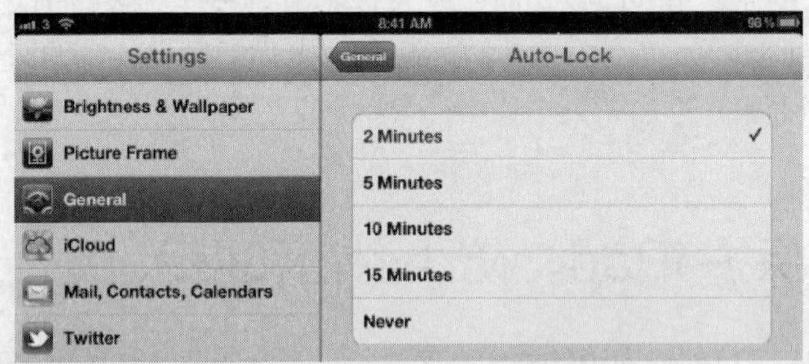

图 4-1 在“自动锁定”窗口上，为你使用 iPad 的方式选择尽可能短的时间间隔

当 iPad 没有锁定的时候，你也可以在任何时间点通过按下“睡眠 / 唤醒”按钮来锁定你的 iPad。想要你的 iPad 在你将它设置为“睡眠”的那个时候锁定，将“需要密码”设置设定为“立即”（将在本章后面的内容中讨论）。

用一个密码锁来保护你的 iPad

接下来，用一个密码锁来保护你的 iPad。这个密码是每次你从锁定窗口上解锁 iPad 时你必须输入的一个字符序列。附近的侧边栏“在一个简单密码和一个复杂密码之间进行选择”揭示了密码的来龙去脉。

如果你的公司或者组织为你提供了一台 iPad，管理员可能会应用一个配置文件来迫使你在 iPad 上使用一个密码。如果你发现你无法改变你的 iPad 上的密码设定，你就会知道它已经安装了一个配置文件。

高级技术达人

在一个简单密码和一个复杂密码之间进行选择

你可以使用一个简单密码或者一个复杂密码来保护你的 iPad。

- **简单密码**　四位数字——例如，1924。这是默认的类型，并且它很适用于一般用途。
- **复杂密码**　可变数目的字母，其中包括字母以及带有数字的其他符号。

一个复杂密码比一个简单密码能提供更高等级的安全性。

- **你可以设置一个更长的密码**　较长的密码更难被破解，因为它包含了更多的字母。即使这个密码只是由数字而不是非字母数字的字符组成的，这也是真的。
- **你可以包含字母**　混合使用字母和数字可以极大地增加密码的强度，即使密码很短。
- **你可以包含非字母和数字的字符**　包含非字母和数字的字符（例如符号——&*#¥！等）更能增加密码的强度。

输入密码窗口会提示你 iPad 正在使用的密码是一个简单密码还是一个复杂密码。对于一个简单的密码来说，输入密码屏幕会显示四个框以及一个数字键盘，见下面插图左侧。对于一个复杂的密码来说，输入密码屏幕会显示一个文本框以及一个全键盘，见下面插图右侧。

究竟你应该使用一个简单的密码还是使用一个复杂的密码，这取决于你觉得你需要多高的安全性。每次解锁的时候不得不输入一个很长的密码可能使你感觉很不方便，并且无法让 iPad 充分发挥它的全部潜能。

在决定使用哪种类型的密码的时候，请牢记这些因素。

- 使用自动抹除以后，一个简单的密码也可以足够强大，给予足够多的时间和尝试，任何人都可以解开一个简单的密码，他们只需要枯燥无味地一个一个尝试 10000 个可能的数字串，直到他们猜中那个数字串。你的 iPad 通过在一段可以增加的时间——1 分钟、5 分钟、15 分钟、60 分钟内禁用自身来使这种方法难以奏效（见下图）。一旦你的 iPad 可以再次输入密码，一个执着的攻击者会持续输入，但是，如果你将你的 iPad 设置为在几次输入错误密码的尝试以后自动抹掉它的数据的话，你的数据将会十分安全——除非你设置了一个攻击者可以猜出来的私人数字（例如，你的出生年份，这是一个很流行但是却很让人遗憾的密码）。

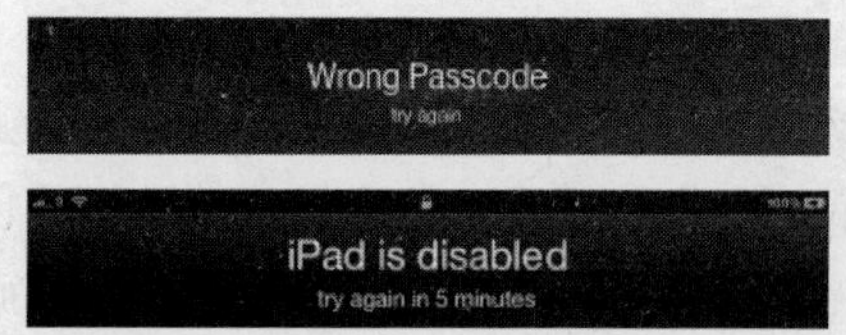

- 如果使用一个复杂密码的话，你可能不需要自动抹掉功能　如果你使用了一个一定长度的复杂密码（比如说 8 个或者更多字符），并且它同时包含了字母、数字和非字母和数字字符的话，你可能会觉得你的 iPad 已经足够安全，以至于你不需要自动抹掉。但是，如果你的 iPad 的内容非常有价值或者非常重要，你将可能会想要使用自动抹掉功能。

- 一个复杂密码可以比一个简单密码更短　因为一个复杂密码的输入密码屏幕没有给出密码长度的提示，你可以通过使用一个很短，而且只有字母的密码（例如，aq）来迷惑攻击者，而不是无数只试图用胡乱敲打来敲击出“哈姆雷特”的猴子中的某只的作品片段（注：一个典故）。像这样一个简短的密码让你可以轻松地记住和输入它，所以你可以设置很少的失败尝试次数来编织一个安全网。

想要设置你的密码锁（如果你想使用的话）以及自动抹掉功能，请按照如下步骤进行操作。

1. 选择“主键 | 设置 | 通用”来打开“设置”中的“通用”窗口（见图 4-2 左侧）。
2. 点击“密码锁定”按钮来显示“密码锁定”窗口（见图 4-2 右侧）。

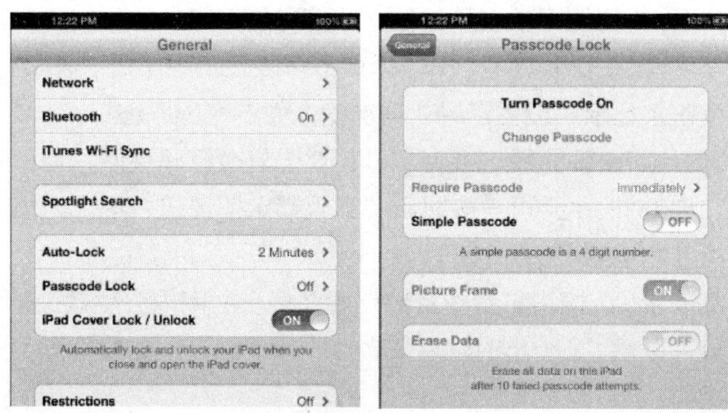

图 4-2　在“通用”窗口（左侧），点击“密码锁定”按钮来显示“密码锁定”窗口（右侧）

3. 如果你想使用一个简单密码——4 个数字的话，确保“简单密码”开关被设置为开启位置。如果你想要通过一个复杂密码来将你的 iPad 紧紧锁住的话，将“简单密码”开关移动到关闭位置。

4. 点击“打开密码”按钮来显示“设置密码”窗口。对于一个简单密码来说，你将会看见“设置密码”窗口（见图 4-3 左侧）；对于一个复杂密码来说，你将会看见不同的“设置密码”窗口（见图 4-3 右侧）。

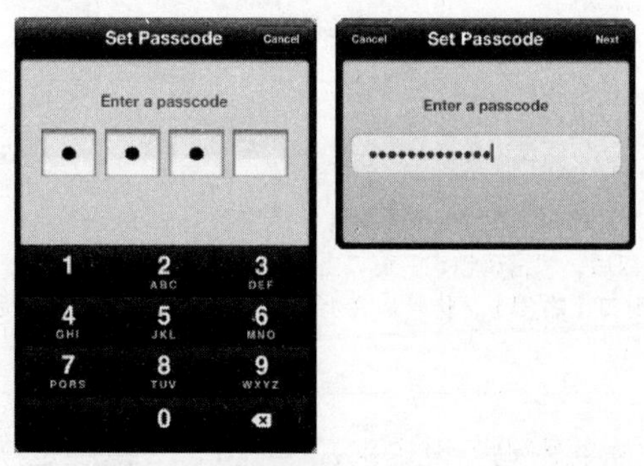

图 4-3　在“设置密码”窗口，输入一个简单的 4 位数字密码（左侧）或者一个你喜欢的长度的复杂密码（右侧）

5. 设置数字或者字母密码。

- **简单密码**　当你已经输入了 4 个数字以后，你的 iPad 会自动显示“设置密码：再次输入你的密码”窗口。

复杂密码 当你需要使用数字和其他一些符号的时候，点击“.?123”按钮。在这里，你可以点击“#+=”按钮来获取其他符号、标点符号以及货币字母。当你输入完密码以后，点击“下一步”按钮来显示“设置密码：再次输入你的密码”窗口。

6. 再一次点击代表密码的数字或者字母；对于复杂密码来说，当你完成的时候，点击“完成”按钮。你的 iPad 会再一次显示“密码锁定”窗口。这个时候，所有的选项都已经启动了（见图 4-4 左侧）。

7. 看一下“需要密码”按钮来看看密码需要在多长时间内会生效：立即、1 分钟以后、5 分钟以后、15 分钟以后、1 个小时以后或者 4 个小时以后。如果你需要改变设置，请按照如下步骤进行操作。

a. 点击“需要密码”按钮来显示“需要密码”窗口（见图 4-4 右侧）。

b. 选择你想要使用的时间间隔的按钮。

c. 点击“密码锁定”按钮来返回到“密码锁定”窗口。

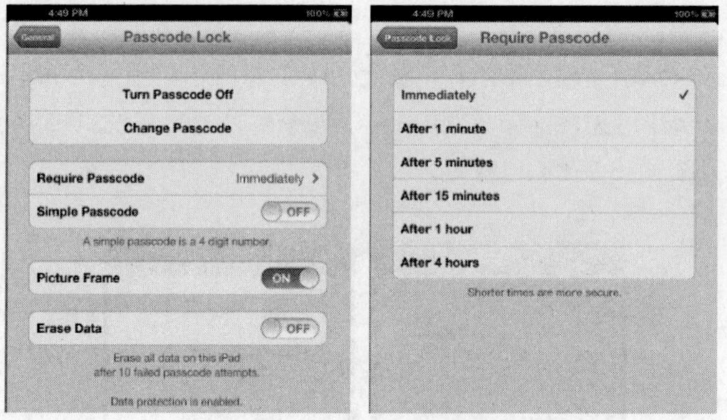

图 4-4 在你设置了一个密码以后，“密码锁定”窗口上的其他选项就可以使用了（左侧）。点击“需要密码”按钮来显示“需要密码”窗口（右侧），你可以在上面设置在多久的时间间隔后，你的 iPad 会需要密码

对于“需要密码”设定来说，“立即”选项是迄今为止最安全的，因为它会在你将你的 iPad 设置为睡眠或者自动锁定功能运行的那一刻锁定你的的 iPad。但是，如果你常常将你的 iPad 设置睡眠，然后立即想起另外一些你想要记录的事情，你可能会发现“1 分钟以后”选项是一个更好的选择，因为它能够让你解锁你的 iPad，并立刻记录下新的项目。

8. 如果你想让你的 iPad 在输入密码错误 10 次后抹掉它的内容的话，点击“抹掉数据”开关，并将它移动到开启位置。然后点击随之出现的“确认”对话框（见下图）上的“启动”按钮。

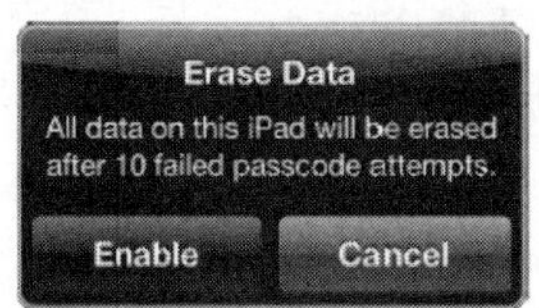

项目 28：在潮湿或者肮脏的环境中安全地使用 iPad

想要时刻与你的联系人保持联系，并且掌控你的生活，你可能无论在哪里都或多或少想要随身携带你的 iPad。包括很多潮湿、肮脏或者两者都有的地方。

iPad 很怕水，甚至于超过它怕摔，所以，你将需要保护它。对于大多数人来说，这意味着使用一个保护套。

你可以在实体商店（例如苹果商店或者 Best Buy）以及数量多得惊人的各种在线商店中找到各种各样的保护套。如果你在亚马逊或者 eBay 这样的主流网站上大量的保护套中找不到你想要的，你可以在互联网上搜索，或者可以访问保护套制造商，例如 OtterBox（www.otterbox.com）、Speck Products（www.spekproducts.com）、Marware（www.marware.com）、RadTech（www.radtech.com）或者 DecalGirl（www.decalgirl.com）。

高级技术达人

不要让 iPad 连接到 UFED 上

你的 iPad 对于传统威胁具有很强的安全性——但是要小心警察。

各种各样的警察部门使用一种被称为通用司法鉴定设备或者 UFED 的装备。如果你允许警察将你的 iPad 连接到一个 UFED 上的话，UFED 会从你的 iPad 上抓取所有的数据，即使你已经使用了一个密码来保护你的 iPad 的安全。大多数的 UFED 使用一个物理连接来连到底座连接器上，但是有些 UFED 还有蓝牙功能。

美国公民自由联盟在第四修正案中认为这样的数据提取构成了不合理的搜查——但是，在本文撰写的时候，这个争论还没有解决。

如果你有选择的话（你可能没有），不要让警察将你的 iPad 连接到一台 UFED 上。

如果你需要保持你的 iPad 是干爽的，第一个问题就是你需要的保护套是抗水的还是完全防水的。你可以发现很多保护套对于通常使用都是足够抗水的，但是会使你的 iPad 上的端口和按钮很容易接触到水。因此，很多保护套使用相同形状的橡胶塞来保护耳机插孔、相机镜头、静音开关以及底座连接器端口。当你需要使用端口、开关或者镜头的时候，你可以很轻易地拔出橡胶塞，当橡胶塞是插在里面的时候，它可以将雨水、溅水或者灰尘阻挡在 iPad 之外。但是这个方法只是抗水的——它不是防水的。

如果你实际上需要的是能够确保你的 iPad 掉在水中的时候也不会有任何问题的话，你需要的是一个完全防水的壳、包或者盒子，你可以将 iPad 放在其中来防水。

这里有 2 个防水 iPad 保护壳的来源。

- **Amazon.com** 在撰写本文的时候，亚马逊网站提供了各种各样的保护壳，其中包括了 iHip Discovery 水下防水保护壳（大约 30 美元）、iOttie 防水材料保护壳（大约 25 美元）、Overboard 防水保护壳（大约 50 美元）以及 Aquapac Waterproof Large Whanganui（大约 45 美元）。iHip Discovery 以及 iOttie 是专为 iPad 设计的，而 Overboard 以及 Aquapac 是通用的保护壳，它可以适用于 iPad 以及同样尺寸的平板电脑。

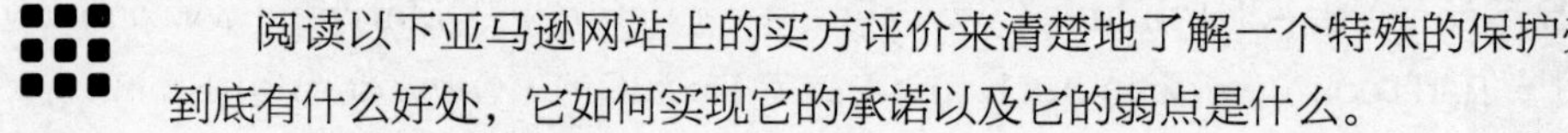

阅读以下亚马逊网站上的买方评价来清楚地了解一个特殊的保护壳到底有什么好处，它如何实现它的承诺以及它的弱点是什么。

- **eBay** 如你所知，你可以在 eBay 上找到任何东西——并且它里面有很多声称是防水的保护壳。你可以同时找到高端保护壳，例如，Aryca WS-iP 防水保护壳（大约 75 美元；也可以看一下 www.aryca.com）以及低端保护壳。

一茶匙的水都可以毁掉你的 iPad，所以你得要确认你可以相信你购买的保护套。购买一个没名字的品牌可以节省金钱，却会让你担心，所以，你可能还是要选择一个大品牌——也许是一个能够提供保证的品牌。如果你选择了一个便宜的产品的话，将厨房的毛巾放进去并沉浸在水中测试一下，在这之后，再将你的 iPad 装进去。

高级技术达人

了解 IPX 认证的含义

当你在购买防水保护壳的时候，你将会看到认证编号，例如 IPX7 和 IPX8。在这里，IP 代表了入口保护——保护套对于想要阻止进入的东西提供了多少保护。下面的列表显示了 IPX 评级对于液体入口保护意味着什么。

IPX 评级	防护措施
1	垂直滴水
2	最高达 15 度的有角度滴水
3	最高达 60 度的有角度水喷雾
4	从任何方向的溅水
5	从任何方向的水流
6	强水流
7	防水最深达 1 米（大约 3 英尺）
8	防水深度超过 1 米

所以，如果你想要你的 iPad 在掉进家庭用水的时候可以无恙的话，IPX7 评级已经覆盖了你的要求。如果你准备带着你的 iPad 游泳或者潜水的话，你将会需要 IPX8 评级，它通常意味着这个保护套是密闭的。

如果这就是你所需要的，一个完全防水的保护套是很不错的，但是因为它们是密闭的，这往往使连接到 iPad 的端口很困难。在保护套中，你可以像往常一样使用屏幕，并且通过使用 AirPlay 来无线播放音乐，但是，你将通常需要拿走整个保护套或它的一部分来为 iPad 充电。更大的防水保护套可以简单地快速打开，但是那些十分贴合的保护套却需要时间和努力来移除。

如果你只需要在特定的场合确定你的 iPad 是完全防水的话，你可能更喜欢下一种防水类型：不是购买一个防水保护壳，而是购买一个防水包或者盒子，你可以将你的 iPad 带着它现有的保护套（如果有的话）放在里面。如果你需要使用你的 iPad，你将不得不把它从包或盒子中拿出来。但是这种办法的优点是能保持 iPad 干爽和舒适。

在撰写本文的时候，你可以找到大量尺寸适合一台 iPad 或者更小尺寸设备的防水盒子，但是适合 iPad 正确尺寸的防水盒去很稀少。你可能最好还是购买一个通用的盒子，例如 Plano 1612 Deep Resistant Field Box（大约 25 美元；www.amazon.com 以及其他在线商店），这个盒子不仅可以使你的 iPad 保持干爽，而且适用于你的相机或者其他设备。

高级技术达人

检查你的 iPad 是否进水的简单方法

很多 iPad 损坏是因为掉进了马桶或者澡盆里，并且苹果公司非常清楚多少的水量可以摧毁你的 iPad。如果你已经阅读过了说明说的话，你可能会知道你的 iPad 的保修不包括液体损坏，更糟糕的是，苹果公司找到了一种检查你的 iPad 是否进过水的方法。

你的 iPad 包含两个液体接触指标，它能使一个技术人员分辨出 iPad 是否进入过水。液体接触指标的其中之一是在耳机端口里面。另外一个是被放在底座连接器端口里面。当 iPad 变得潮湿的时候，液体接触指示灯会变成红色。

如果你认为你的 iPad 可能已经变得潮湿了——或者（让我们诚实一点）如果你的 iPad 已经被弄湿了，并且你想知道潮湿程度有多么严重——首先，在耳机端口照入一束光，然后再在底座连接器端口照入一束光。如果你看见了红色的话，你就会知道苹果公司不会维修或者更换你的 iPad。

即使这样的话，也可能会有奇迹发生。试着将你的 iPad 放置大约 3 天时间来使它干燥，不管是在一个温暖（但是不要太热）并且通风良好的地方，还是将它贴在一个由干燥剂包围成的巢中。如果你不能立刻找到干燥剂包，可以在一个袜子中填上干燥的大米，并把你的 iPad 包裹在袜子中。当你的 iPad 完全干透以后，祈祷吧，并且试一下是否能够打开它。

非常简单而有效的防水方法是装备一个密闭的塑料袋和三明治盒。无论哪个，都会在紧要关头起很大作用——并且你可能在厨房中有足够多的这两种东西来保证你的 iPad 安全以及干燥，而不需要花一分钱。

项目 29：使 iPad 能被孩子安全地使用

如果你让你的孩子使用你的 iPad 的话，使用 iPad 的访问限制功能来防止他们采取不必要的操作——从浏览网页到设置邮件账户或者观看成人电影的任何事情。本节将向你介绍如何设置合适的限制并使用一个密码来锁定它们，从而改变你的 iPad。

如果你的公司或者组织为你提供了一台 iPad 的话，管理员可能会使用一些限制来防止你在 iPad 采取不必要的操作——例如，安装游戏、在 YouTube 上面娱乐或者使用音乐、影音功能从而打扰到办公室里面的宁静氛围。

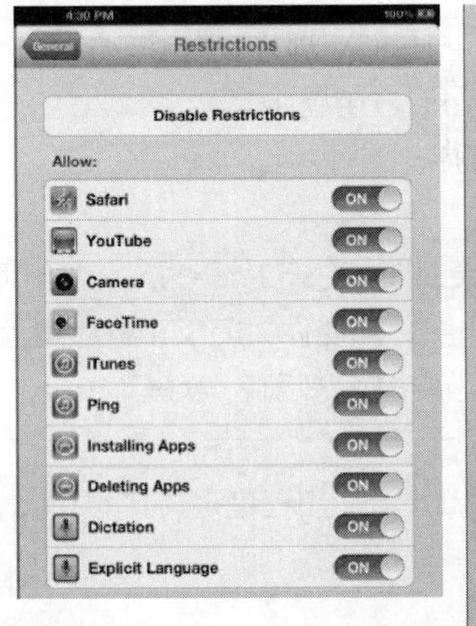

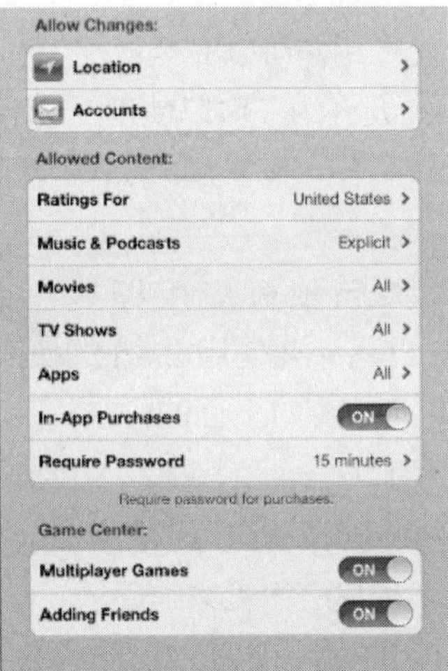

图 4-5　在“访问限制”窗口上，选择哪些功能可以被使用者使用以及哪些功能要被限制

想要设置限制的话，请按照如下步骤进行操作。

1. 点击“设置”按钮来显示“设置”窗口。
2. 点击“通用”按钮来显示“通用”窗口。
3. 点击“访问限制”按钮来显示“访问限制”窗口，图 4–5 左侧显示了这个窗口的上半部分，右侧则是下半部分。

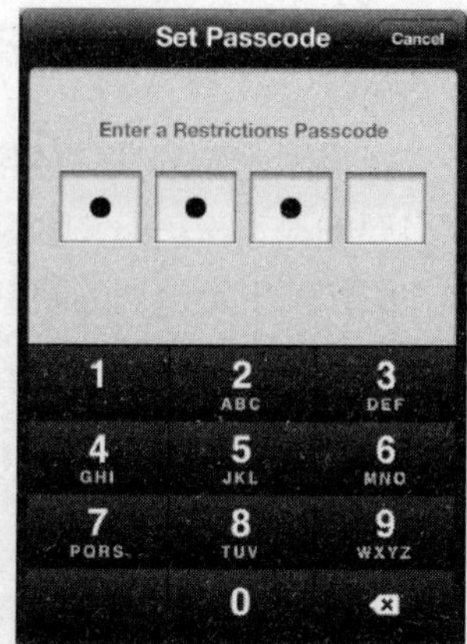

4. 起初，这些限制都是不可用的，所以它们是以灰色按钮出现。想要使用它们的话，点击窗口顶部的“启用访问限制”按钮。然后你的 iPad 就会显示“设置密码”窗口，见右图。

5. 输入一个 4 位数字密码，然后在“设置密码：再次输入你的密码”窗口上再一次输入它。然后你的 iPad 会返回到“访问限制”窗口，在这里，控制键都已经被启用并且准备好使用了。

6. 在“允许”框中，将每个项目的开关移动到开启位置来允许使用，移动到关闭位置来禁止使用这些项目。下面就是一些项目，以及当它们的开关被设置为开启状态的时候它们允许用户做什么。

- **Safari** 允许用户可以完全地使用 Safari 网页浏览器应用程序。
- **Youtube** 允许用户可以使用 Youtube 应用程序。
- **相机** 允许用户可以使用相机应用程序。

关闭相机应用程序也会同时关闭 FaceTime 应用程序，因为 FaceTime 要使用 iPad 的摄像头。即使你关闭了相机应用程序，用户也可以捕捉窗口上面的内容，只需要按下“睡眠 / 唤醒”按钮，并按下主键。

- **FaceTime** 允许用户可以使用 FaceTime 应用程序来与其他 iPad、iPhone、iPod touch 以及 Mac 用户进行视频电话。
- **iTunes** 允许用户使用 iTunes 商店。
- **Ping** 允许用户使用 Ping 社交网络功能。
- **安装应用程序** 允许用户安装来自苹果商店的应用程序。
- **删除应用程序** 允许用户删除 iPad 上面的应用程序。
- **听写** 允许用户在支持听写功能的应用程序中使用它。
- **不良语言** 允许用户访问 iTunes 商店中包含不良语言的素材——例如，性别歧视或者反人类的说唱歌曲。

将“访问限制”窗口上面的“不良语言”开关设置为关闭位置只会影响到 iTunes 商店，用户仍然可以在网页上面获取带有污秽语言的东西，除非你禁止 Safari。

7. 在“允许更改”框中，点击“定位服务”按钮来显示“定位服务”窗口，见图 4–6 左侧。然后你可以在上面选择一下设置。

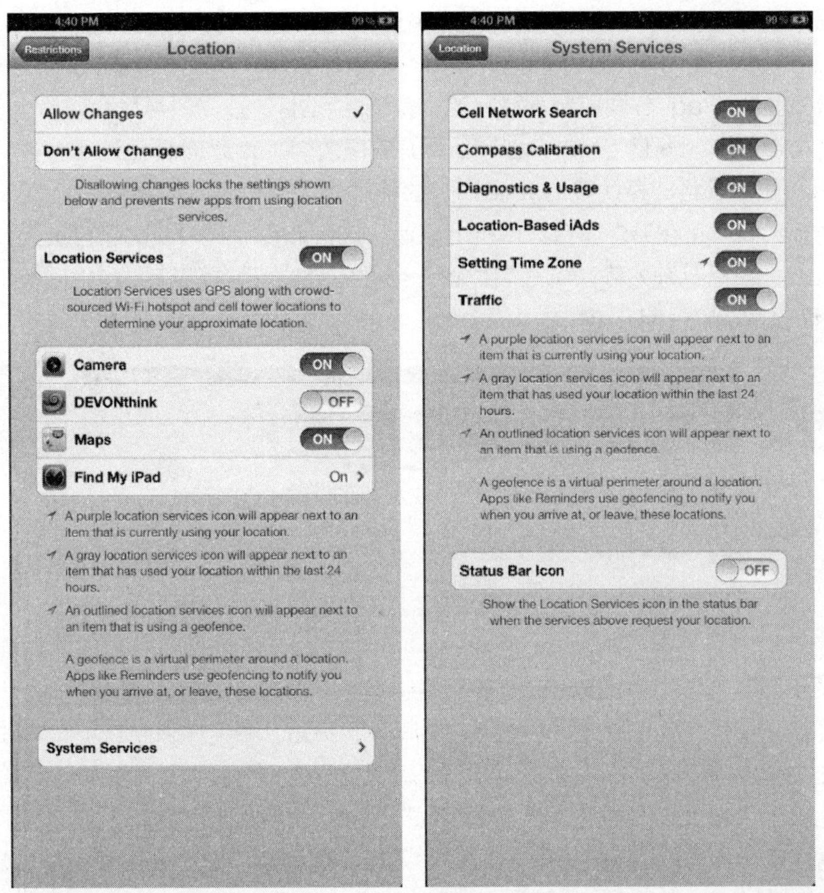

图 4-6　在“定位服务”窗口（左侧），你可以关闭所有的定位服务，或者只限定一些特定的应用程序可以使用。在“系统服务”窗口（右侧），选择哪种系统服务可以使用定位功能

□ 允许更改 / 不允许更改 如果你想要户能够改变窗口上面的其他设置的话，点击来选择“允许更改”按钮，并在上面放置一个复选标记。如果你想锁定其他设置来使用户不能使用它们的话，点击“不允许更改”按钮。

□ 定位服务 如果你想完全关闭定位服务的话，点击这个开关并将它移动到关闭位置。你的 iPad 会显示一个对话框来提醒你关闭定位服务将会让你不能使用寻找我的 iPad 功能。如果你确定你想要这么做的话，点击“关闭”按钮。

□ 使用定位服务的应用程序 在使用定位服务的应用程序列表中，如果你不想让一个应用程序使用定位服务的话，点击这个应用程序的开关并将它移动到关闭位置。例如，想要阻止 iMovie 使用定位服务的话，将 iMovie 开关移动到关闭位置。

□ 寻找我的 iPad 想要控制寻找我的 iPad 功能的话，点击“寻找我的 iPad”按钮，然后在“寻找我的 iPad”窗口（见下图）上进行选择。如果你想要关闭寻找我的 iPad 功能的话，你可以将“寻找我的 iPad”开关移动到关闭位置。如果你想让 iPad 的状态栏显示一个代表你正在另外一台计算机上面追踪这台 iPad 位置的追踪箭头的话，你也可以将“状态栏图标”开关移动到开启位置。当你已经做好选择以后，点击“定位服务”按钮，返回到“定位服务”窗口。

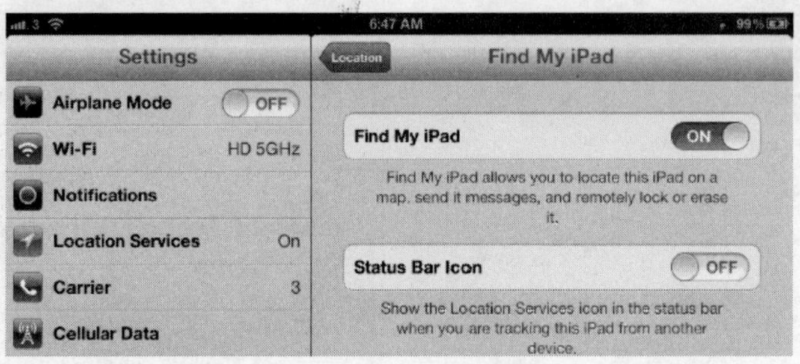

□ 系统服务 点击这个按钮来显示“系统服务”窗口（见图 4-6 右侧），然后设置相应开关来选择哪个系统服务可以使用定位服务。例如，如果你想要阻止你的 iPad 接受基于 iPad 位置的应用程序的广告的话，将“基于位置的 iAd 广告”开关移动到关闭位置。在“系统服务”窗口底部的是“状态栏图标”开关，如果你想要“定位服务”图标在一个系统需要定位服务的时候出现在状态栏中的话，你可以将这个开关设置为开启位置。当你选择好以后，点击“定位”按钮，返回到“定位”窗口。

8. 点击“访问限制”按钮，返回到“访问限制”窗口。
9. 在“允许的内容”框中，选择用户可以使用哪些内容。

a. 确保“分级所在地区”按钮显示的是正确的国家。如果不是的话，点击“分级所在地区”按钮，在出现的“分级所在地区”窗口上点击相应的国家，然后点击“访问限制”按钮来再一次显示“访问限制”窗口。

b. 点击“音乐与Podcast”按钮来显示“音乐与 Podcast”窗口（这个窗口的上半部分如下图所示），然后按照需要将“Explicit”开关移动到开启位置或者关闭位置。点击“访问限制”来再一次显示“访问限制”窗口。

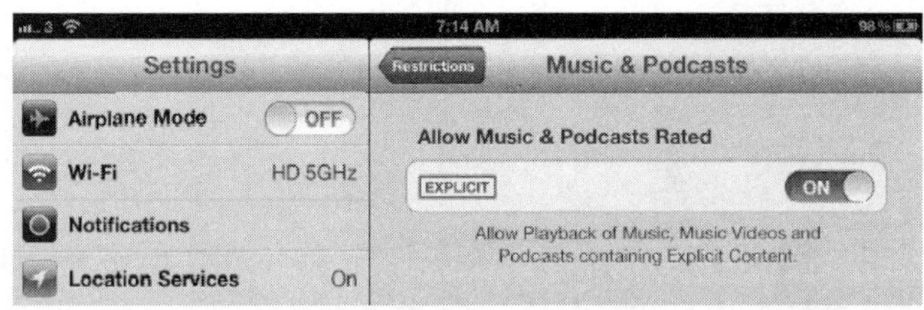

c. 点击“影片”按钮来显示“影片”窗口（见图 4–7 左侧），然后点击你允许的最高级别——例如，PG–13。你的 iPad 会取消更高级别项目的复选框并将它们变成红色。你看不见这些项目的灰度，但是 R、NC–17 和 Allow All Movies 按钮都会有红色表示来提示你它们被关闭了。点击“访问”限制来再一次显示“访问限制”窗口。

d. 点击“电视节目”按钮来显示“电视节目”窗口。这与在“影片”窗口上面的操作是一样的：点击你允许的最高级别，然后点击“访问限制”按钮来再一次显示“访问限制”窗口。

e. 点击“Apps”按钮来显示“Apps”窗口，见图 4–7 右侧。点击代表你允许的最高年龄等级的按钮（例如，12+），然后点击“访问限制”按钮来再一次显示“访问限制”窗口。

10. 点击“APP 内购买”开关并按照需要将它移动到开启位置或者关闭位置。

用户可以在来自 iTunes 商店的一款叫作 APP 的程序内进行购买。例如，很多应用程序的专业版，以及很多游戏的更高版本可以在 APP 内进行购买，这可能会节省一些时间。你将会想要将在 APP 内购买的功能关闭来防止你的孩子在未经你允许的情况下支出你的金钱。

11. 点击“要求密码”按钮来显示“要求密码”窗口，然后点击代表用户必须在多长的时间间隔内输入一个苹果 ID 来进行 APP 内购买的按钮：立即或者 15 分钟。点击“访问限制”来再一次显示“访问限制”窗口。

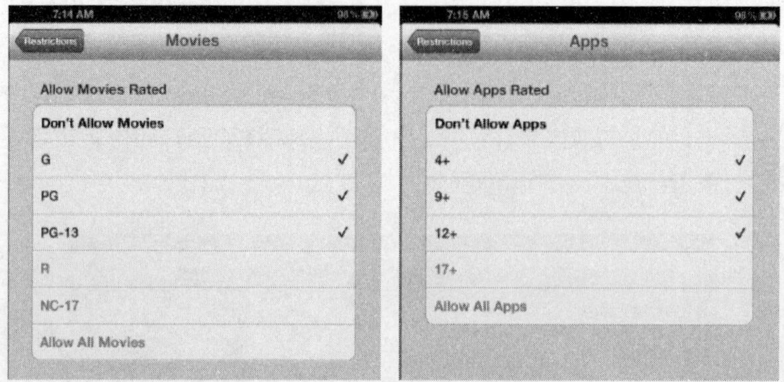

图 4-7　在“影片”窗口（左侧），点击你将会允许的最高等级。在“Apps”窗口（右侧），点击用户可以运行的最高等级

12. 在“访问限制”窗口最底部的“Game Center”框中，按照需要将两个开关设置为开启位置或者关闭位置。

- **多人游戏**　这个开关可以控制用户能够发送或者接收游戏邀请。
- **添加朋友**　这个开关可以控制用户能否在 Game Center 中添加朋友。

13. 当你选择完访问限制的时候，点击“通用”按钮，返回到“通用”窗口。

现在，你可以应用你已经选择的访问限制了，你的 iPad 已经可以给你的孩子使用了。

项目 30：软件和硬件问题故障排除

苹果公司已经使你的 iPad 和它的操作系统 iOS 尽可能的稳定和可靠。但是即使这样的话，你可能时不时地会遇见软件和硬件问题。

这个项目向你展示了 5 种最基本的操作。

- **强制退出一个应用程序**　当一个应用程序停止响应的时候，你可以强制它退出。
- **重启你的 iPad**　重启你的 iPad 可以清除软件和硬件问题。
- **硬件还原**　当重新启动不能解决问题的时候，你可以执行一次硬件还原。这在本质上是一种重启。它不会影响 iPad 上的数据和设置。
- **软件还原**　下一个阶段就是还原你的 iPad 上的所有设置。这个操作会丢失你的自定义设置，但是不会影响你的数据。

- **抹掉所有的内容和设置**　如果软件还原不能清除问题的话，你可以抹掉你的 iPad 上所有的内容和设置。在你这样做之前，你需要同步你的 iPad 或者（如果不能同步的话）保存任何只存储在 iPad 上的内容。在抹掉所有的内容和设置以后，你可以将内容和设置同步回 iPad 上。

除了这 5 种操作以外，还有一种最彻底的操作：将你的 iPad 恢复成出厂设置。我将在下一个项目中告诉你如何操作，包括如果需要的话，如何将你的 iPad 放入设备固件升级模式。

强制退出一个失去响应的应用程序

通常情况下，已经你的 iPad 上运行的应用程序会一直保持运行，直到你将你的 iPad 关闭。

例如，你正在“邮件”应用程序中工作，并且你按下了主键来显示主屏幕，这样你就可以登录另外一个应用程序了。iOS 不会关闭邮件；相反，邮件会在后台（你看不到的地方）保持运行。当你主屏幕上点击它的图标，或者使用快速切换功能回到邮件的时候，邮件会保持你离开时候的样子。所以，如果你留下了一个写了一半的信息，它将会一直在那里等着你继续输入。

当你使用主屏幕切换到一个不同的应用程序，iOS 会在后台将你之前使用的应用程序保持暂停。当你回到之前的应用程序的时候，你将会发现它之前在做什么，现在就在做什么。

如果一个应用程序停止响应的话，你可以通过强制退出来关闭它。想要强制退出一个程序，请按照如下步骤进行操作。

1. 快速地连续按下主键两次来显示应用程序切换栏。

2. 如果你想要强制退出的应用程序没有出现在应用程序切换栏显示的第一个窗口上，向左滑动或者向右滑动，直到你看见它为止。

3. 在应用程序切换栏中点击并按住这个应用程序的图标，直到图标开始抖动，并且一个“关闭”按钮（一个红色的圈，并有一个水平的白色横条穿过它）出现在每个图标的左上角（见下图）。

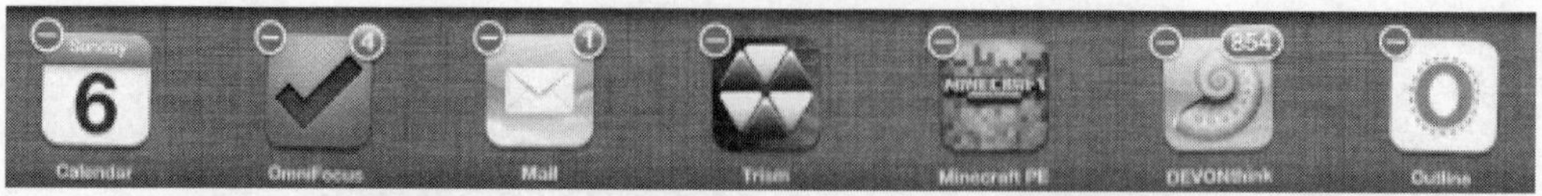

4. 点击这个应用程序的“关闭”按钮。
5. 按下主键来让图标停止抖动。

重启你的 iPad

如果你的 iPad 没有稳定运行的话，试试重启它。请按照如下步骤进行操作。

1. 长按“睡眠 / 唤醒”按钮，直到窗口显示一个“滑动来关机”的信息。
2. 点击这个滑块，并将它拖曳到右侧。iPad 就会关机。
3. 等几秒钟，然后再一次按下“睡眠 / 唤醒”按钮。按住这个按钮 1~2 秒钟，直到苹果标志出现。然后，iPad 就会启动。

执行一次硬件还原

如果你不能像前一节中描述的那样重启你的 iPad 的话，试一下硬件还原。同时按住“睡眠 / 唤醒”按钮和主键大概 10 秒钟，直到苹果图标出现在屏幕上，然后放开它们。这样，iPad 就会重启。

执行一次软件还原

如果执行一次硬件还原（如前面一节中描述的那样）不能清除问题的话，你可能需要执行一次软件还原。这个操作会重置 iPad 的设置，但是不会从你的 iPad 抹掉你的数据。

想要执行一次软件还原的话，请按照如下步骤操作。

1. 按下主键来显示主窗口。
2. 点击“设置”图标来显示“设置”窗口。
3. 点击“通用”按钮来显示“通用”窗口。
4. 向下滑动到底部，并且点击“还原”按钮来显示“还原”窗口（见下图）。

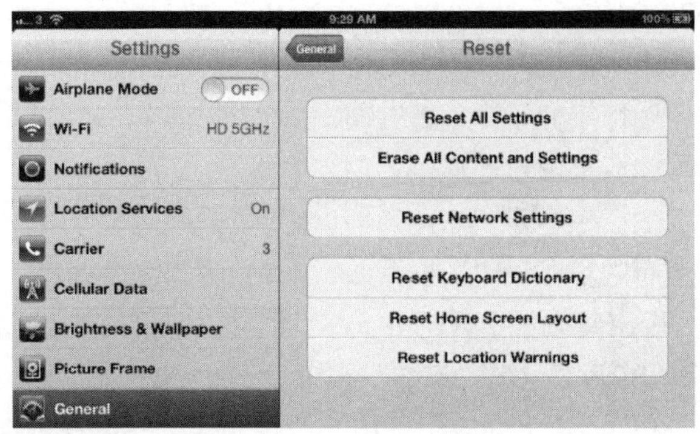

5. 点击“还原所有设置”按钮。

6. 如果你已经使用一个密码来锁定你的 iPad 的话，在出现的“密码”对话框中输入密码。如果这是一个复杂密码的话，点击“完成”按钮。

7. 如果已经在你的 iPad 上面应用了访问设置功能的话，在出现的“输入密码”对话框中输入访问限制的密码。

8. 在“确认”对话框中点击“还原”按钮（见下图）。

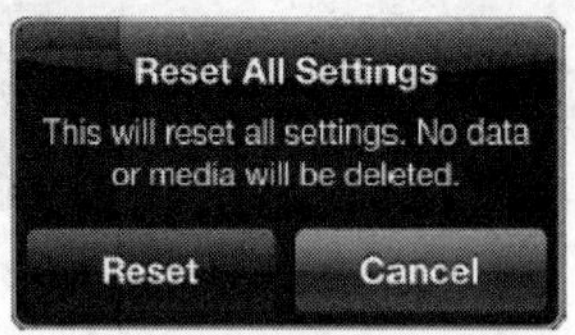

然后你的 iPad 就会重新启动。当它再次运行的时候，在主屏幕上点击“设置”按钮来打开“设置”应用程序，并且开始选择对你来说最重要的设置。例如，连接到一个无线网络，设置窗口亮度，并且选择接收哪种通知。

在 iPad 上抹掉内容和设置

如果软件还原都不能修复问题的话，试一下抹掉所有的内容和设置。在你这么做之前，移走任何你已经在你的 iPad 上创建并且还没有同步的内容——假设你这样做的话，iPad 还能工作正常。例如，将任何你已经在 iPad 上书写但是还没有同步到一个在线账户里面的笔记通过电子邮件发给你自己，或者将 iPad 同步到计算机上来传输任何你用它的摄像头拍摄的照片。

想要抹掉内容和设置的话，请按照如下步骤进行操作。

1. 按下主键来显示主窗口。

2. 点击“设置”图标来显示“设置”窗口。

3. 点击“通用”图标来显示“通用”窗口。

4. 点击“还原”图标来显示“还原”窗口。

5. 点击“抹掉所有内容和设置”按钮。

6. 如果你使用一个密码来锁定你的 iPad 的话，在出现的“密码”对话框中输入密码。如果这是一个复杂密码的话，点击“完成”按钮。

7. 如果已经在你的 iPad 上面应用了访问设置功能的话，在出现的“输入密码”对话框中输入访问限制的密码。

8. 在第一个“确认”窗口上面点击“抹掉”按钮（见下图左侧）。

9. 在第二个“确认”窗口上面点击“抹掉”按钮（见下图右侧）。（抹掉是一个很严重的操作，以至于 iPad 需要你确认两次。）

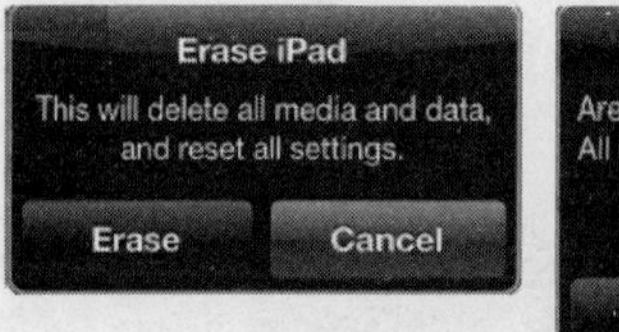

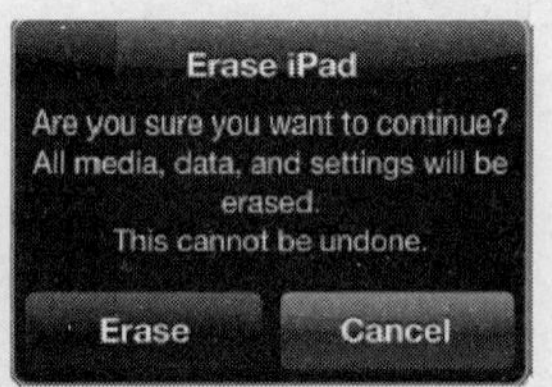

在抹掉所有的内容和设置以后，同步 iPad，并且将内容和设置重新加载到上面。

项目 31：将你的 iPad 恢复成出厂设置

如果你的 iPad 的软件被弄得很糟的话，你可能需要将它恢复成出厂设置。

将 iPad 恢复成出厂设置会抹掉所有的第三方应用程序，只留下内置的应用程序——Safari 浏览器、邮件、照片、通知、照相机等。所以，在恢复成出厂设置以后，你将需要从你的计算机的备份中或者从苹果商店中重新下载所有的第三方应用程序。

想要使 iPad 恢复出厂设置的话，请按照如下步骤进行操作。

1. 将 iPad 连接到你的计算机上面，等待它出现在 iTunes 中的源列表里。

2. 单击源列表中的“设备”类里面的“进入 iPad”来显示 iPad 控制窗口。

3. 如果“摘要”窗口还没有显示的话，单击“摘要”标签来显示它。

4. 单击“恢复”按钮。iTunes 会显示一个“确认”对话框，见下图，来确保你知道你正准备从你的 iPad 上面抹掉所有的数据。

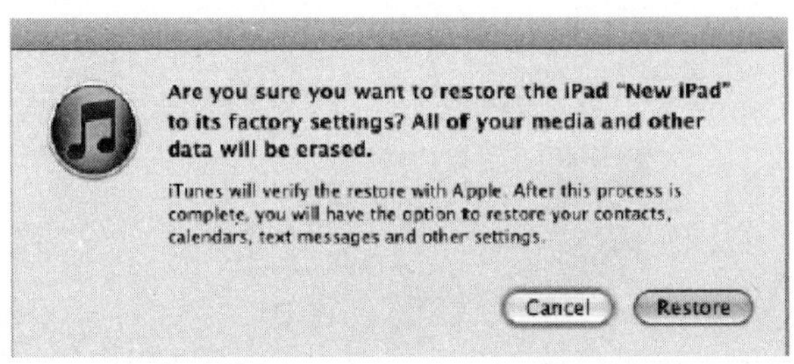

如果一个新版本的 iPad 软件是可用的话，iTunes 会提示你恢复并更新你的 iPad，而不只是恢复它。如果你想继续的话，单击“恢复并更新”按钮；否则的话，单击“取消”按钮。

5. 单击“恢复”按钮来关闭信息框。iTunes 会抹掉 iPad 上面的内容，然后恢复软件，在它工作的同时会向你展示它的进程。

6. 在恢复过程的结尾，iTunes 会重启 iPad。iTunes 会在 10 秒钟左右的时间内显示一个消息对话框，见下图。单击“OK”按钮或者让倒数计时器自动关闭信息对话框。

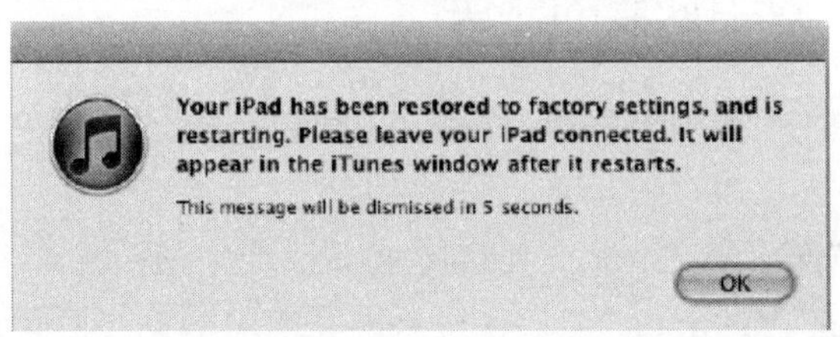

7. 在 iPad 重新启动以后，它就会出现在 iTunes 源列表中。显示的不是 iPad 的常规带有标签的窗口，而是“设置你的 iPad”窗口（见图 4-8）。

8. 想要恢复你的数据的话，确保“从备份中恢复”选项按钮被选中，并且验证一下出现在下拉列表中的 iPad 信息是否正确。

9. 单击“继续”按钮，iTunes 会恢复你的数据并且重新启动 iPad，当它这么做的时候，会显示一个倒数信息框。单击“OK”按钮或者让倒数计时器自动关闭信息框。

10. 在重新启动以后，iPad 会出现在 iTunes 的源列表中，你就可以像往常一样使用它了。

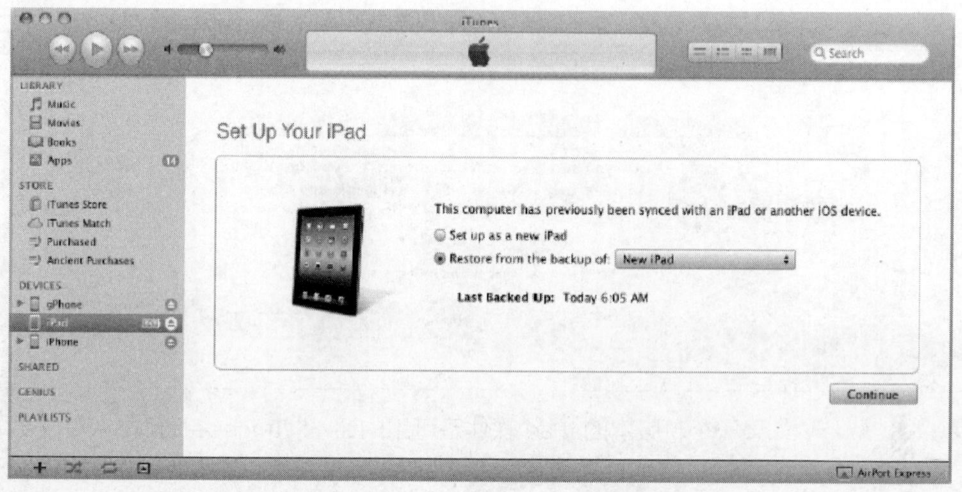

图 4-8　还原了你的 iPad 的系统软件以后，通常情况下，你可能想要从备份中恢复你的数据。另一种方法就是将 iPad 设置为一个新的 iPad

高级技术达人

从还原失败中恢复的秘诀

有些时候，当你像正文中描述的那样尝试还原你的 iPad 的时候，还原操作可能会出现下列问题。

- iPad 会显示“连接到 iTunes”窗口，但是，当你连接 iPad 的时候，它并没有出现在 iTunes 中。“连接到 iTunes”窗口会显示一根 USB 数据线指向 iTunes 图标的画面。
- 你的 iPad 保持重新启动，但是它并没有回到到主屏幕上。
- 你的 iPad 在还原操作中停止响应。窗口上可能只会显示一个苹果图标或者苹果图标加上一个已经停止移动的进度条。

如果你遇见了这些问题中的任何一个，试一下使用恢复模式。请按照如下步骤进行操作。

1. 将 USB 数据线从你的 iPad 上断开连接。
2. 按住 iPad 顶端的“睡眠 / 唤醒”按钮，直到“滑动来关机”滑块出现，然后点

击那个滑块，并将它拖到右侧。iPad 就会关机。

3. 当你将一根 USB 数据线插入在 iPad 的底座连接器端口的时候，按住主键。你将会看见 iPad 启动。

4. 继续保持按住主键，直到你的 iPad 显示“连接到 iTunes”窗口，然后释放主键。

5. 等待一会儿，直到 iTunes 出现“恢复模式”对话框（见下图）。

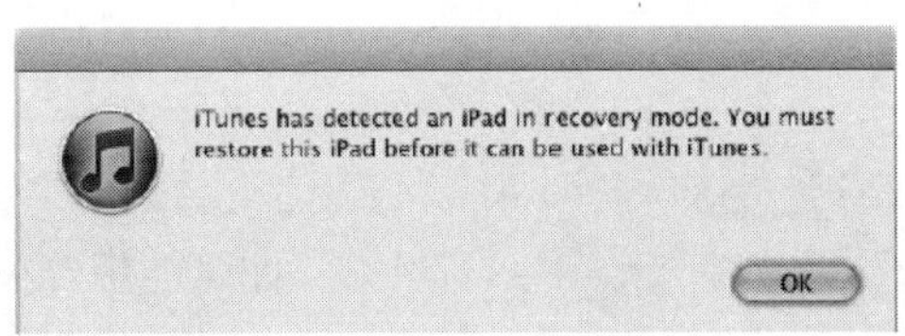

6. 单击“完成”按钮（它是唯一的选项）。iTunes 会显示 iPad 控制屏幕（见下图）的摘要选项卡，只有“还原”按钮是可用的。

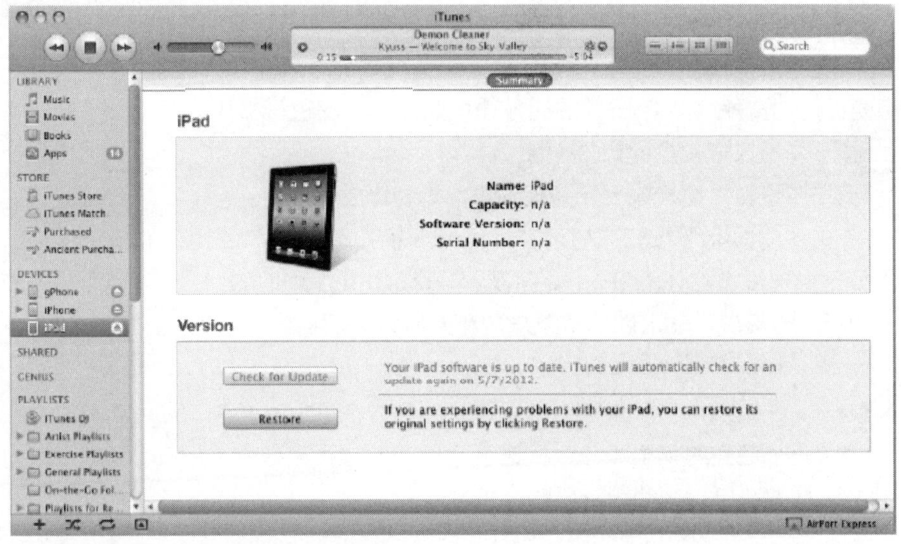

7. 单击“还原”按钮，然后遍历还原 iPad 的过程。

项目 32：追踪 iPad，无论它漫游到任何地方

如果你将 iPad 弄丢或者有人偷走了它的话，你的 iPad 的“查找我的 iPad”功能

能让你一直追踪你的 iPad。你可以在 iPad 上显示一条信息——例如，让任何发现 iPad 的人给你打电话来安排归还事宜——或者如果你发现再也拿不回它的话，你可以远程在 iPad 上抹掉数据。

想要使用“查找我的 iPad”功能的话，你必须拥有一个苹果账号。如果你已经有一个 iCloud 账户，你可以开始设置。如果你还没有苹果账号的话，你可以在一两分钟之内设置一个。

如果你在其他人的 iPad 上应用了这一功能的话，你也可以使用“查找我的 iPad”来追踪那台 iPad。例如，你可能想要关注你的孩子在哪里，或者能够定位一位雇员（或者至少是这个雇员的平板电脑）。

打开查找我的 iPad

想要打开“查找我的 iPad”的话，请按照如下步骤进行操作。

1. 按下主键来显示主窗口。
2. 点击“设置”图标来显示“设置”窗口。
3. 点击“iCloud”按钮来显示“iCloud”窗口。

□ 如果你还没有在你的 iPad 上面设置一个 iCloud 账户的话，你将会看见一个如图 4-9 左侧所示的窗口。输入你的苹果账户和密码，然后点击“登录”按钮。

如果你还没有一个苹果账号的话，在 iCloud 窗口的底部点击“获得一个免费的苹果账号”按钮，然后遍历过程来建立 iCloud 账户。当你这样做完以后，使用苹果账号来登录。

□ 当你已经在你的 iPad 上设置好你的 iCloud 账户以后（并且登录），你将会看见一个如图 4-9 右侧所示的窗口。

4. 向下滑动到窗口的底部。
5. 点击“查找我的 iPad”开关并将它移动到开启位置。你的 iPad 会显示一个对话框（见下图）来确认你想要你的 iPad 被追踪。

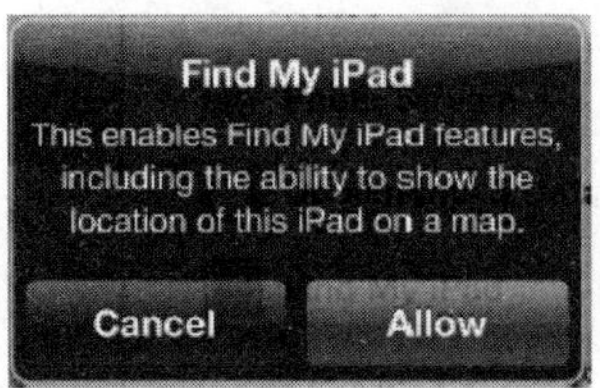

6. 点击“允许”按钮来关闭确认对话框。

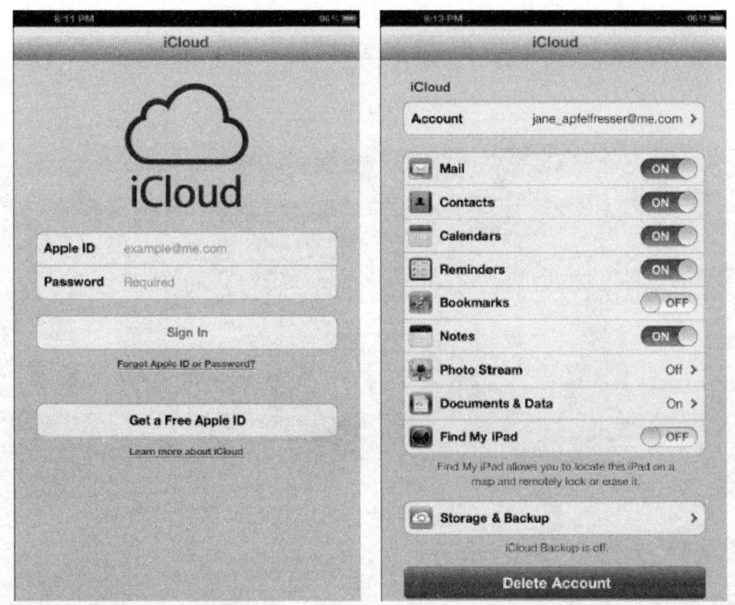

图 4-9　如果你还没有在你的 iPad 上面设置 iCloud 的话（左侧），输入你的苹果账号以及密码或者创建一个新的苹果账号。在你设置完 iCloud 以后，你将会看见可用的服务（右侧）

使用“查找我的 iPhone”来定位你的 iPad

在打开了“查找我的 iPad”以后，你可以从任何已经连接到互联网的计算机或者设备上，在任何时间定位你的 iPad。想要使用“查找我的 iPad”定位你的 iPad 的话，请按照如下步骤进行操作。

1. 打开你的网页浏览器——例如，Windows 系统中的 Internet Explorer、Mac（或

者在 Windows 系统中）上面的 Safari，或者在任何操作系统上的 FireFox。

定位你的 iPad 的功能之所以被叫作“查找我的 iPad”，是因为苹果公司最开始是使用这个功能来定位失踪的 iPhone。在撰写本文的时候，这个功能也适用于 Mac，但是它仍然叫作“查找我的 iPhone”。

2. 转到 www.icloud.com。
3. 使用你的苹果账号登录。iCloud 主窗口就会出现（见图 4-10）。

图 4-10　在 iCloud 主窗口上面，单击“查找我的 iPhone”图标

4. 单击“查找我的 iPhone”图标来显示“查找我的 iPhone”窗口（见图 4-11）。如果“需要登录”对话框出现的话，输入你的密码，然后单击“OK”按钮。

5. 在“我的设备”列表框中，单击 iPad 或者其他你想要定位的 iOS 设备。只要“查找我的 iPad”能够追踪你的 iPad，它的位置就会出现在它所在区域的一张地图上面。

如果你的 iPad 是你唯一的 iOS 设备的话，它已经在“我的设备”列表框中被选中了。

6. 如果需要的话，改变地图显示的方式，这样你就可以更好地看清位置了。

- 单击“查找我的 iPhone”窗口右上角的“中心”按钮（一个圆圈图标，看起来就像一个瞄准镜一样）来将 iPad 的位置放到地图的中心。
- 单击“+”按钮来进行放大，或者单击“-”按钮来进行缩小。
- 单击“标准”按钮来显示一个如图 4-11 所示的标准地图。
- 单击“卫星”按钮来显示一个卫星图像的地图。
- 单击“混合”按钮来显示一个带有标准地图名称的卫星地图。

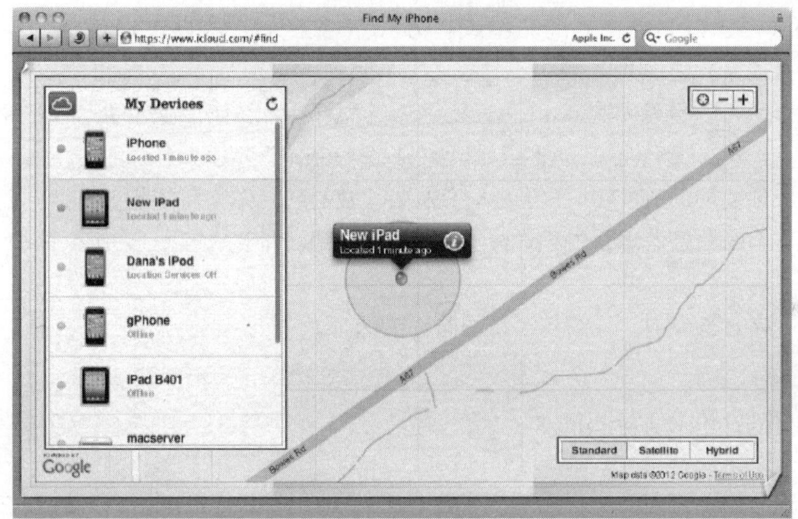

图 4-11　在“查找我的 iPhone”窗口，转到“我的设备”列表框并且单击 iPad 或者其他你想要定位的 iOS 设备

7. 单击“iPad 位置”按钮上的“i”按钮来显示信息对话框（见下图）。然后，你就可以像下一个项目中描述的那样对你的 iPad 采取行动了。

项目 33：在你的 iPad 丢失或者被偷走以后锁定 iPad 或者抹掉上面的内容

正如你在前面章节中看见的那样，当你的 iPad 丢失的时候，你可以使用“查找我的 iPad”功能来定位它。

一旦你知道了你的 iPad 的物理位置，你将可能想要知道它发生了什么以及你应该做什么。例如：

- 如果你意识到你在你的车中或者办公室中丢失了你的 iPad 的话，你可以取消 APB，并且去拿回它。
- 如果你可以看见你的 iPad 正最随着你的配偶在他（她）通常去工作的路上，你可以向 iPad 上发送一条信息，让他或她回来并把 iPad 带回来。
- 如果你发现你的 iPad 已经进入了未知区域的话，你将可能想要确认它是锁定的，然后发送到上面一条信息，如果你没有得到一个积极的回应的话，你可以抹掉 iPad 上的数据。

在接下来的章节中，我们将来看一看你的选项。

用密码锁定你的 ipad

如果你之前没有使用一个密码来锁定你的 iPad，或者你发现当有人捡到它的时候已经解锁了。你首先想要做的通常就是锁定你的 iPad。

想要使用密码来锁定你的 iPad 的话，请在“查找我的 iPhone”窗口按照如下步骤进行操作。

1. 单击在“iPad 位置”按钮上的“i”按钮来显示信息对话框。
2. 单击“远程锁定”按钮来显示“远程锁定”对话框。如果你的 iPad 还没有应用一个密码的话，“远程锁定”对话框会显示如下图左侧所示窗口，并且你可以按照步骤 3 以及步骤 4 来锁定 iPad。如果 iPad 有一个密码的话，“远程锁定”对话框会显示如下图右侧所示窗口，并带有显示信息的标题栏，你只需要单击“锁定 iPad”按钮来锁定 iPad。
3. 单击你想要应用的 4 位密码的按钮。
4. 单击“锁定”按钮来将密码应用到 iPad。

密码几乎会立即生效——就如同它通过互联网和空气传到你的 iPad 上一样快速。

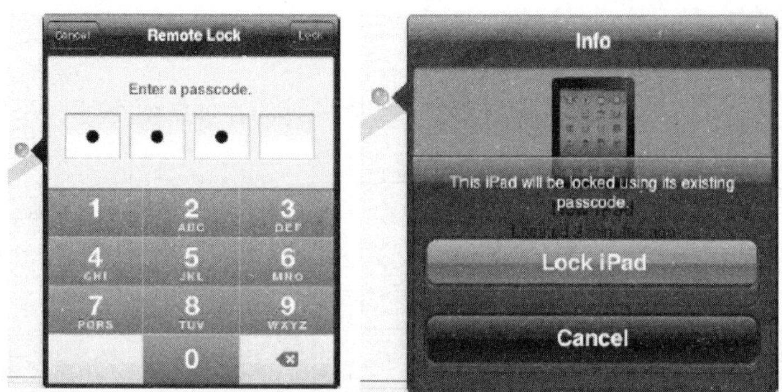

在你的 iPad 上显示一个信息

“查找我的iPad”功能可以提供的下一个能力就是在你的iPad窗口上显示一条信息。你也可以选择是否在iPad上播放一段声音来引起拿着iPad的人或者它附近的人的注意，让我们看一下窗口。

想要在你的 iPad 上面显示一条信息的话，在“查找我的 iPad”窗口上请按照如下步骤进行操作。

1. 单击“iPad 位置”按钮上的“i”按钮显示“信息”对话框。
2. 单击“播放声音或者发送信息”按钮来显示“发送信息”对话框（见下图）。

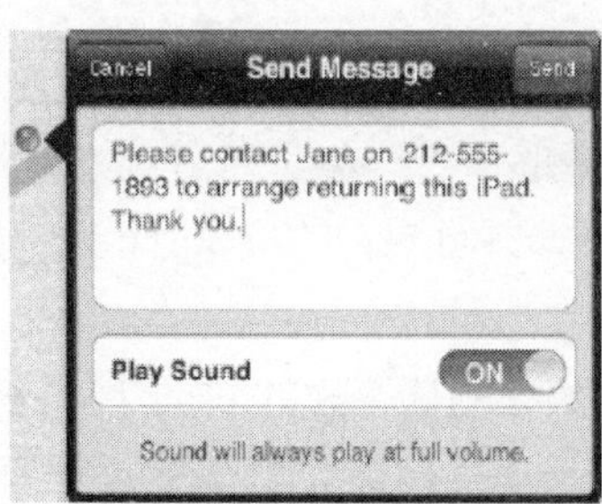

3. 在信息框中输入你的信息。例如，输入一条信息来要求找到手机的那个人拨打你的其他电话号码来商量归还的事宜。
4. 如果你想要播放一段声音的话，确保“播放声音”开关被设置为开启位置。
5. 单击“发送”按钮来发送信息以及播放声音（如果你选择这样做的话）。

远程抹掉你的 iPad 上面的内容

如果你已经用完能够拿回你的 iPad 的其它选项的话，你可以抹掉它包含的数据来确保没有人能够看见它。

将抹掉你的 iPad 上的内容作为最后的手段，因为抹掉它们意味着你将不能再定位 iPad。除非你只是练习一下如何抹掉数据，或者你有特殊的运气，否则你将再也看不见你的 iPad 了。

想要抹掉你的 iPad 的内容的话，请按照如下步骤进行操作。.

1. 单击“iPad 位置”按钮上面的“i”按钮来显示“信息”对话框。
2. 单击“远程抹掉”按钮来显示“信息”对话框的“抹掉 iPad”窗口（见下图）。

3. 单击“抹掉 iPad”按钮，并且向你的 iPad 挥手告别吧。

想要抹掉它的数据的话，你的 iPad 只是删除用来对数据加密和解密的密钥。密钥非常小，所以这个删除的过程只需要一眨眼的工夫，并且只是让数据不可读，即使它们仍然在 iPad 上面。

第 5 章
蜂窝、无线和远程技术达人

到目前为止，在这本书中我们已经研究了音乐、照相、工作以及安全性。现在是时候将你的注意力转移到你的 iPad 的蜂窝功能、无线网络连接以及远程控制你的计算机的能力上来了。

如果你很看重网络连接并已经为你的 iPad 支付使用蜂窝连接功能的话，你的 iPad 可能被锁定到一个特定的运营商上。短暂的合作从长远来看不总是能够成功，所以我们将首先来看看如何将你的 iPad 从运营商上面解锁，这样的话，你就可以将它连接到一个不同的运营商网络上了。

在这之后，我将会告诉你如何与你的计算机或者设备共享 iPad 的互联网连接，这样不管你在哪里，你都可以在线获得它们，以及如何从你的 iPad 上控制你的 PC 或者 Mac。

最后，你将会学习到如何在互联网上通过使用一个虚拟专用网络（VPN）让你的 iPad 连接到公司网络上面，以及如何拨打 IP 语音电话，而不是普通手机呼叫。

项目 34：从你的运营商上解锁你的 iPad

如果你从一个特定的运营商那里购买了带有合约的 iPad 的话，iPad 就会被锁定到那个运营商的网络上。所以你不能只是退出当前的 SIM 卡（用户识别模块，这张卡为你的 iPad 提供了它的蜂窝数据认证），插入一张新的其他运营商的 SIM 卡，并且开始使用这个运营商的网络。相反，你需要解锁你的 iPad，这样你就可以自由地使用它了。

如何解锁你的 iPad 取决于你在哪个国家，你的 iPad 现在被锁定到哪家运营商上，以及你正在使用的是哪种合约。因为解锁有很多种类，这个项目只介绍解锁你的 iPad 的基本内容，但是将细节更多地留给了你。

在决定解锁你的 iPad 之前，请确保你明白锁定是如何工作的，以及解锁可能会造成哪些后果。

了解为什么运营商要使用合约来锁定 iPad

通常情况下，一个运营商只提供有锁版的 iPad 来确保你在合约期间（也许更长时间）一直使用这个运营商的服务。正如你所指，大多数的运营商销售 iPad 的价格是在它的整体成本上进行了大幅度的折扣，然后向你收取一年或者两年的月计划使用费。在合约结束的时候，运营商已经赚回来硬件的花费。

如果你想要避免一个很长的合约，你可以购买一个无锁版的 iPad，在它上面安装一个你喜欢的GSM 运营商网络的SIM 卡，并且你可以使用尽可能长的时间，只要你愿意的话。前期的时候，一个无锁版的 iPad 比一个有锁版的 iPad 要贵很多，但是长期的话，你可以通过只支付你需要的费用而非每月按照合约交固定的费用来节省金钱。并且，你可以在任何时候转售一个没有绑定合约的 iPad，这对于你想在苹果公司发布新版 iPad 不久，就能够升级到下一代的机器是非常不错的。

了解 iPad 锁定是如何起作用的

前文介绍的是运营商为什么要使用合约来锁定 iPad——但是锁定是怎么起作用的呢？

锁定被称为 SIM 锁定，因为它使用 SIM 卡。一个运营商可以锁定一台 iPad，让它只能接受带有经批准的国际移动订阅用户识别码（IMSI）的 SIM 卡。例如，运营商可以锁定 iPad，这样它将只能在 SIM 拥有运营商自己的网络代码的情况下才能使用。或者运营商可以使用移动台识别号（MSIN——SIM 号码）来锁定 iPad，这样它将只能在装有特定 SIM 卡的时候才能工作。

了解解锁 iPad 的方式

这里有 4 种解锁 iPad 的主要方式。

- 让你的运营商用无线电来为你解锁。
- 从运营商那里获得主代码，然后自己解锁 iPad。

用于解锁一台 iPad 的主代码有些时候也被称为网络代码密钥或者专利产品代码。

- 在你的计算机上面运行软件，连接 iPad，“越狱”你的 iPad，然后再解锁。
- 将 iPad 连接到一个硬件解锁设备上，并且解锁它。

我们将按照顺序来看一下每种方法的可能性。

让运营商来为你解锁 iPad 或者为你提供主代码

正如在本章节前面讨论过的一样，获取一个无锁版 iPad 的最简单的选项就是购买一个没有被锁定的 iPad。这种方法需要非常大的前期花费，并且，如果你已经有一个 iPad 的话，你可能不会再考虑它——至少，直到苹果公司发布下一代的 iPad 之前。

另一种方法就是让你的运营商为你解锁 iPad。如果这种方式对你是可行的话，请采取它——它远比摆弄软件解锁或者黑客 SIM 卡更好。

高级技术达人

找到你自己的 IMEI

想要为你的 iPad 解锁的话，你可能需要知道 iPad 的国际移动装备识别码（IMEI）。这是一个对于你的 iPad 来说唯一的 15 位十进制数字。

你可以在 iPad 上找到你的 iPad 的 IMEI，或者使用连接 iPad 的 iTunes 来找到它。

在 iPad 上，按下主键，选择“设置 | 通用 | 关于”，向下滑动到第二个框的底部，然后找到 IMEI。

在 iTunes 中，请按照如下步骤进行操作。

1. 在源列表中的设备类中单击“进入 iPad”来显示 iPad 的控制窗口。
2. 如果“摘要”窗口没有出现的话，单击“摘要”选项卡来显示它。

3. 在顶部框中，单击“序列号读出”来改变读出。点击每一个按钮，iTunes 就会显示不同的项目信息：

- **Indentifier（UDIO）** 唯一设备标识符（UDID）是一个 40 位的字符串，它可以唯一标识你的 iPad。
- **蜂窝数据号码** 蜂窝数据号码读出显示了你的 iPad 的 SIM 卡的蜂窝号码。
- **IMEI** 这个 15 位的国际移动设备标识码（见下图）可以标识你的 iPad。

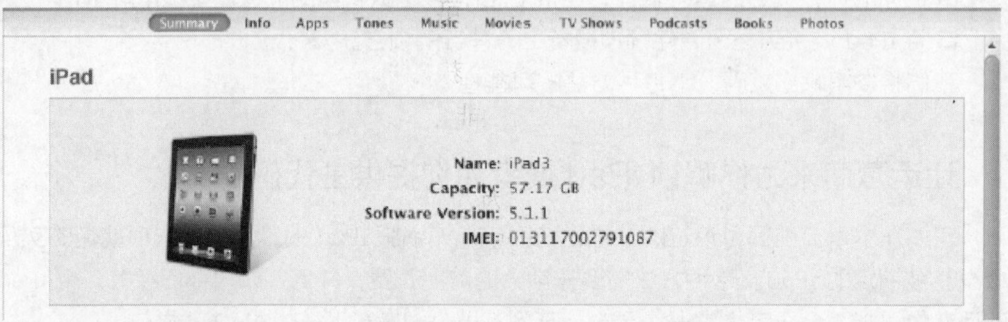

- **ICCID** 集成电路卡 ID（ICCID）是一个最多 19 位的数字，它可以作为主要的账户号码来识别 SIM 卡。

4. 再一次单击显示 iPad 序列号。

一些运营商将不会解锁 iPad。大多数会解锁 iPad 的运营商只会在合约结束的时候才会解锁或者需要支付巨额的费用才会解锁。在所有的国家，让运营商为你解锁 iPad 完全是合法的和光明正大的。

如果你的运营商真的解锁 iPad 的话，你可能不得不等到合约结束的时候，你可能不得不支付一笔费用，或者两者都要。如果你不得不等到合约结束的时候，你可能已经升级为下一代 iPad 了。

有些运营商使用无线电解锁 iPad，它可能需要一天或者两天来实现。其他运营商会给你一个解锁代码，你可以使用 iPad 的键盘输入它。

在一些国家，你也可以找到在线解锁 iPad 的服务（以及其他手机）。这些服务通过将你的 iPad 的 IMEI 提交给苹果公司，并且请求一个解锁代码来工作，就像运营商做的一样。花费取决于 iPad、运营商以及你正在使用的合约。大多数值得使用的服务都不便宜，但是它们很有效。解锁程序会需要几天时间才能完成。

使用软件来解锁你的 iPad

如果你的运营商不能解锁你的 iPad 的话，你可能需要自己动手。这意味着通过“越狱”来解锁 iPad（如第 6 章中描述的那样），然后使用一个解锁应用程序，例如 Ultrasn0w。

苹果公司经常会改变 iOS 中的安全部署来防止解锁，然后，解锁软件的开发者不得不开发新版本——所以，解锁你的 iPad 所要执行的举措就会变化。但是，下面是一般要遵循的步骤。

1. 通过访问一个如 Redmond Pie（www.redmonpie.com）这样的网站或者在线搜索来寻找最新的解锁说明。确保这个说明是针对于你的 iPad 的机型，而不是针对其他 iPad 机型的。

2. 下载一个解锁工具，如 www.idownloadblog.com/iPad-downloads/ 这样的网站上面的 Sn0wbreeze。

3. 按照第 6 章中项目 39 以及项目 40 里面的说明那样“越狱”你的 iPad。

4. 按照解锁工具的说明来解锁你的 iPad。

通过软件或者硬件来解锁你的 iPad 在美国和英国是合法的，但是在某些国家则不是。如果你对在你的国家是否违法持有怀疑的话，在网上查阅一下。

使用一个硬件解锁 iPad

另外一种解锁 iPad 的方法就是使用一个硬件解锁设备。这些设备通常是由一些将解锁手机作为其业务一部分的公司来经营的，而不是自己买些东西来单独解锁一台 iPad。你将你的 iPad 提供给这些服务商，支付费用（不可避免的），让后让这家公司来为你解锁。

你也可以获得一个解锁 SIM 卡来解锁 iPad。有些 SIM 卡有作用，其他的则没有，所以在购买之前，仔细看一些评价。这些 SIM 卡不仅对于 iPad 机型是特定，而且对于 iPad 的基带版本也是一样的——所以，确保你购买的正是你需要的卡。想要找到基带版本，选择“设置｜通用｜关于”，然后向下滑动，并且看一下调制解调器固件号。

项目 35：与你的计算机和设备共享你的 iPad 的互联网连接

如果你的 iPad 具有蜂窝连接的话，它不仅能够获得高速的互联网连接，而且，它可以在你的计算机或者设备之间共享这个连接。当你正在路上，并且需要使你的计算机在 Wi-Fi 连接不可用的地方上网的时候，这个功能是非常不错的。但是，如果你的上网流量足够大或者你的常规连接失效的话，你也可以使用它作为家庭互联网访问的工具。

共享 iPad 的互联网连接常常被称为“互联网共享”，并且有些人仍然在使用这个单词。在 iOS 5 中，共享互联网连接的功能被称为“个人热点”。使用“个人热点”，你可以一次性连接最多 5 台计算机或者其他设备。你可以使用 USB 连接一个单独的计算机，或者通过无线或蓝牙连接多台计算机和设备。在本节中，我们将看一看如何使用 USB 和 Wi-Fi，这是最有用的两种连接方式。

连接到“个人热点”，USB 提供了最快的速度——但是，同一时间，它只能在一台计算机上起作用。Wi-Fi 也提供了不错的速度，并且它是连接多台设备的最佳选择。蓝牙则提供了较慢的速度，而且需要你的 iPad 和计算机或者设备匹配，所以，它只是你在没有其他办法连接的情况下才是最好的。

设置"个人热点"

想要在你的 iPad 上面设置"个人热点"的话，请按照如下步骤进行操作。

1. 按下主键来显示主窗口。
2. 点击"设置"图标来显示"设置"窗口。
3. 点击"通用"按钮来显示"通用"窗口。
4. 点击"网络"按钮来显示"网络"窗口。
5. 点击"个人热点"按钮来显示"个人热点"窗口（见下图）。

6. 点击"个人热点"开关，并将它移动到开启位置。"个人热点"窗口会在你已经给你的 iPad 起的名称下面显示网络被发现。

7. 如果蓝牙被关闭了，你的 iPad 会显示"蓝牙被关闭"对话框（见右图）。如果你想要使用蓝牙来共享你的互联网连接的话，点击"打开蓝牙"按钮。否则的话，点击"只使用 Wi-Fi 以及 USB"按钮来确认你喜欢使用 Wi-Fi 以及 USB 来进行共享。

8. 看一下在“无线密码”按钮右边的默认密码，如果你想要更改它的话，点击“无线密码”按钮，然后在“无线密码”窗口上面输入你的新密码。这个密码必须是最少 8 位字符长度。点击“完成”按钮，返回到“个人热点”窗口。

9. 现在，你已经打开了“个人热点”，“个人热点”会出现在“设置”栏的顶部，“Wi-Fi”项目的下边（见下图），它可以让你快速访问打开或者关闭个人热点的设置。

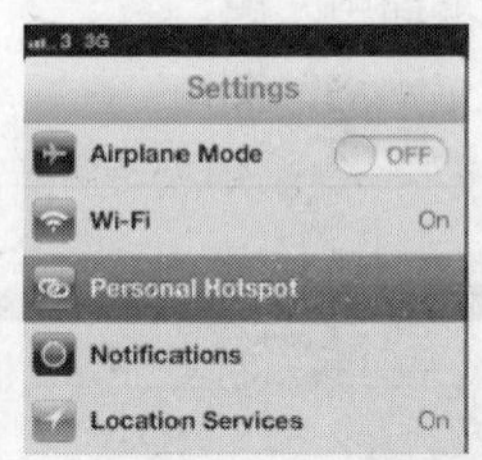

“个人热点”打开以后，你可以将你的计算机或者设备连接到上面。

通过 Wi-Fi 将一台计算机或者设备连接到“个人热点”

想要通过 Wi-Fi 将一台计算机或者设备连接到“个人热点”上，你只需要通过 Wi-Fi 连接到“个人热点”无线网络上，就像你连接到任何其他无线网络上一样。

“个人热点”无线网络拥有你的 iPad 的名称，并且使用出现在“个人热点”窗口上的密码。

通过 USB 将一台单独的计算机连接到“个人热点”上

不使用 Wi-Fi 连接的话，你可以通过使用你的 iPad 的 USB 数据线将一台单独的计算机连接到“个人热点”上。

使用 USB 将一台 Windows 系统的 PC 连接到“个人热点”上

当你通过 USB 将你的 iPad 连接到一台 Windows 系统 PC 上，并且“个人热点”在 iPad 上已经启动的时候，Windows 会自动检测 iPad 的互联网连接，并将它作为一个新的网络连接。第一次发生这种情况的时候，Windows 系统会自动安装连接的驱动程序，并且显示“驱动软件安装”对话框来让你知道它已经这么做了。单击“关闭”按钮来关闭对话框。

接下来，Windows 会显示“设置网络位置”对话框（见图 5-1），询问你这个新的网络是否是一个家庭网络、一个工作网络或者一个公共网络。通常情况下，你在这里单击“家庭网络”按钮。

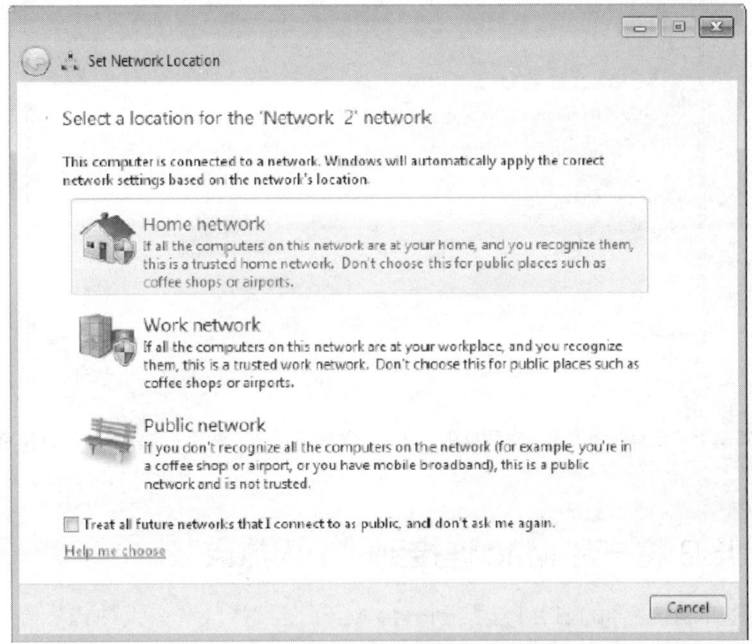

图 5-1　在第一个“设置网络位置”对话框中，单击“家庭网络”按钮来告诉 Windows“个人热点”网络可以安全使用

然后，Windows 会设置网络。当它做完的时候，它会显示另外一个“设置网络位置”对话框（见图 5-2）来确认网络位置。

单击“关闭”按钮来关闭“设置网络位置”对话框。现在，你已经可以开始使用网络连接了。

一个检查互联网连接是否工作的简单方法就是打开 Internet Explorer，并且看一下它是否能够加载你的主页。

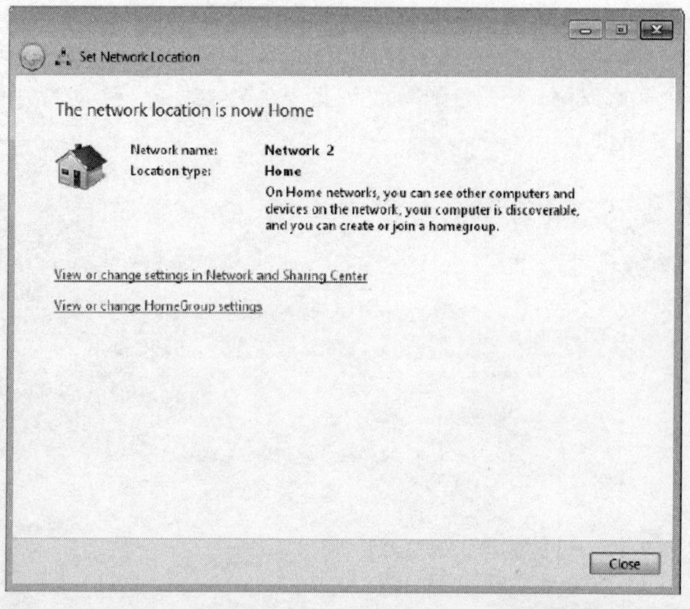

图 5-2 在第二个“设置网络位置”对话框中，单击“关闭”按钮。然后，你就可以开始使用网络连接了

使用 USB 将一台 Mac 连接到“个人热点”

当你通过 USB 将你的 iPad 连接到一台 Mac 上，并且“个人热点”在 iPad 上已经启用的时候，Mac 会自动检测 iPad 的互联网连接，并将它作为一个新的网络连接。第一次发生这种情况的时候，Mac OS X 系统会自动在“系统偏好设置”中显示“网络偏好设置”面板（见图 5-3），这样你就可以设置网络了。

在左边框中单击 iPad USB，然后单击“应用”按钮。Mac OS X 系统会给 iPad USB 分配一个 IP 地址，然后显示详细信息（见图 5-3）。

按下 ⌘-Q 键或者选择“系统偏好设置｜退出系统偏好设置”来退出“系统偏好设置”。现在，你可以开始使用互联网连接了。

> 如果你想要检查一下互联网连接是否可用的话，打开 Safari，并且看一下你的主页是否出现。

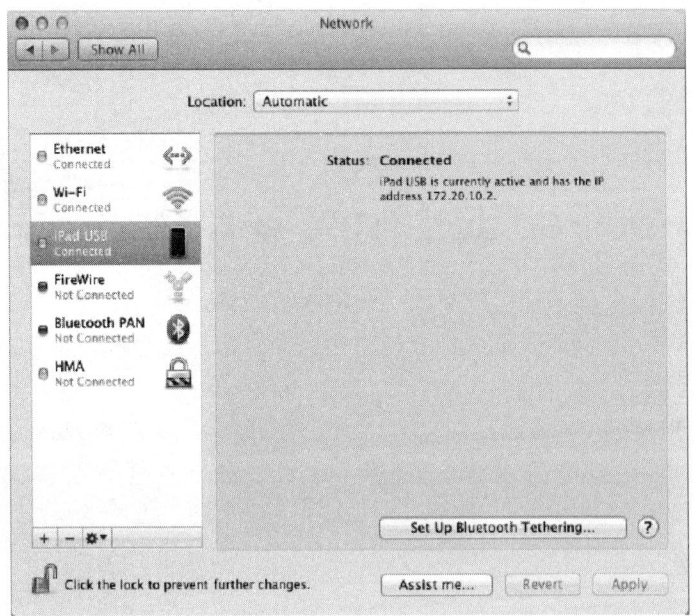

图 5-3　Mac OS X 系统会给 iPad USB 接口分配一个 IP 地址来使你的 Mac 能够使用 iPad 作为网络连接

关闭“个人热点”

如果“个人热点”在没有计算机或者设备连接到它上面的时候开启的话，唯一能证明它是开启的方法就是在“个人热点”窗口上的“个人热点”开关是在开启位置。

当有计算机或者设备连接到“个人热点”上的时候，你的 iPad 会在窗口上方显示一个蓝条，见下图中的两个例子。

想要关闭“个人热点”的话，请按照如下步骤进行操作。

1. 按下主键来显示主窗口。

2. 点击“设置”图标来显示“设置”窗口。
3. 点击“个人热点”按钮来显示“个人热点”窗口。
4. 点击“个人热点”开关，并将它移动到关闭位置。

项目 36：从 iPad 上控制 PC 或者 Mac

如果无论你在哪，你都是用你的 iPad 来完成工作的话，你一定希望最大程度发挥你的 iPad 的功能来远程控制计算机。在这个项目中，我将告诉你如何通过互联网从你的 iPad 上连接并控制一台在任何地方的 PC 或者 Mac。

首先，你需要获得 iPad 使用的远程控制软件。然后，我们将设置你的 PC 或者 Mac 来实现远程控制。在这之后，你将准备好从你的 iPad 上通过互联网控制你的 PC 或者 Mac。

选择远程控制技术

这里有 2 个远程连接到一台计算机上并且控制它的主要技术：

□ 远程桌面协议（RDP） RDP 是微软公司用于远程控制 Windows 系统计算机的专利协议。RDP 是内置于“商业”版本的 Windows 系统中的终端服务功能的一部分。这些版本包括 Windows 7 专业版、Windows 7 旗舰版、Windows 7 企业版、Windows Vista 商业版、Windows Vista 旗舰版、Windows Vista 企业版以及 Windows XP 专业版。

RDP 是一款精心设计并且十分有效的协议，它使你能够远程在你的计算机上工作。假如要在连接到你的 Windows 系统个人计算机上的两种选项——RDP 和 VNC 之间选择的话，选择 RDP。但是，如果你有一个“家庭”版本的 Windows 的话，你将需要使用 VNC，因为这个版本上没有远程桌面控制。

□ 虚拟网络计算（VNC） VNC 最初是由 AT&T 公司开发用来在一台计算机上控制另外一台计算机的协议。VNC 被内置于 Mac OS X 系统中来作为窗口共享功能的一部分，但是如果你需要的话，你可以添加一个 VNC 服务器到一台 Windows 系统的 PC 上。

VNC 的优势在于 VNC 客户端应用程序对于所有主流的操作系统都是可用的，所以你可以从运行在任何主流操作系统上的 VNC 客户端上连接到一个运行在任何主流操作系统上的 VNC 服务器上。

在苹果商店中，你可以找到很多 RDP 客户端应用程序和 VNC 客户端应用程序。在这个项目里，我们将使用 Mocha RDP 和 Mocha VNC 应用程序。每一个都能很好地工作，并且 5.99 美元的价格也是相对来说很便宜的，并且还有免费的精简版本（由广告支持）让你可以尝试一下，看看你是否想要购买完整版本。

设置 PC 来使用远程控制

想要设置 PC 来使用远程控制的话，请按照如下步骤进行操作。

1. 按下“WINDOWS+BREAK”键来显示“系统”窗口。你也可以单击“开始”按钮，右键单击“计算机”选项来显示下拉菜单，然后在上面单击“属性”选项。

2. 在左侧栏中，单击“远程设置”链接来显示“系统属性”对话框的“远程”选项卡（见图 5–4）。

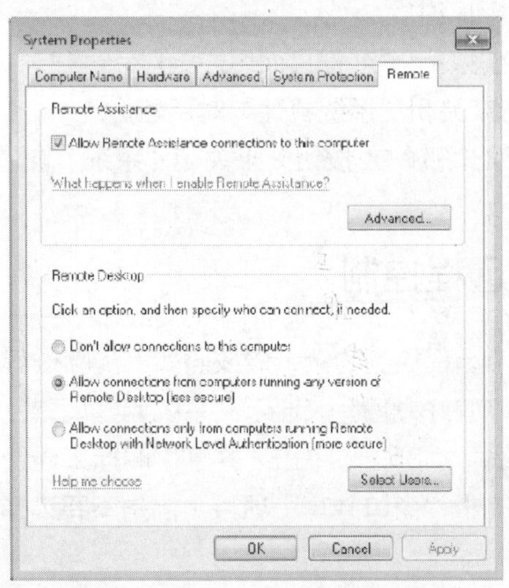

图 5-4　在“系统属性”对话框的“远程”选项卡上面，
选择“允许连接到运行任何版本的远程桌面的计算机（不太安全）”选项按钮

3. 在远程桌面框中，选择“允许连接到运行任何版本的远程桌面的计算机（不太安全）”选项按钮。

4. 单击“选择用户”按钮来显示“远程桌面用户”对话框（见下图）。

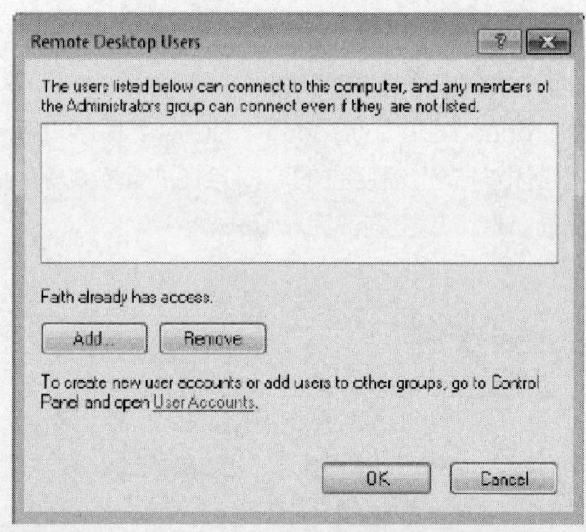

5. 验证你的名字出现在“添加”按钮上面，并且带有“已经可以访问”信息。如果还没有的话，点击“添加”按钮，并且使用“选择用户”对话框来将你自己添加到可以通过远程桌面连接的用户列表中。

6. 单击“OK”按钮来关闭“远程桌面用户”对话框。

7. 单击“OK”按钮来关闭“系统属性”对话框。

8. 单击“关闭”按钮（那个 X 按钮）来关闭“系统”窗口。

设置 Mac 来使用远程控制

想要设置 Mac 来使用远程控制的话，请按照如下步骤进行操作。

1. 选择“苹果 | 系统偏好设置”来显示“系统偏好设置”窗口。

2. 在“互联网和无线”类别中，单击“共享”图标来显示“共享偏好设置”面板。

3. 在左侧面板中，单击“窗口共享”项目（但是不要选择它的复选框）来显示“窗口共享”选项（见图 5-5）。

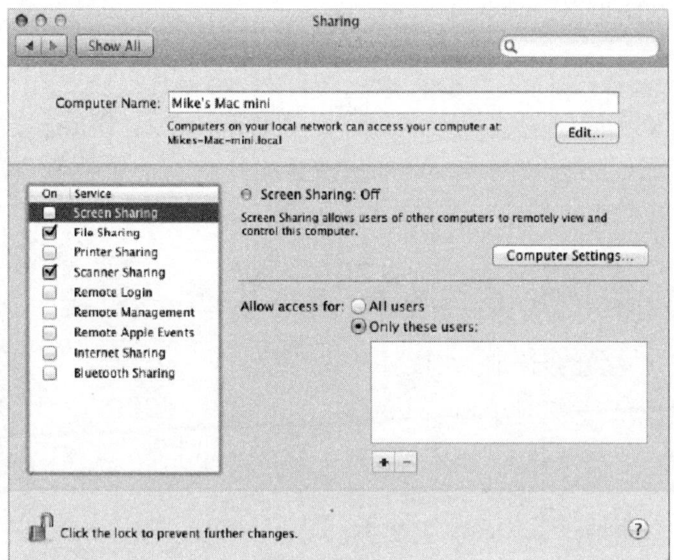

图 5-5　在“共享偏好设置”面板的左侧面板上单击“窗口共享”项目来显示设置共享的控制器

4. 单击“计算机设置”按钮来显示如下所示对话框。

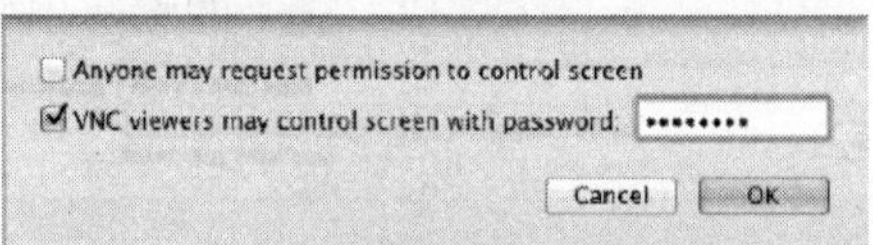

5. 确保“任何人都可以申请权限来控制窗口”复选框没有被选中。

6. 选择“VNC 观察者可以使用密码控制窗口”复选框。

7. 在文本框中，输入你将在 VNC 中使用的密码。

8. 单击“OK”按钮来关闭对话框。

9. 在允许访问区域中，适当地选择“所有用户”选项按钮或者“只有这些用户”选项按钮。通常情况下，你会想要选择“只有这些用户”选项按钮，然后将管理员组放到列表框中（它会以默认方式出现），或者单击“添加（+）”按钮，并且将你自己添加为允许通过窗口共享被允许访问 Mac 的用户。

10. 现在，你已经指定了谁可以连接，在左侧面板上选择“窗口”共享复选框。

11. 按下⌘+Q 键或者选择“系统偏好设置｜退出系统偏好设置”来退出系统偏好设置。

使用 iPad 控制你的 PC

现在，你已经设置了你的 PC 接受 RDP 连接，你可以从你的 iPad 上使用 Mocha RDP 应用程序连接到它上面。首先，你要运行 RDP 应用程序，并且设置连接的详细信息。然后你可以建立连接，并且开始工作。当你使用完连接的时候，你可以从计算机上断开连接，或者注销 Windows。

运行 Mocha RDP 应用程序，并且创建一个连接

想要创建一个连接的话，请按照如下步骤进行操作。

1. 像通常一样，从你的 iPad 的主窗口上运行 RDP 应用程序。因为你还没有任何连接可用，应用程序会显示第一个“配置”窗口（见下图）。

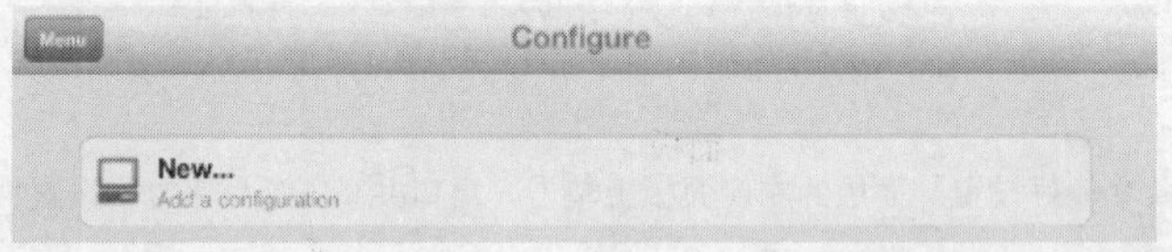

RDP 应用程序提供了很多你可以用来调整应用程序如何操作的设置。在本节中，我们将只进行基本的设置，例如计算机的地址以及屏幕分辨率。当你有时间的时候，探索一下其他选项，并且看一看哪个适合你。

2. 点击“新建”按钮来开始创建一个新的配置文件。RDP 应用程序会显示第二个“配置”窗口（见图 5-6）。

Mocha RDP 窗口纵向看起来与横向有些不同。在横向方向，菜单面板是出现在左侧栏中的。你可以使用这个面板来在各种窗口之间进行导航。在纵向方向，菜单面板是隐藏的，除非你点击左上角的“菜单”按钮来显示它。然后菜单面板就会作为一个浮动面板出现，当你在上面点击了一个按钮的时候它又会消失。

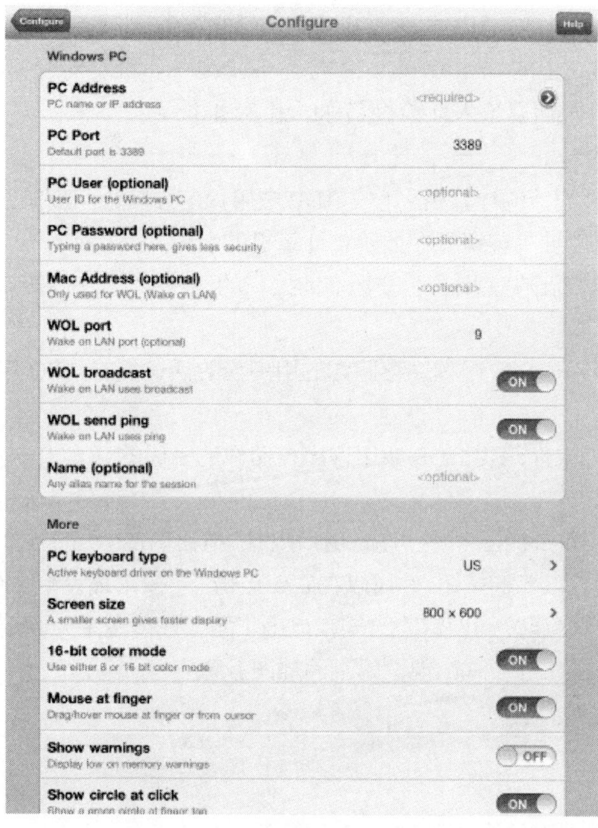

图 5-6　在第二个配置窗口上，点击“PC 地址”按钮右侧的“>”按钮来显示“查找本地工作站”窗口，然后点击你想要连接的计算机的名称

3. 点击“PC 地址”按钮右侧的“>”按钮来显示“查找本地工作站”窗口（见下图）。

如果你知道你的 PC 的计算机名称或者 IP 地址的话，点击“计算机地址”按钮上的 <required> 占位符来放置一个插入点，并且唤出屏幕键盘。然后，你可以输入计算机名称或者 IP 地址。

4. 点击你想要连接的计算机名称。RDP 应用程序会带你回到第二个“配置”窗口，在这里，“计算机地址”按钮现在显示着计算机的名称。

5. 如果你的 PC 正在使用一个非标准的接口的话，点击“PC 接口”按钮，然后输入接口号码。

6. 如果你想要 RDP 应用程序存储你的用户名的话，点击“PC 用户”按钮，然后输入你的用户名。

7. 同样地，如果你想要 RDP 应用程序存储你的密码的话，点击“PC 密码”按钮，然后输入你的密码。

8. 向下滑动到第二个框，然后点击“窗口尺寸”按钮。在出现的“PC 窗口尺寸”窗口上，点击你想要使用的分辨率的按钮。你可以在底部点击“>”按钮来设置一个自定义的分辨率。

9. 当你完成选择连接的设置的时候，点击“配置”按钮来返回到第一个“配置”窗口。连接会以一个按钮的形式出现，见下面插图。

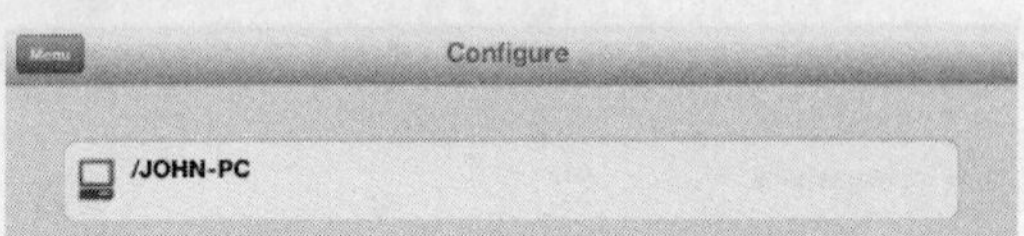

10. 点击“菜单”按钮，返回到“Mocha RDP”窗口。

连接到你的 PC

从“Mocha RDP”窗口上，按照如下步骤来连接到你的 PC。

1. 在纵向方向，点击“菜单”按钮来显示菜单面板。

2. 点击“连接”按钮。“连接到”窗口就会出现，见下图。

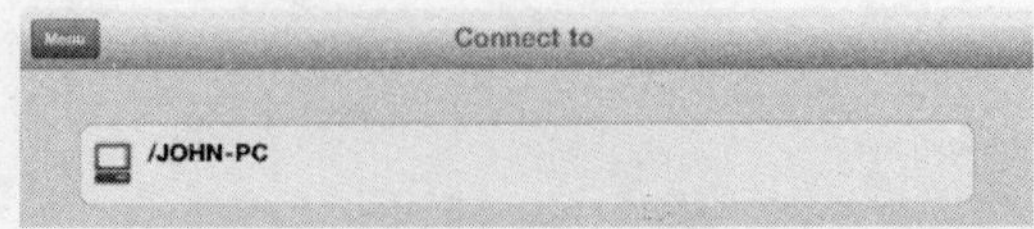

3. 点击你想要连接的计算机的按钮。RDP 应用程序就会连接到你的 PC 上。

4. 如果你没有输入你的用户名和密码的话，RDP 应用程序会显示“Windows 登录”窗口。点击你的用户名来显示“密码”区域，然后点击“键盘”图标来显示键盘（见图 5-7）。输入你的密码，然后点击“回车”按钮来确定。

5. 然后，RDP 应用程序会显示你的 Windows 桌面（见图 5-8），并且你可以开始在上面工作了。下面是你将需要进行的主要操作。

- **单击** 用你的手指点击。
- **双击** 快速连续点击两次。
- **右键单击** 点击并按住一秒。

图 5-7　如果在配置 RDP 应用程序的时候你没有输入密码的话，使用窗口键盘来输入你的 PC 密码

- **放大** 将你的拇指和食指（或者两根手指）一起放在窗口上，然后向外分开。
- **缩小** 将你的拇指和食指（或者两根手指）分开放在窗口上，然后向内捏。
- **滚动** 点击并拖动你的手指来将窗口显示的部分向一个方向移动。

图 5-8　在 RDP 应用程序窗口底部的工具条让你可以快速访问键盘、菜单以及缩小的命令

断开或者注销你的计算机

当你使用完你的PC的时候,你可以断开它的连接,或者注销。

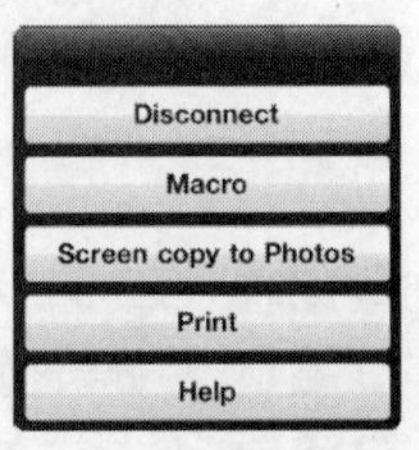

- **断开连接**　在 RDP 应用程序中，点击“菜单”按钮来显示“菜单”对话框（见下图），然后点击“断开连接”选项。RDP 应用程序就会断开与你的计算机的连接，但是你的用户会话会保持运行。所以，如果你再次连接的话，你可以在你离开的地方再次开始工作。
- **注销**　在 RDP 应用程序中，点击“开始”按钮，然后点击“注销”按钮。

Windows 会关闭你的用户会话，并且 RDP 应用程序会关闭与你的 PC 的连接。

使用 iPad 控制 Mac

在设置你的 Mac 接受 VNC 连接以后，你可以通过使用 VNC 应用程序连接它。首先，你需要启动 VNC 应用程序，并且指定连接的详细信息。然后你可以建立连接，并开始使用你的 Mac。当你使用完你的苹果机的时候，你可以从你的 Mac 上断开连接。

VNC 会使用 Mac 当前的分辨率——不像 RDP 一样，VNC 不能改变你的 iPad 上显示的分辨率。因为这些限制，如果你打算广泛地使用 VNC 的话，你可能想要改变你的 Mac 正在使用的分辨率。你可以在你在 Mac 上工作的时候改变分辨率，或者通过 VNC 连接以后远程改变分辨率。

在 Mocha VNC 中设置一个连接

想要在 Mocha VNC 中设置一个连接的话，请按照如下步骤进行操作。

1. 从你的 iPad 主窗口上通过点击它的图标来运行 VNC 应用程序。然后，这个应用程序会显示第一个配置窗口（见下图）。

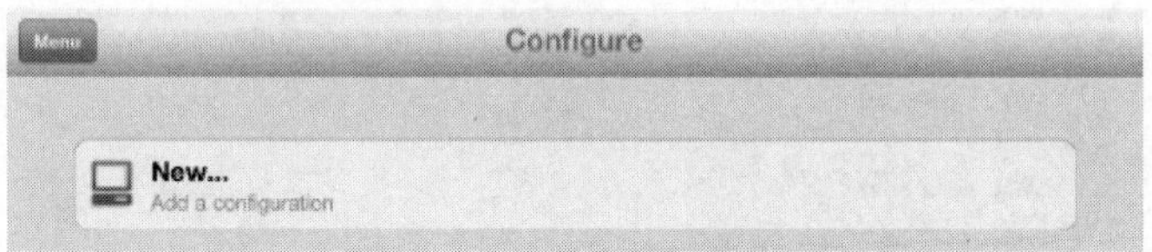

Mocha VNC 窗口纵向看起来与横向有些不同。在横向方向，菜单面板是出现在左侧栏中的。你可以使用这个面板来在各种窗口之间进行导航。在纵向方向，菜单面板是隐藏的，除非你点击左上角的“菜单”按钮来显示它。然后菜单面板就会作为一个浮动面板出现，当你在上面点击了一个按钮的时候它又会消失。

2. 点击“新建”按钮来开始创建一个新的配置文件。VNC 应用程序会显示第二个配置窗口（见图 5-9）。

VNC 应用程序有很多配置你的 VNC 会话的设置——例如，选择应用程序使用哪个 Mac 键盘驱动器或者控制在 VNC 中被 iPad 的加速度计检测到运动时是否卷动窗口程序。在本节中，我们将只设置需要建立一个连接的那些设置。当你有时间的时候，探索一下其他的选项，并且看一看哪些是你发现有用的。

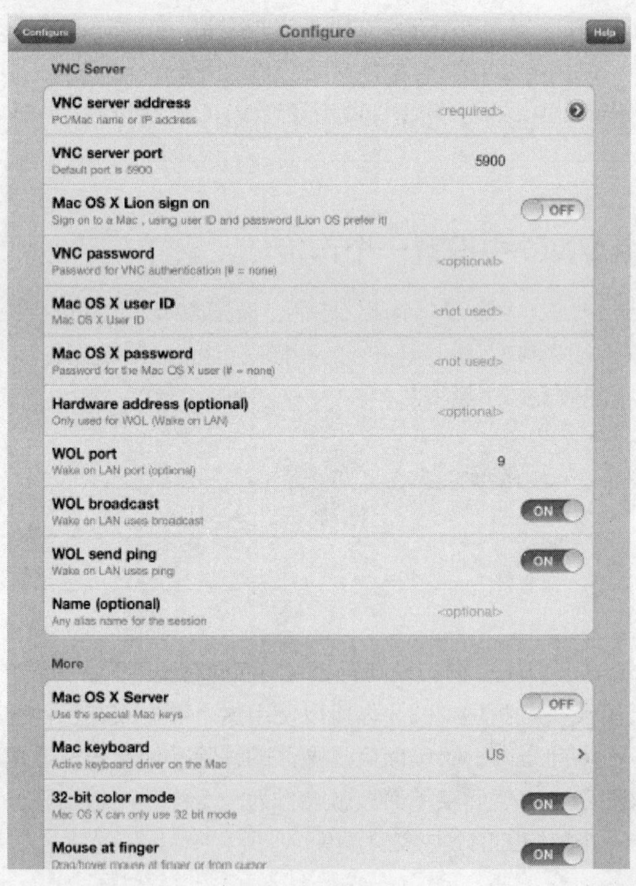

图 5-9　在第二个配置窗口上，点击“VNC 服务器地址”按钮右边的“>”按钮来显示“查找本地工作站”窗口，然后点击你想要连接的计算机的名称

3. 点击“VNC 服务器地址”按钮右边的“>”按钮来显示“查找本地工作站”窗口（见下图）。

如果你知道你的 Mac 的 IP 地址或者计算机名称的话，点击“VNC 服务器地址”按钮上面的“<required>”占位符来放置一个插入点，并且唤出窗口键盘。然后你就可以输入 IP 地址或者计算机名称了。

4. 或者，在第二个“配置”窗口上点击 VNC 密码区域，如果你想要在连接中存储密码的话，就输入密码。如果你因为安全性的原因不喜欢存储密码的话，你可以在你进行连接的时候提供它。

如果你正在连接到一台运行 Lion（Mac OS X 10.7）系统或者 Mountain Lion（OS X 10.8）系统的 Mac 上的话，你可以远程登录到 Mac 上，而不只是通过“窗口共享”来连接。想要这样做的话，点击“Mac OS X Lion 登录”开关，并将它移动到开启位置，然后点击“Mac OS X 用户”区域，并且输入你的用户名。你也可以通过点击“Mac OS X 密码”区域并且输入你的密码，或者可以等待，当你试图连接到 Mac 上的时候提供它。

5. 点击“配置”按钮来返回到第一个“配置”窗口。

6. 点击“菜单”按钮，返回到“Mocha VNC”窗口。

连接到 Mac 上

在 Mocha VNC 窗口上，按照如下步骤来连接到你的 Mac 上。

1. 如果你正在使用的是 VNC 的纵向方向的话，点击“菜单”按钮来显示菜单面板。

2. 点击“连接”按钮来显示“连接到”窗口（见下图）。

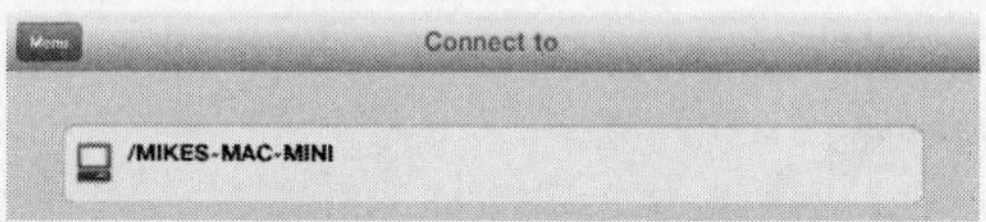

3. 点击你想要连接的 Mac 的按钮。

4. 如果 VNC 应用程序显示了“服务器密码”对话框或者“Mac 用户密码”对话框（见下图）的话，输入你的密码，然后点击“OK”按钮。

然后应用程序会显示你的 Mac 的桌面，并且在底部叠加有一个工具栏（见图 5–10）。接下来，你就可以在你的 Mac 上开始使用应用程序了。

断开与 Mac 的连接

想要从你的 Mac 上面断开连接，点击“菜单”按钮，然后在“菜单”窗口上面点击“断开”按钮（见下图）。

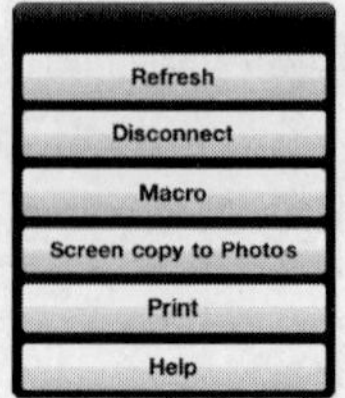

全键盘按钮　菜单按钮　回车键按钮　缩小按钮　锁定屏幕按钮　隐藏工具栏按钮

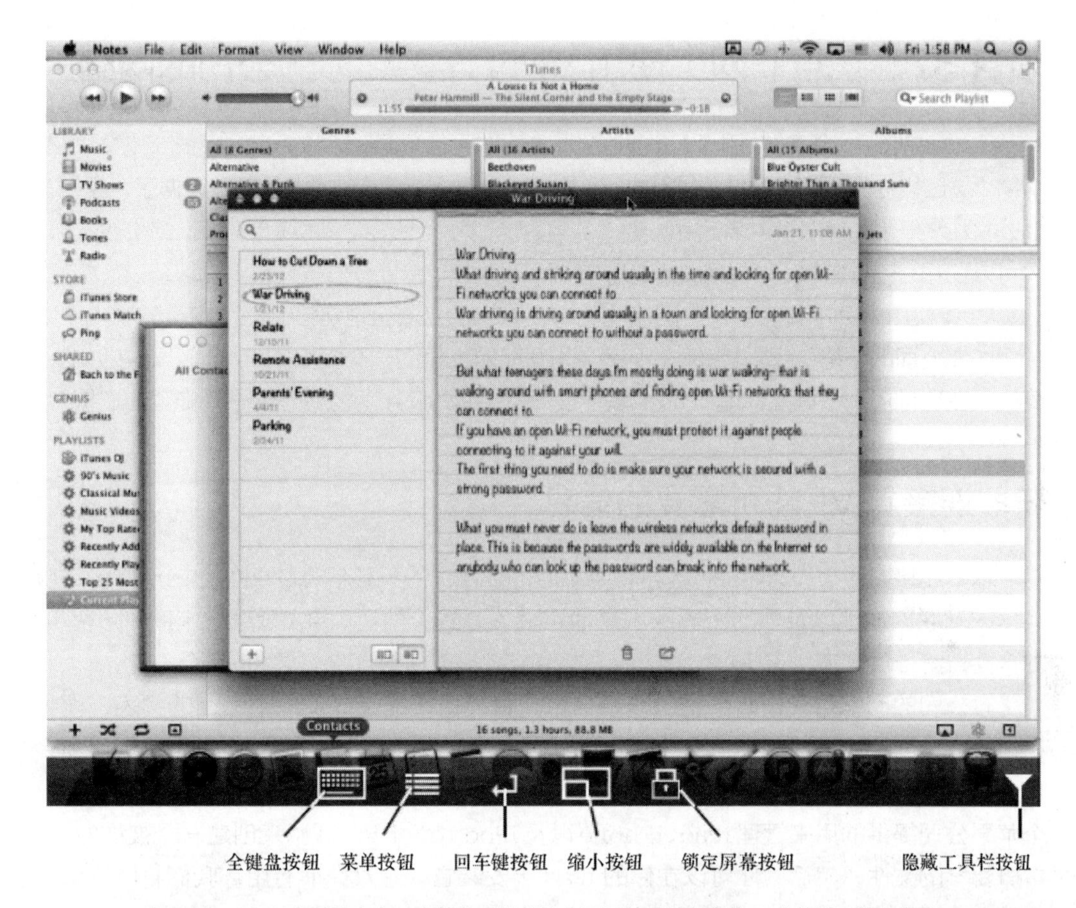

图 5-10　VNC 应用程序窗口底部的工具栏让你可以快速访问键盘、菜单以及缩小命令

高级技术达人

从 PC 或者 Mac 上面控制 iPad

在这一点，你可能想知道你是否能够从你的 PC 或者 Mac 上面控制你的 iPad。

答案是：是的，你可以。但是你首先需要越狱你的 iPad。我们将在第 6 章项目 46 中看一看如何从你的 PC 或者 Mac 上面控制你的 iPad。

项目 37：在互联网上使用 VPN 连接到你的公司的网络上

如果你使用一台 iPad 用于公司业务的话，你可能需要将你的 iPad 连接到你公司的网络上，这样你就可以收取电子邮件或者从 Microsoft Exchange 上交换数据了。当你在办公室中的时候，你将可能使用一个无线网络连接，但是，当你在办公室之外的时候，你可以使用一个虚拟私人网络或者 VPN 在互联网上连接。

VPN 使用一个不安全的公共网络（例如互联网）来安全地连接到一个安全的私人网络（例如你公司的网络）上。VPN 在不安全的互联网上扮演一个安全的“管道”，在你的计算机（在这种情况下则是你的 iPad）和你公司的 VPN 服务器之间提供一个安全的连接。

获取连接到 VPN 所需要的信息

想要连接到一个 VPN 的话，你需要知道各种各样的配置信息，例如你的用户名、服务器的互联网地址以及你的密码或者其他认证的方式。你也需要知道要使用哪种类型的安全性：第二层隧道协议（L2TP）、点对点隧道协议（PPTP）还是 IP 安全（IPSec）。

你公司的网络管理员将会提供这些信息。管理员可能会提供一个书面的列表，你将在你的 iPad 中手动输入它们，这些内容将在本章稍后的内容中讨论。但是，这很容易会把一个或者更多的项目弄错，所以，通常一个管理员将会使用 iPhone 配置实用程序（一个苹果公司提供的用来管理 iPad、iPhone 以及 iPod touch 的工具）来创建一个被称为“配置概要”的文件，然后，你可以在你的 iPad 上安装它，这对你很有用。我们将以简单一点的方法开始。

如果你是管理员的话，你将会在这里发现 iPhone 配置实用程序：www.apple.com/suppory/iphone/enterprise。这里有 Windows 系统和 Mac OS X 系统两种版本。

通过使用一个配置文件来设置一个 VPN

想要在你的 iPad 上通过使用一个配置概要文件来设置一个 VPN 的话，你需要做的就是将配置概要文件放到你的 iPad 上。通常情况下，管理员将会通过 USB 将你的 iPad 连接到他或她的计算机上来将配置概要文件放到你的 iPad 上或者通过下列方式其中之一来分发配置概要文件：

- **通过电子邮件** 只要管理员知道你的电子邮件账户，这是一个分发配置概要文件的简单方法。但是，如果配置概要文件既用于一个企业电子邮件账户又用于 VPN 的话，你将需要使用其他电子邮件账户（因为 iPad 暂时还不能够访问你的公司账户）。
- **通过一个网站** 管理员可以将配置概要文件放在一个你能够使用 iPad 从上面下载的网站上。通常情况下，这将会是一个企业内部网站或者至少是一个有密码保护的网站，因为配置概要文件是不加密的。

以下是如何通过安装你已经在一封电子邮件信息中接收或者从一个网站上下载的配置概要文件来设置 VPN。

1. 打开配置概要文件。

- 如果你已经在一封电子邮件信息中接收了配置概要文件的话，见下图，点击配置概要文件的按钮。然后，你的 iPad 会显示“安装概要文件”窗口，见图 5-11。

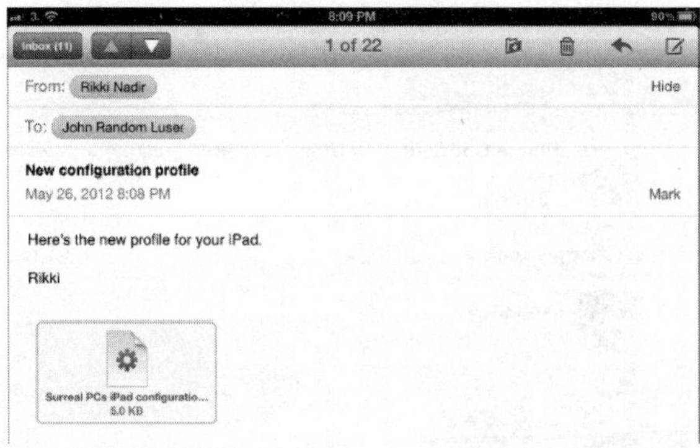

- 如果配置概要文件被发布到一个网站页面上的话，在 Safari 浏览器中打开这个页面，然后点击概要文件的下载链接。然后，你的 iPad 会显示“安装概要文件”窗口。

2. 看一下“安装概要文件”窗口上的信息来确认你想要安装概要文件。想要查看更多有关概要文件的信息的话，点击“更多信息”按钮，这会显示“概要文件的信息”窗口（见图 5-12）。点击左上角的“安装概要文件”按钮来返回到“安装概要文件”窗口。

3. 检查一下概要文件的状态：未签名的、未验证的或者是已验证的。看一下附近的侧边栏“了解‘安装概要文件’窗口上的未签名的、未验证的以及已验证的条款”来了解这些这些条款的解释，以及你应该如何对待它们所标记的概要文件的建议。

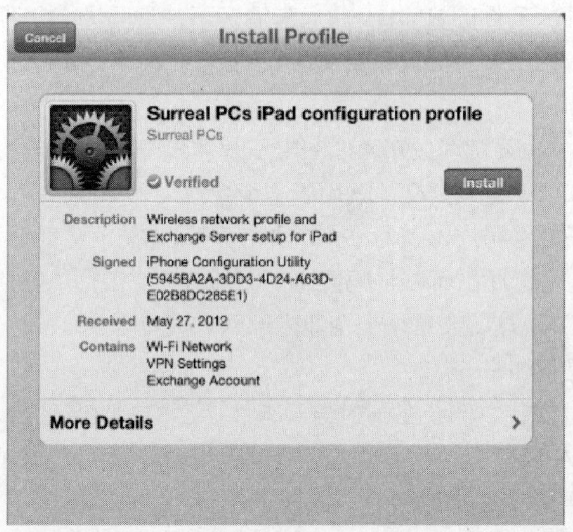

图 5-11　在“安装概要文件”窗口上，点击“安装”按钮来开始安装配置概要文件

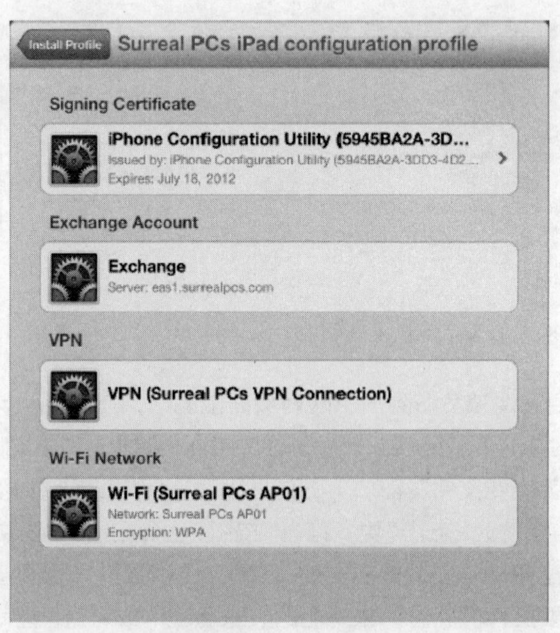

图 5-12　“概要文件的信息”窗口向你显示了概要文件包含了哪些信息——在这种情况下，签名证书和 VPN 是可用的

4. 在“安装概要文件”窗口上点击“安装”按钮来开始安装概要文件。你将需要提供你的用户名（见图 5-13）以及认证的方式来设置 VPN，例如，你的密码以及共享密钥。

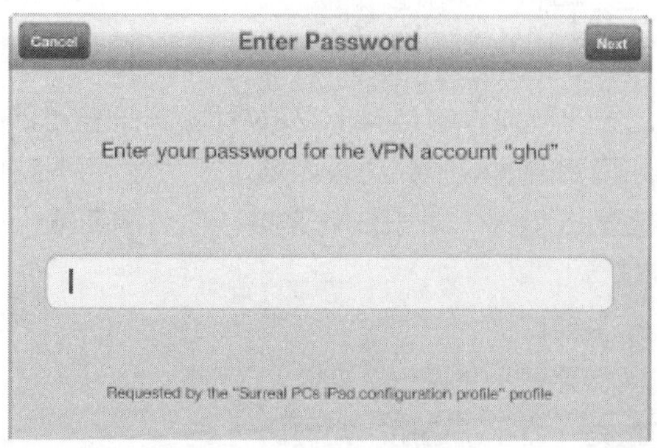

图 5-13　你的 iPad 会带你遍历设置 VPN 的整个过程。在“输入用户名”窗口上输入你的用户名，然后提供你的认证方式——例如，一个密码以及一个共享的密钥

5. 当“概要文件已安装”窗口出现的时候，点击“完成”按钮。你的 iPad 会将你带回你开始安装的地方——包含配置概要文件的电子邮件信息，或者是你要从上面下载概要文件的网页。

现在，你可以开始使用 VPN 了。直接跳到本章后面的章节“连接到 VPN”。

高级技术达人

了解在安装概要文件屏幕上的未签名的、未验证的以及已验证的条款

在“安装概要文件”窗口上的“安装”按钮的左侧显示了概要文件的状态：

- **未签名的**　创建概要文件的人没有应用一个数字签名来保护文件防止被改变。
- **未验证的**　创建者在概要文件上应用了一个数字签名，但是你的 iPad 不能确认这个数字签名是真实的。
- **已验证的**　iPad 已经确认了应用到概要文件的数字签名是真实有效的。

在理想的情况下，你将只需安装已经从被获取人那里声称已验证过的概要文件。但是，很多公司和组织仍然在使用未签名的概要文件，所以你有一个公平的机会来运行它们。

如果你怀疑的话，让一个管理员检查一下这个概要文件是否可以安全安装。

手动设置一个 VPN

如果你的管理员已经为你提供的是一个 VPN 配置详细信息的列表，而不是一个配置概要文件的话，你在设置的时候就会比较困难。因为你不得不在你的 iPad 上输入所有的信息，这会有些费力，但是，对于任何连接，你只需要输入一次。请按照如下步骤进行操作。

1. 按下主键来显示主窗口。
2. 点击“设置”图标来显示“设置”窗口。
3. 点击“通用”按钮来显示“通用”窗口。
4. 点击“网络”按钮来显示“网络”窗口（见下图）。

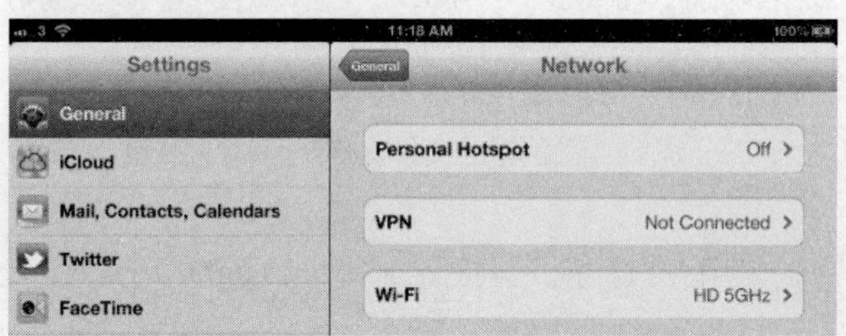

5. 点击“VPN”按钮来显示“VPN”窗口（见下图）。

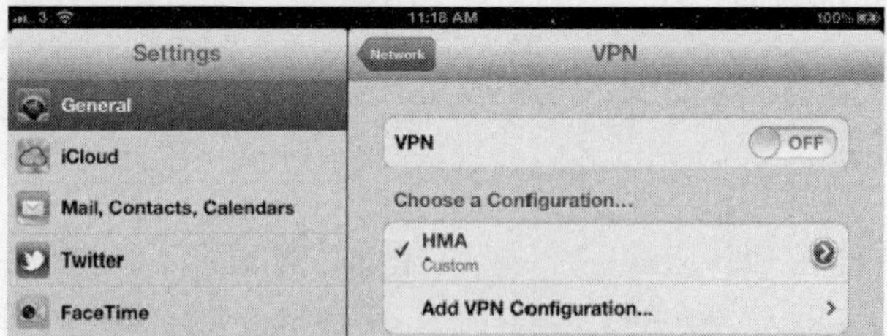

6. 点击“添加 VPN 配置”按钮来显示“添加 VPN”对话框，见图 5-14。
7. 在靠近窗口顶部的地方，单击 VPN 使用的安全性类型的按钮：L2TP、PPTP 或者 IPSec。iPad 会显示连接所需信息的一个列表。

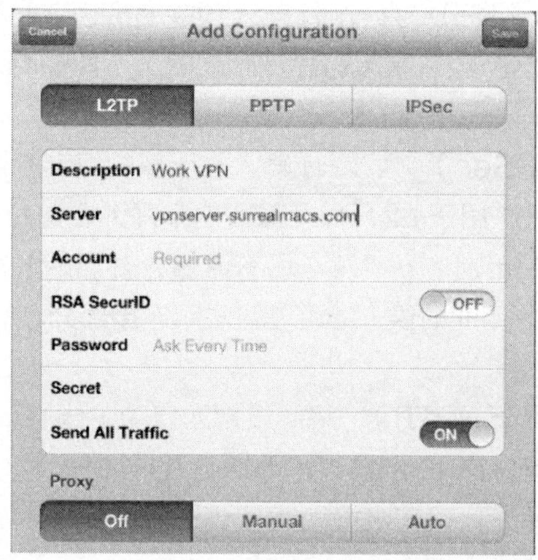

图 5-14 在“添加配置”窗口上，输入连接所需要的信息

8. 在窗口上输入 VPN 配置的详细信息：

- **描述** 这是在 VPN 列表中出现在 VPN 上面的名称。选择一个适合你的描述名称。
- **服务器** 输入 VPN 服务器的计算机名称（例如，vpnserver.surrealmacs.com），或者 IP 地址（例如，216.248.2.88）。
- **账户** 输入你的 VPN 连接登录名。根据贵公司的网络，这可能会和你正常的登录名相同，但是出于安全原因考虑，在大多数情况下，它都是不一样的。
- **密码** 如果管理员已经给你一个密码，而不是一个证书（接下来会讨论）的话，你可以在这里输入它，并且在你连接的时候，让你的 iPad 提供它。为了获取更高的安全性，你可以让密码区域保持空白，并且在每次你连接的时候，手动输入密码。这能防止任何其他使用你的 iPad 的人进行连接，但是这是很费力的，尤其是如果你的密码使用了字母、数字以及符号（一个强大的密码就应该这样）的时候。
- **RSA SecurID（只适用于 PPTP 和 L2TP）** 如果管理员为你提供了一个 RSA SecurID 令牌的话，将这个开关移动到开启位置来使用它。然后，iPad 会隐藏密码区域，因为当你使用令牌的时候，你不需要使用一个密码。
- **使用证书（只适用于 IPSec）** 如果管理员为你提供了一个安装有在连接时进行身份验证的证书的配置概要文件的话，将这个开关打开。为了简化你的程序，只有在已经安装了一个证书的时候，这可开关才可以使用。

□ 密钥（只适用于 L2TP） 为 VPN 输入预共享密钥，也称为“共享密钥”。对于 VPN 的所有用户而言，这个预共享密钥都是相同的（不像你的账户和密码，它们对你来说都是唯一的）。

□ 组名（只适用于 IPSec） 为 VPN 输入你所属的组别的名称。

□ 发送所有流量（只适用于 L2TP） 保留这个开关设置为开启位置（默认位置），除非管理员已经告诉你关闭它。当“发送所有流量”开启的时候，你所有的互联网连接转到 VPN 服务器，当它关闭的时候，是通过互联网连接部分互联网，而不是通过 VPN 直接连接到目标网址。

□ 加密级别（只适用于 PPTP） 将此设置为自动来让 iPad 首先尝试一下 128 位加密（最高级别），然后减弱的 40 位加密，再然后没有加密。如果你知道你必须只能使用 128 位加密的话，选择最高。只在走投无路的情况下才选择没有加密——任何一个有理智的管理员都不会推荐它。

9. 当你输入完信息的时候，点击“保存”按钮来保存连接。然后，VPN 连接会出现在 VPN 窗口上。

现在，你已经准备好连接到 VPN 了，如接下来的章节中描述的一样。

连接到一个 VPN

在你已经安装或者创建了你的 VPN 连接以后，你可以快速并且轻易地连接它。请按照如下步骤进行操作。

1. 按下主键来显示主窗口。
2. 点击“设置”图标来显示“设置”窗口。
3. 以下面方式其中之一来开始 VPN 连接：

□ 如果你只有一个 VPN 连接的话。在“设置”窗口（见下图）上，将“VPN”开关移动到开启位置。

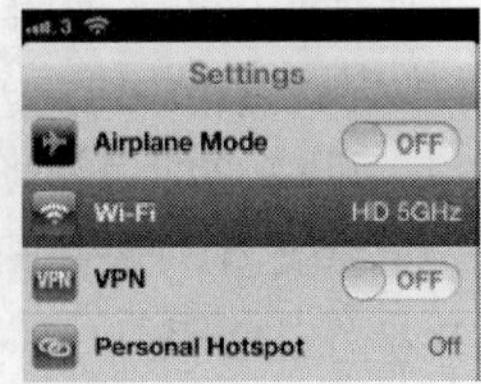

□ 如果你有两个或者更多 VPN 连接的话。点击“VPN”按钮来显示“VPN”窗口。在“选择一个配置”列表（见下图）中，确保选择的是正确的 VPN；如果不是的话，点击你想要连接的那一个，在它旁边放置一个复选标记。然后将“VPN”开关移动到开启位置。

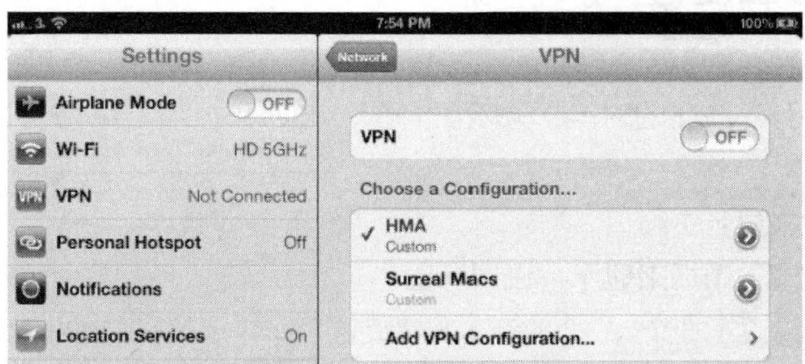

如果管理员设置你要通过密码来进行身份验证，并且你选择不在 VPN 链接中存储你的密码的话，你将会被提示输入你的密码。输入它，iPad 会建立连接。在“VPN”窗口上显示了连接处于活动状态（见下图），并且 VPN 指示器也会出现在状态栏中，提示你正在使用 VPN。

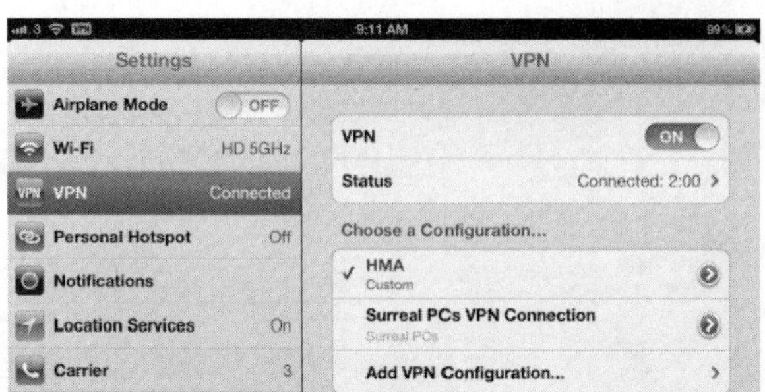

你可以点击“状态读出”来看一下连接的详细信息，包括你的 iPad 的 IP 地址，见下图。

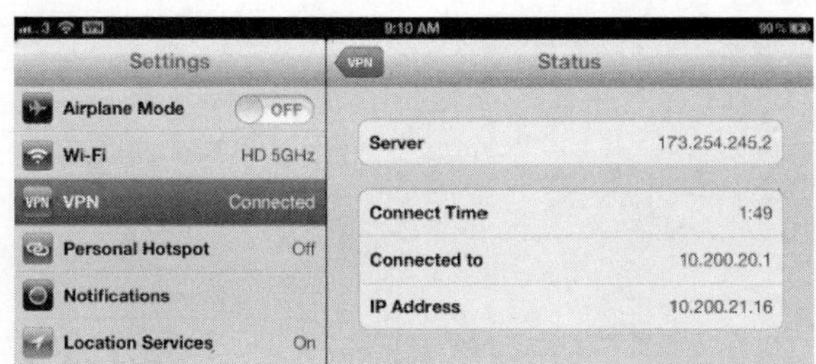

一旦建立了连接的话，你将可以在 VPN 上工作了。你可以做什么取决于管理员已经授权你的权限，但是你通常将能够访问你的电子邮件以及共享信息资源。

从 VPN 上断开连接

当你已经使用完 VPN 的时候，关闭任何你之前使用过的文件，并且像如下这样断开连接。

1. 点击主键来显示主窗口。

2. 点击“设置”图标来显示“设置”窗口。

3. 如果你只设置了一个 VPN 的话，将“设置”窗口上的“VPN”开关移动到关闭位置。否则的话，点击“VPN”按钮来显示“VPN”窗口，然后将“VPN”窗口上的“VPN”开关移动到关闭位置。

第 6 章
其他高级技术

到目前为止，在这本书中，我们一直将你的 iPad 保持在苹果公司为 iOS 设备创建的生态环境中，这些设备包括 iPad、iPhone 以及 iPod touch。

这个生态系统也被认为是一个“围墙花园”——一个被严密保护的区域，来帮助你在大多数愉快环境中拥有一个安全的计算机体验。例如，在正常状态下，iOS 只允许你安装来自苹果商店的应用程序，这些应用程序已经被苹果公司批准。这能帮助你避免安装包含恶意代码的应用程序，还可以避免安装能够将你的信用卡信息盗窃给他人来使用，直到你的银行发出勒令停止命令的应用程序。

想要从“围墙花园”中出去的话，你需要“越狱”你的 iPad。

我们将从备份你的 iPad 的内容开始，这样，如果在“越狱”过程或者其他操作中出现什么问题的话，你就可以恢复它们。然后，我们将进行“越狱”，这样我们就可以使用的你 iPad 开始执行高级的操作。

一旦你的 iPad“越狱”了，你将学习如何寻找并且安装未经批准的应用程序以及备份它们，这样你就可以在以后需要的时候重新安装它们了。你将从你的计算机上面通过 SSH 连接到你的 iPad 上，你将探索你的 iPad 的两个分区，以及如何直接在你的 iPad 上面操作你的文件。你也将应用主题来使你的 iPad 看起来与众不同，以及当必要的时候，让只适用 Wi-Fi 无线网络的应用程序在 3G 网络连接上运行，并且在你的 iPad 上玩模拟的家用机或者街机游戏。你甚至可以使用你的计算机来控制你的 iPad。

在接近尾声的篇章，我们将把你的 iPad 放回苹果“监狱”——但是只在你想要的情况下。

让我们开始吧。

项目 38：备份你的 iPad 上的内容和设置

在你“越狱”你的 iPad（将在下一个项目中讨论）之前，备份一下来确保你的宝贵数据和设置是安全的。然后，如果需要的话，你将能够在需要的时候恢复你的数据和设置。

高级技术达人

了解 iPad 备份包含什么

在你使用 iTunes 的功能备份你的 iPad 之前，了解备份包含什么以及不包含什么对你是至关重要的。否则，如果你需要从备份中恢复你的 iPad 的话，你可能不能恢复所有你想要的文件。

你的 iPad 可以包含大量的文件——一个 64GB 的 iPad 可以提供大约 57GB 的空间让你来使用——但是，大多数的文件通常情况下也将在你计算机上或者在 iCloud 中。例如，如果你使用你的 iPad 同步你的音乐、视频文件、电视节目等内容的话，你的计算机上仍然还有这些文件，所以，你的 iPad 备份不需要包含这些。

所以，当你备份你的 iPad 的时候，iTunes 会同步你的日历、联系人、笔记、文本信息以及设置，但不包括媒体文件或者你的 iPad 的固件。

这意味着，如果你在你的 iPad 上的第三方应用程序里创建文件的话，你必须将它们复制到你的计算机上或者在线存储中来保证它们的安全，因为备份你的 iPad 不会复制它们。如果不得不抹掉你的 iPad 上的内容和设置，并且从备份中恢复 iPad 的话，这些文件将不会包含在其中。

想要备份你的 iPad 的话，请按照如下步骤进行操作。

1. 使用一根 USB 数据线将你的 iPad 连接到你的计算机上面。

2. 如果 iTunes 没有自动显示 iPad 的控制窗口的话，在“源”列表的设备类中点击 iPad 来显示它们。

3. 如果“摘要”窗口没有显示的话，单击“摘要”选项卡来显示它。

4. 在备份框中，确保“备份到这台计算机”选项按钮，而不是“备份到 iCloud”选项按钮被选择了。

5. 如果你想要对备份加密的话，请按照如下步骤进行操作。

a. 选择“对本地备份进行加密”复选框。iTunes 会显示“设置密码”对话框。下图显示了 Mac 版本的“设置密码”对话框。

如果你准备“越狱”你的 iPad 的话，不要对备份加密，因为你将很可能需要移除加密来执行“越狱”操作。

b. 在“密码”框和“验证密码”框中输入一个密码。

c. 在 Mac 上，如果你想要 OS X 系统能够在密码链中存储你的密码的话，选择“在我的密码链中记住这个密码”复选框，这样的话，它就可以为你自动输入密码了。

d. 单击“设置密码”按钮。iTunes 会开始备份 iPad。

6. 如果你没有从“设置密码”对话框开始备份的话，通过在“源”列表中设备类里面右键单击（或者在 Mac 上按住 Ctrl 单击）进入你的 iPad 来开始备份，然后在下拉菜单中单击“备份”项目。

项目 39：在 Windows 系统上“越狱”你的 iPad

在像前面项目描述的那样备份完你的 iPad 以后，你已经准备好“越狱”它了。“越狱”你的 iPad 让它可以从苹果公司将它放入的“围墙花园”中逃出来，并且使你能够安装没有通过苹果公司严格审批过程的第三方应用程序和自定义软件。

在撰写本文的时候，有几个你可以用来“越狱”你的 iPad 的工具，并且，有些工具以及某些版本的工具只适用于特定机型的 iPad，所以，确认你选择了一个能够适用于你拥有的 iPad 机型的工具和版本。现在，最适合“越狱”iPad 的工具是 Absinthe，我将在这个项目中向你讲述该如何使用它。

Redmond Pie 网站（www.redmondpie.com）是一个能找到有关“越狱”工具和技术的很好的地方。你也可以通过使用像“越狱 iPad 3”或者“越狱 new iPad”这样的关键词来找到很多其他的网站。

想要在 Windows 系统上使用 Absinthe“越狱”你的 iPad 的话，请按照如下步骤进行操作。

1. 寻找并且下载适当版本的 Absinthe。例如，转到一个像 Redmond Pie（www.redmondpie.com）这样的网站来搜索 Absinthe。

当下载 Absinthe 的时候，确保你单击的是 Absinthe 的下载链接，而不是任何标记着下载字样的按钮。这些按钮可能是其他你不想安装的软件的按钮。

2. 解压缩 Absinthe 压缩文件。例如，在 Windows 资源管理器中，使用“提取所有文件”命令。

高级技术达人

了解不完美“越狱”和完美“越狱”

根据你的 iPad 机型以及它正在运行的 iOS 版本，你将可能在一个不完美“越狱”和完美“越狱”之间进行选择。

- **不完美“越狱”** 你必须将 iPad 连接到你的计算机上，并且在每次你想要以“越狱”模式重新启动 iPad 的时候，使用“越狱”应用程序。在下个项目里，我们将执行一次不完美“越狱”。
- **完美越狱** 在你已经“越狱”iPad 以后，你不必将它连接到你的计算机上就能重新启动。我们将在这个项目中执行一次完美“越狱”。

正如你可以看见的，一个完美“越狱”是更可取的——所以，如果它适合于你的 iPad 和 iOS 的版本的话，你将可能想要一个完美“越狱”。但是对于一些 iPad 机型、iOS 版本以及计算机操作系统来说，你可能会发现只有不完美“越狱”可以使用。

3. 双击 Absinthe 应用程序文件来打开它。在这一点上，Windows 系统通常会显示“打开文件—安全性警告”对话框，见下图，因为文件没有有效的数字签名。对于像这样的非官方软件这是很正常的。

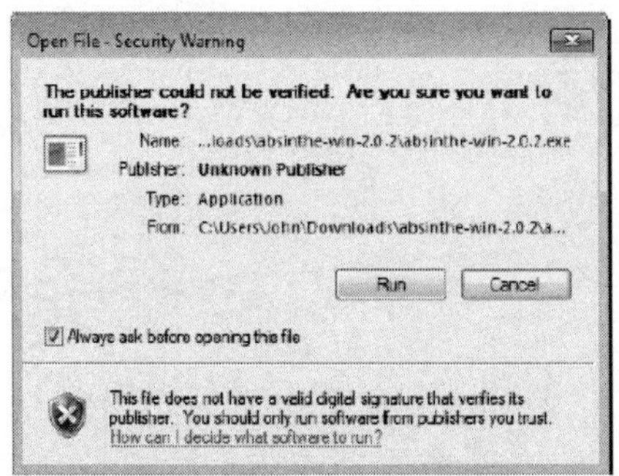

4. 单击“运行”按钮。你将会看见一个 Absinthe 提取文件时需要的命令提示符窗口。然后，命令提示符窗口就会关闭，并且你将会看见一个新的 Absinthe 文件夹，从这个文件夹里，你可以运行应用程序文件。

5. 双击新的 Absinthe 文件夹来打开它。

6. 如果这里有一个“readme.txt”文件的话，双击来在 Notepad 或者你的默认文本编辑器中打开它，这样的话，你就可以阅读最新的信息了。

7. 在新的 Absinthe 文件夹中双击 Absinthe 应用程序文件来运行 Absinthe。当你这样做的时候，Windows 系统通常情况下会显示一个“用户账户控制”对话框，见下图，它会询问你是否想要允许这个来自未知发布者的应用程序对你的计算机做出改变。

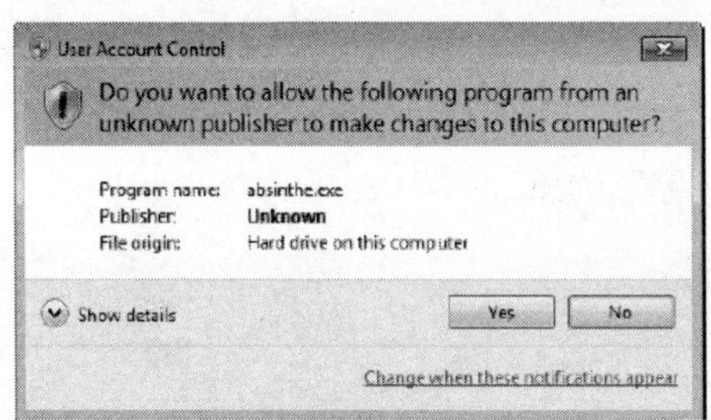

8. 单击“是”按钮，接下来，你将会看见第一个 Absinthe 窗口，它会提示你插入你的设备。

9. 将你的 iPad 连接到你的 PC 上，当 Absinthe 检测到你的 iPad 的时候，它会使“越狱”按钮可用，见下图。

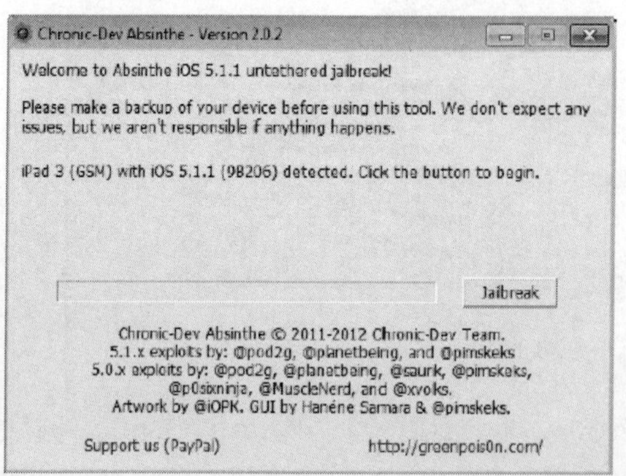

如果 Absinthe 显示一个“错误”对话框警告你你的 iPad 已经设置了一个备份密码，在你继续操作之前，你必须使用 iTunes 移除备份密码。在 iTunes 中，在“源”列表里的设备类别中点击进入 iPad，单击“摘要”选项卡，然后清除“对本地备份进行加密”复选框。在“输入密码”对话框中输入你的密码，并且单击“OK”按钮。然后，iTunes 会创建一个不加密的备份。

10. 单击“越狱”按钮开始“越狱”过程。Absinthe 会在它工作的时候显示一个进度条（见下面插图），并且，你将会你的 iPad 的窗口上显示了正在进行的操作——例如，你将会看见“恢复过程”信息。

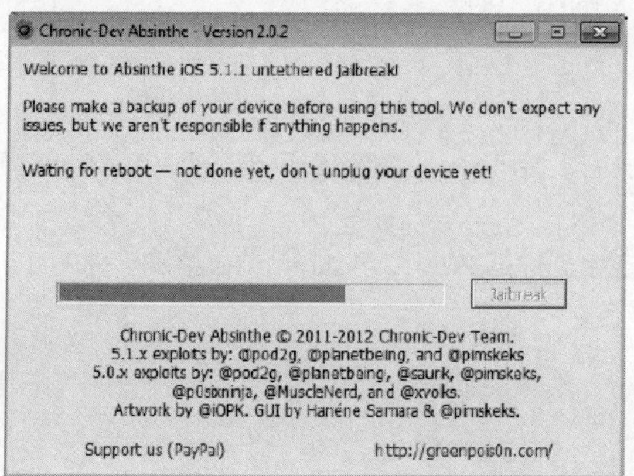

11. 当 Absinthe 窗口显示“完成，请使用”信息的时候，单击“关闭”按钮（那个 X 按钮）来关闭 Absinthe。

现在，你的 iPad 已经“越狱”了，你可以像项目 41 中介绍的那样使用 Cydia 了。

项目 40：在 Mac 上面使用 Absinthe“越狱”你的 iPad

在按照项目 38 中描述的那样备份好你的 iPad 以后，你可以使用你的 Mac“越狱”它。“越狱”你的 iPad 让它可以从苹果公司将它放入的“围墙花园”中逃出来，并且使你能够安装没有通过苹果公司审批过程的第三方应用程序和自定义软件。

在撰写本文的时候，最适合在 Mac 上面“越狱”iPad 的工具是 Absinthe，它能够让你执行一次完美“越狱”。

在执行“越狱”之前，按照这一章前面项目 38 中描述的那样备份你的 iPad。

想要使用 Absinthe 和一台 Mac“越狱”你的 iPad 的话，请按照如下步骤进行操作。

1. 寻找并且下载适当版本的 Absinthe。例如，转到一个像 Redmond Pie（www.redmondpie.com）这样的网站并且搜索 Absinthe。

当下载 Absinthe 的时候，确保你单击的是 Absinthe 的下载链接，而不是任何标记着下载字样的按钮。这些按钮可能是其他你不想安装的软件的按钮。

2. 如果 OS X 系统没有自动安装 Absinthe 磁盘镜像并且打开一个 Finder 窗口来显示它的内容的话，自己安装磁盘镜像。例如，在底栏上面单击“下载”图标，然后在“下载”栈中单击 Absinthe 磁盘镜像。OS X 系统会显示一个 Finder 窗口来显示磁盘镜像的内容。

3. 如果这里有一个“readme.txt”文件的话，双击来在 TextEdit 或者你的默认文本编辑器中打开它，这样的话，你就可以阅读最新的信息了。

4. 双击 Absinthe 应用程序来启动 Absinthe。

如果你计划经常运行Absinthe的话，将Absinthe图标拖曳到你的“应用程序”文件夹中。如果你只想运行一次或者两次的话，从你的“下载”文件夹运行会更容易。

5. 如果 OS X 重复检查来确认你想要运行 Absinthe，见下图，单击“打开”按钮。

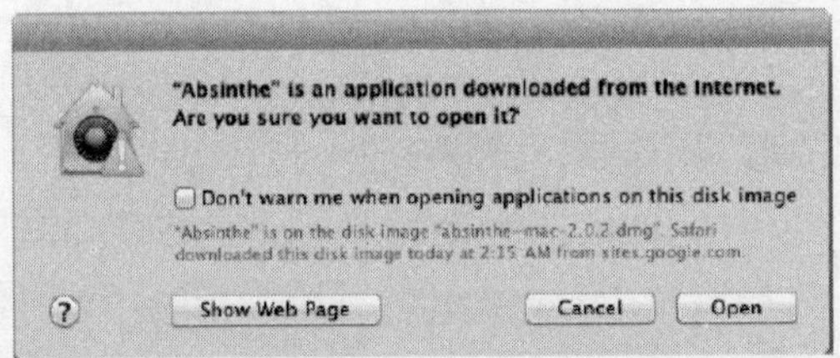

6. Absinthe 会显示它的第一个窗口，它会提示你插入你的设备。

7. 将你的iPad连接到你的Mac上。当Absinthe检测到你的iPad的时候，它会使“越狱”按钮变为可用状态，见下图。

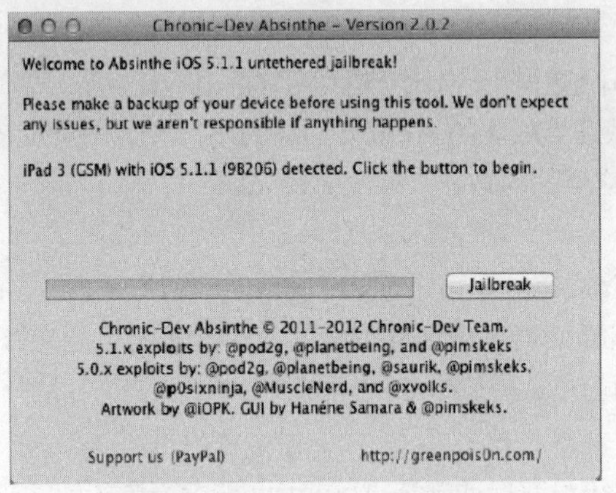

如果 Absinthe 显示一个“错误”对话框警告你你的 iPad 已经设置了一个备份密码，在你继续操作之前，你必须使用 iTunes 移除备份密码。在 iTunes 中，在“源”列表里的设备类别中点击进入 iPad，单击“摘要”选项卡，然后清除“对本地备份进行加密”复选框。在“输入密码”对话框中输入你的密码，并且单击“OK”按钮。然后，iTunes 会创建一个不加密的备份。

8. 单击“越狱”按钮开始“越狱”过程。Absinthe 会在它工作的时候显示一个进度条（见下面插图），并且，你的 iPad 的窗口上将会显示正在进行的操作：一个恢复操作、一次重启等。

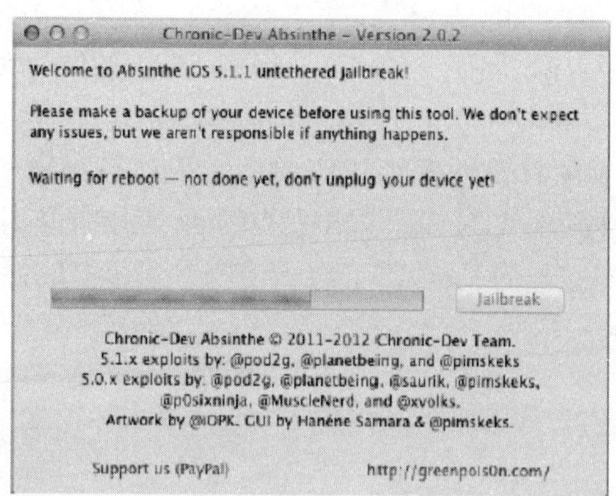

9. 当 Absinthe 窗口显示“完成，请使用”信息的时候，在底座上按住 Ctrl 单击或者右键单击 Absinthe 图标，然后单击“退出”来退出 Absinthe。

现在，你的 iPad 已经“越狱”了，你可以像项目 41 中介绍的那样使用 Cydia 了。

项目 41：寻找并安装未经允许的应用程序

正如你所知，你的 iPad 的应用程序的官方资源就是苹果商店，你可以在你的计算机上使用 iTunes 访问它，或者在你的 iPad 上使用“苹果商店”应用程序访问它。在撰写本文的时候，苹果商店有超过 50 万的可用应用程序，并且每天都在增加——所以，在这里，你可以有很广泛的选择种类。

这些应用程序都是苹果公司已经批准的适用于 iOS 设备的——iPad、iPhone，以及 iPod touch。

想要获得批准的话，一个应用程序不仅必须按照苹果公司的指导方针进行编程，而且必须不能违反任何它有关内容的规则。例如，一个包含赤裸裸描写性行为的成人内容的应用程序即使它的编码是完美无瑕的，也不会获得批准。一个使用以苹果公司不允许的方式使用 iOS 底层部分的应用程序也不会被批准，不管这个应用程序有多么巧妙和实用。

由于这种审批过程，一些开发商选择不将它们的应用程序提交到苹果商店。相反，他们通过其他来源使应用程序可以使用。

在撰写本文的时候，Cydia 是在 iOS 设备上安装未经批准的应用程序的主要工具。在你将它安装在一个“越狱”的 iPad 上以后，Cydia 让你可以访问很多 iOS 软件库。这些软件包括免费的应用程序和你通过 Cydia 商店购买的需要付费的应用程序。

这个项目假设你已经按照前面 2 个项目描述的那样越狱了你的 iPad，并且安装了 Cydia。如果没有的话，回到前面并且这样做。如果你是用一个不完美的“越狱”而不是完美“越狱”的话，使用“越狱”软件来启动到“越狱”状态。

高级技术达人

了解为什么 Cydia 需要准备文件系统

你的 iPad 明显有一个功能完全的文件系统——如果它没有的话，它就不能运行。所以，你可能很奇怪为什么 Cydia 需要准备文件系统。

这里发生的就是 Cydia 正在从 OS 分区移动应用程序和各种各样的文件到多媒体分区，并且使用符号链接重新放置它们，这样它们将可以继续工作。通过移动应用程序，Cydia 在 OS 分区上腾出了空间，这个空间能让你将其他应用程序放在上面。

我们将在项目 44 中研究文件系统的详细信息。

打开 Cydia

想要打开Cydia，点击你的一个主窗口上面点击Cydia图标，就像其他应用程序一样，见下图。

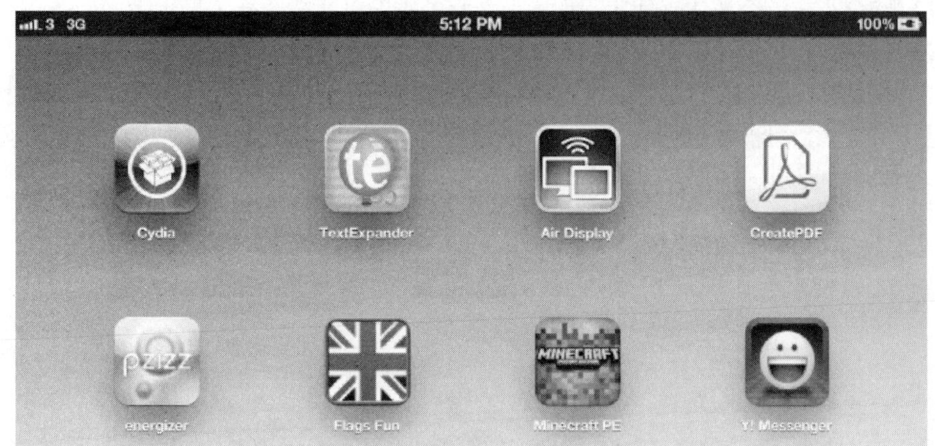

你第一次运行 Cydia 的时候，你将会看见 Cydia 自己在几分钟内形成的准备文件系统信息。当 Cydia 完成准备文件系统的时候，它会自动退出。

点击 Cydia 图标来重新启动应用程序。Cydia 会显示“你是谁？”屏幕（见图 6-1），它会让你选择你使用 Cydia 的类型：

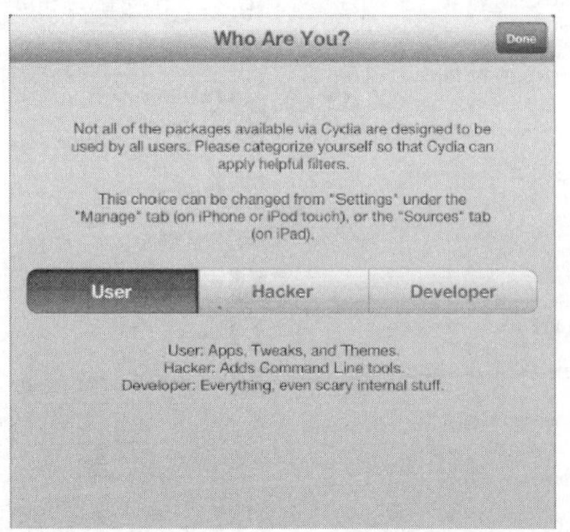

图 6-1　在“你是谁？”窗口上，适当地点击“用户”按钮、“黑客”按钮或者“开发者”按钮，然后点击“完成”按钮

- **用户**　点击这个按钮来使应用程序、调整以及主题可用。这通常是开始的最好的选择。

- **黑客** 点击这个按钮来使应用程序、调整、主题以及命令行工具可用。
- **开发者** 点击这个按钮来使所有的 Cydia 应用程序和实用程序可用。

在点击相应的按钮以后，点击“完成”按钮。然后，你将会看见 Cydia 应用程序的界面，它包含 6 个窗口，你可以通过点击在窗口底部的选项卡来在这些窗口之间切换。图 6-2 显示了 Cydia 窗口，你将会第一个看见它。

图 6-2 Cydia 的界面包含 6 个主要窗口。你可以通过点击窗口底部的选项卡来在这些窗口之间进行切换

在 Cydia 中寻找应用程序

通过使用“Cydia”窗口，“分类”窗口，“变更”窗口，“搜索”窗口，你可以在 Cydia 中寻找应用程序，你可以通过点击在窗口底部的选项卡来访问这些窗口。

- **Cydia**　在这个窗口上，你可以快速地访问“特定”列表、“主题”列表以及 Cydia 商店。你也可以看见“用户指南”列表、“在 iPad 上有用的扩展”列表以及“iPad 专用产品”列表。
- **分类**　点击这个选项卡来显示一个包含一列不同类别（部分）的应用程序和实用程序的窗口，见图 6-3 上半部分。点击一个类别来显示它的内容，见图 6-3 下半部分。

图 6-3　使用“分类”窗口（上部）来按照类别浏览可用的应用程序。点击一个类别来显示它的内容（下部）

在 Cydia 列表中，以黑色名称出现的项目是免费的。以蓝色名称出现的项目是付费软件。对于付费软件，你可以使用亚马逊支付或者使用 PayPal 支付。

- **变更** 点击这个选项卡来显示“变更”窗口（如图 6-4 上半部分窗口所示），它提供了一列最近的软件。
- **已安装** 点击这个选项卡来显示你已经使用 Cydia 安装的应用程序和软件包。从这里，你可以移除一个应用程序。
- **源** 点击这个选项卡来显示一列你已经使用 Cydia 安装的应用程序的源。
- **搜索** 点击这个选项卡来显示“搜索”窗口（如图 6-4 下半部分窗口所示）。然后，你可以输入一个搜索项目来寻找匹配。

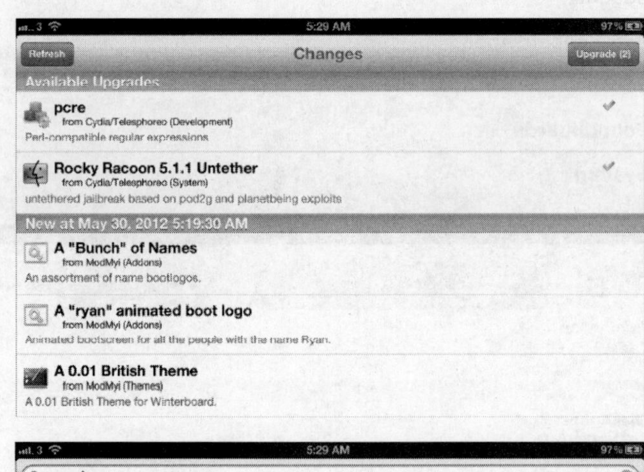

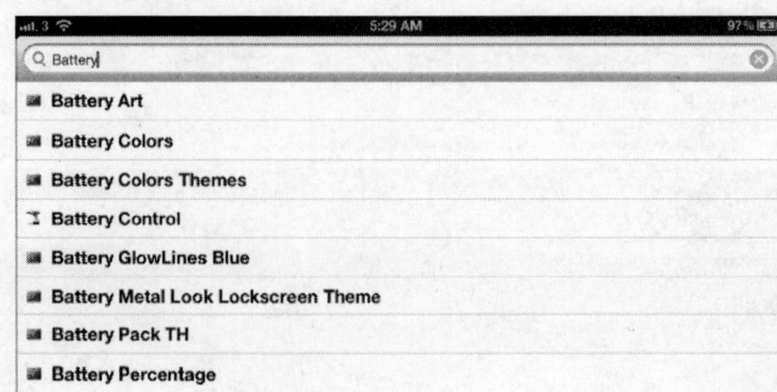

图 6-4 “变更”窗口（上部）列出了最新的软件。“搜索”窗口（下部）让你可以使用关键字搜索项目

使用 Cydia 安装一个应用程序

当你经发现一个你有兴趣的应用程序的时候，点击它的按钮来显示详细信息窗口（见图 6–5）。然后，如果这个应用程序是免费的话，你可以点击“安装”按钮来安装它，如果它不是免费的话，你可以点击“购买”按钮来购买这个应用程序。

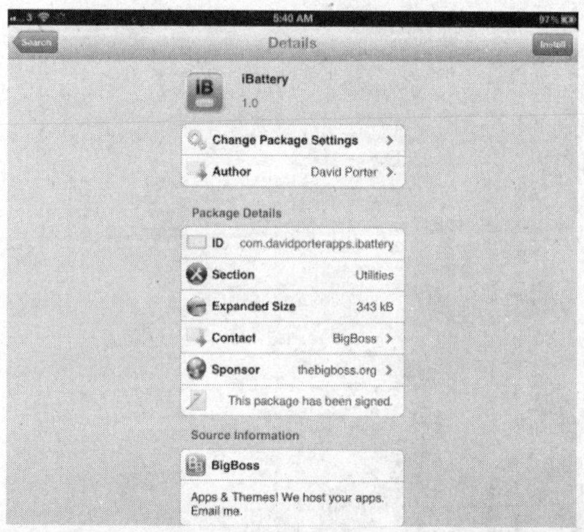

图 6-5　在一个应用程序的“详细信息”窗口上，点击“安装”按钮或者“购买”按钮

在出现的“确认”对话框（见下图）上，点击“确认”按钮来继续安装过程。

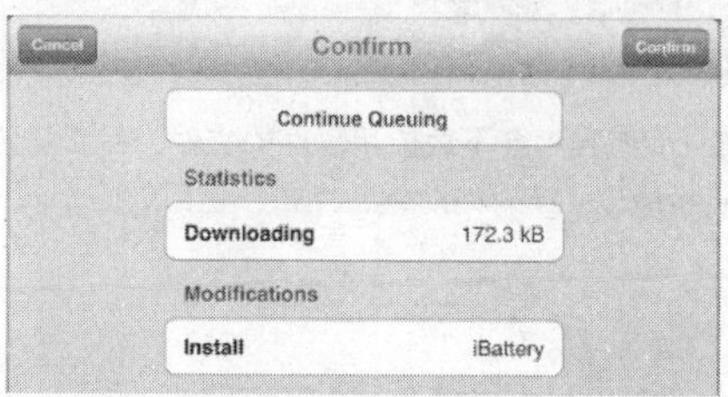

然后，你将会看见安装程序运行。当安装程序显示“完成”窗口的时候，见图 6–6，点击“返回到 Cydia”按钮来关闭安装程序，并且返回到 Cydia。

在安装完一些应用程序以后，你可能需要重新启动首页，就是运行主窗口的 iOS 功能。如果这样做的话，安装程序会在“返回到 Cydia”按钮的位置显示一个“重新启动首页”按钮。

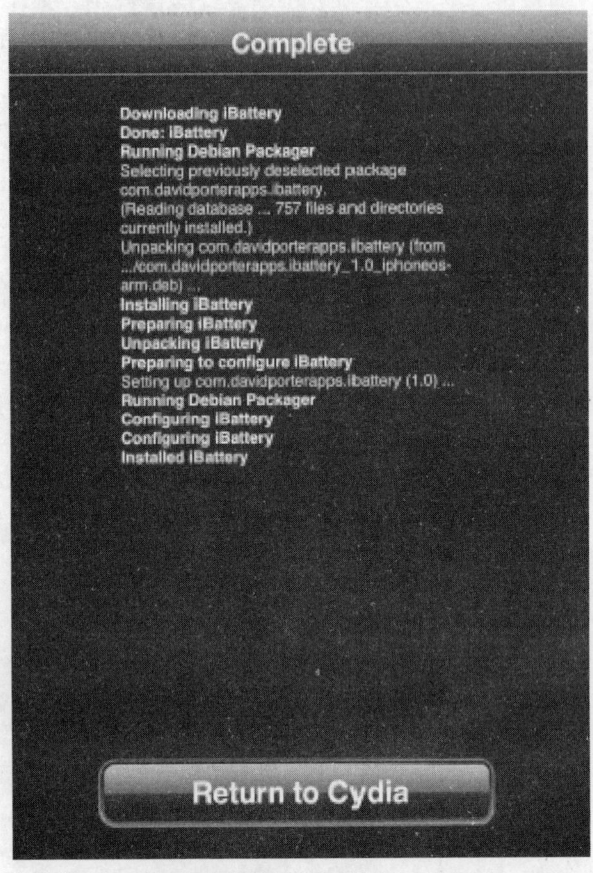

图 6-6　安装程序会下载应用程序的文件，然后安装它。当安装程序过程结束的时候，点击“返回到 Cydia”按钮

运行一个你使用 Cydia 安装的应用程序

在使用 Cydia 安装了一个应用程序以后，这个应用程序会显示在一个你的 iPad 的主窗口上，就像你从苹果商店安装一个应用程序一样。

点击应用程序的图标来打开应用程序。图 6–7 显示了 BatteryInfoLite，一个使用 Cydia 安装的应用程序。

从苹果商店安装应用程序与使用 Cydia 安装应用程序的一个区别就是你可能需要重新启动你的 iPad 来使新安装的应用程序工作。如果你使用一个不完美的"越狱"的话，你将需要连接你的 iPad 到你的计算机上，并且使用"越狱"工具来执行重新启动。

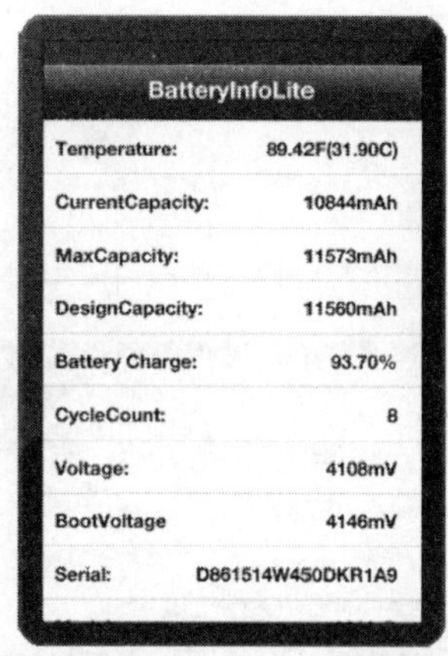

图 6-7　在你使用 Cydia 安装了一个应用程序以后，在主窗口上面点击它的图标来启动应用程序

卸载一个使用 Cydia 安装的应用程序

想要卸载一个使用 Cydia 安装的应用程序的话，请按照如下步骤进行操作。

1. 从主窗口上，点击 Cydia 图标来启动 Cydia。
2. 点击"已安装"选项卡来显示"已安装"窗口（见图 6–8）。
3. 点击你想要卸载的应用程序的按钮。Cydia 会显示这个应用程序的"详细信息"窗口（见图 6–9）。
4. 点击"移除"按钮。Cydia 会显示"确认"对话框。
5. 点击"确认"按钮。Cydia 会运行卸载程序，它将卸载这个应用程序。
6. 点击"返回到 Cydia"按钮，返回到 Cydia。

图 6-8　在“已安装”窗口上，点击你想要卸载的应用程序的按钮

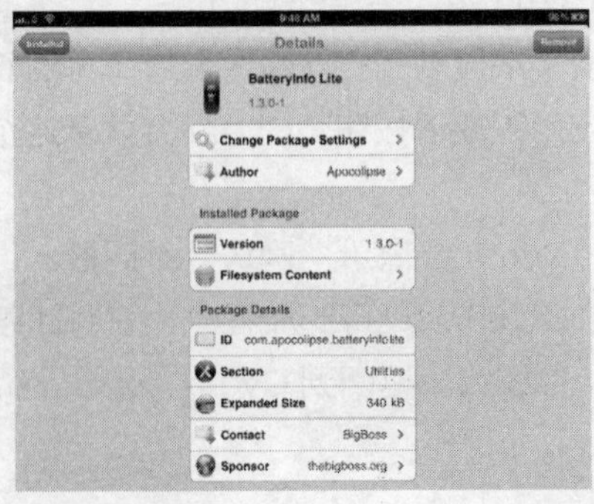

图 6-9　在这个应用程序的“详细信息”窗口上，点击你想要卸载的应用程序的按钮

项目 42：备份“越狱”iPad

如果你已经按照前面两个项目操作的话，现在你已经“越狱”了你的 iPad，在它上面安装了一些未经批准的应用程序，并且正在享受使用它们的快乐。

现在有一个坏消息：如果你将你的 iPad 的固件升级为一个新版本的话，你很可能会失去“越狱”的应用程序。这是因为，iTunes 在备份中没有那些包含“越狱”应用程序的文件夹——所以，当你在固件升级以后恢复你的 iPad 的时候，这些应用程序将不存在了。

这并不意味着你不能升级你的 iPad——它只是意味着你需要备份你的“越狱”应用程序，这样你就可以在一个固件升级以后恢复它们。

在这个项目中，我们将使用 PKGBackup 来备份你的 iPad 的“越狱”应用程序，并且恢复它们。在撰写本文的时候，PKGBackup 是一款需要花费 7.99 美元的付费应用程序。

不使用 PKGBackup 或者类似的应用程序，如果你喜欢的话，你可以手动备份你的“越狱”应用程序。参见项目 43 来了解从你的计算机上通过 Secure Shell 连接到你的 iPad 上的说明，以及参见项目 44 来了解探索你的 iPad 的文件系统来找到你需要备份的文件的说明。

购买并且安装 PKGBackup

想要获取 PKGBackup 的话，请按照如下步骤进行操作。

1. 像前面的项目中描述的那样运行 Cydia。
2. 点击“Cydia 商店”按钮来显示“Cydia 商店”窗口。
3. 搜索 PKGBackup，然后点击它的按钮来显示“详细信息”窗口。
4. 点击“购买”按钮，并按照支付过程支付。在你顺利通过付款过程以后，“安装”按钮会出现在之前“购买”按钮的位置。
5. 点击“安装”按钮来安装 PKGBackup。
6. 在“确认”对话框上，点击“确认”按钮。
7. 当“完成”窗口出现的时候，点击“返回到 Cydia”按钮。
8. 按下主键来返回到主窗口。

运行 PKGBackup，并且备份你的“越狱”应用程序

在你安装完 PKGBackup 以后，运行 PKGBackup，选择设置，并且备份你的“越狱”应用程序。请按照如下步骤进行操作。

1. 在主窗口上点击 PKGBackup 图标来运行应用程序。

如果你的 iPad 显示了“PKGBackup 想要使用你当前的位置”对话框的话，点击“不允许”按钮。

2. 如果 PKGBackup 显示“应用程序和套件扫描不可用”对话框（见下图）的话，请按照如下步骤来配置 PKGBackup：

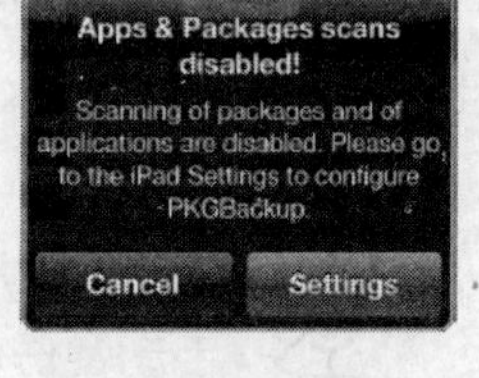

a. 在“应用程序和套件扫描不可用”对话框中点击“设置”按钮来进行设置。图 6-10 显示了“设置”中的 PKGBackup 窗口。

图 6-10 在“设置”应用程序的“PKGBackup”窗口上，将“扫描应用程序”开关、“扫描软件包”开关以及“自动备份”开关设置为开启状态。你也可以选择要使用哪个警报以及对话框

如果在“应用程序和套件扫描不可用”对话框中点击“设置”按钮没有显示“设置”应用程序的话，手动转到“设置”应用程序。按下主键来显示主窗口，点击“设置”图标来打开“设置”应用程序，然后在扩展部分中点击“PKGBackup”按钮，你会发现这个按钮正好就在应用程序列表上面。

b. 在启动框中，将“扫描应用程序”开关、“扫描软件包”开关以及“自动备份”开关设置为开启位置。

c. 如果你想要选择其他设置的话，选择它们。例如，在对话框中，你可以选择是否确认备份，是否确认恢复以及是否输入一个备份备忘录（有关一个特定的备份包含什么的记录）。

d. 当你选择完设置的时候，连续按下两次主键来显示应用程序切换栏，并且点击“PKGBackup”来再一次显示应用程序。

3. 在这一点上，你应该看到 PKGBackup 窗口（见图 6-11 左侧）。点击左上角的“设置”按钮（那个齿轮图标）来显示“设置”窗口（见图 6-11 右侧）。

4. 在“选择将你的数据存储在哪里”框中，点击“连接到 Dropbox”按钮。PKGBackup 会显示“连接账户”窗口（见图 6-12 左侧），你可以使用它连接到你的 Dropbox 账户，这样的话，PKGBackup 就可以将数据存储在里面。

如果你还没有一个 Dropbox 账户的话，点击“连接账户”窗口底部的“创建一个账户”链接来开始创建一个。

5. 点击“电子邮件”框，并且输入你的 Dropbox 账户使用的电子邮件地址。

6. 点击“密码”框，并且输入你的 Dropbox 账户使用的密码。

7. 点击“连接”按钮。PKGBackup 会建立连接，然后再一次显示“设置”窗口。

8. 在“以 # 保存备份”框中，输入一个备份的特定数字（例如，5）或者保留默认设置（0），它允许无限次地备份。

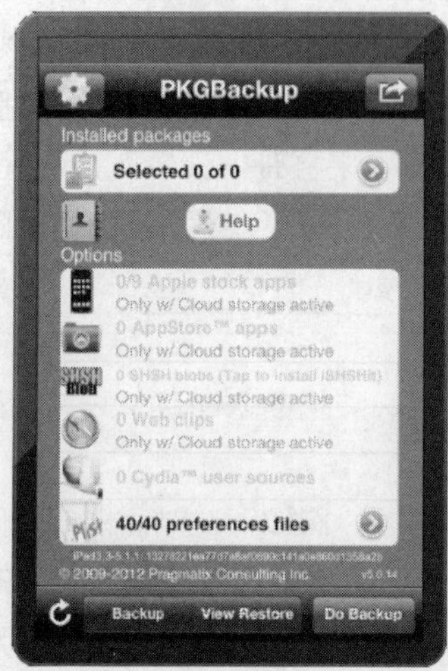

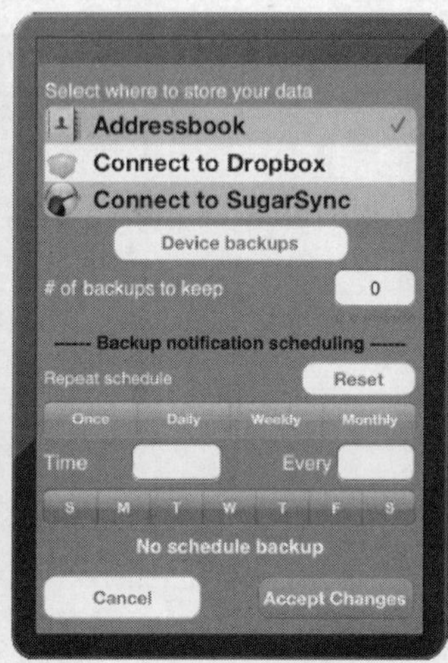

图 6-11　在 PKGBackup 主窗口（左侧）上，点击“设置”按钮（那个齿轮按钮）来显示“设置”窗口（右侧）

你可能需要限制备份的数目来防止PKGBackup将你的Dropbox账户塞满。但是首先，你可能更喜欢保留 0 这个设置（无限备份），直到你看到每个备份在 Dropbox 中占据多大的空间。然后，你可以决定保留多少的备份，并且在“以 # 保存备份”框中输入号码。

9. 如果你想要创建一个备份计划，使用“设置”窗口上的“重复计划”部分里的选项来设置详细信息——例如，每天在 03:00 或者每周日在 22:00。

10. 点击“接受改变”按钮来保存你已经做出的改变。PKGBackup 会让你从“设置”窗口返回到主窗口。

11. 现在，点击窗口右下角的“执行备份”按钮来进行一次备份。你将会看见 PKGBackup 备份你的数据的一个进度指示条。当 PKGBackup 显示“备份完成”对话框的时候，见图 6-12 右侧，点击“OK”按钮。

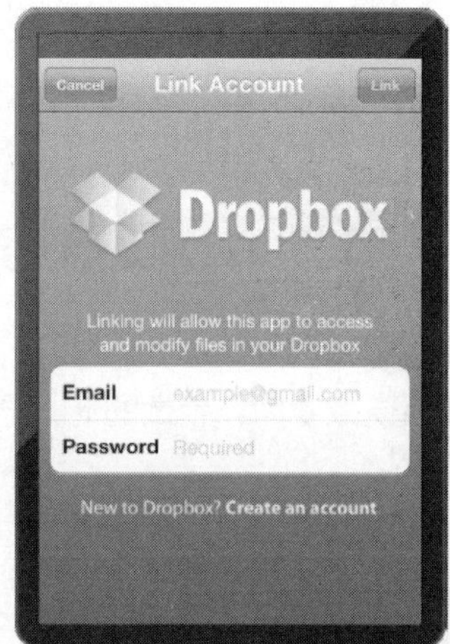

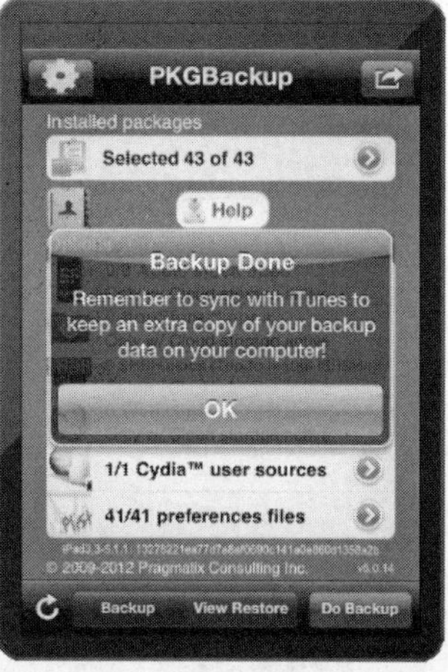

图 6-12　在“连接账户”窗口（左侧）上，输入你的 Dropbox 账户的详细信息或者开始创建一个新的账户来连接到 PKGBackup。在 PKGBackup 主窗口上，你可以点击在右下角的“执行备份”按钮。当“备份完成”对话框（右侧）出现的时候，点击“完成”按钮

使用 PKGBackup 恢复“越狱”应用程序

当你需要恢复“越狱”应用程序的时候，请按照如下步骤进行操作。

1. 在主窗口上面点击 PKGBackup 图标来运行 PKGBackup。

如果你需要恢复你的“越狱”应用程序的原因是一次 iPad 固件升级已经移除了它们的话，你将会需要 PKGBackup 并且首先运行它。这意味着“越狱”iPad，安装 Cydia，使用 Cydia 来安装 PKGBackup，然后连接PKGBackup到你的Dropbox账户，这样的话，它就可以访问你的备份了。

2. 点击窗口底部的“查看恢复”按钮来显示“恢复”窗口（见图 6–13 左侧）。
3. 点击“选择备份”按钮来显示可用备份的列表（见图 6–13 右侧）。
4. 点击你想要使用的备份。
5. 点击“选择”按钮。PKGBackuo 会显示带有备份详细信息的主窗口。

6. 点击“执行恢复”按钮。PKGBackup 会恢复应用程序，并且显示“恢复完成”对话框（见下图）。

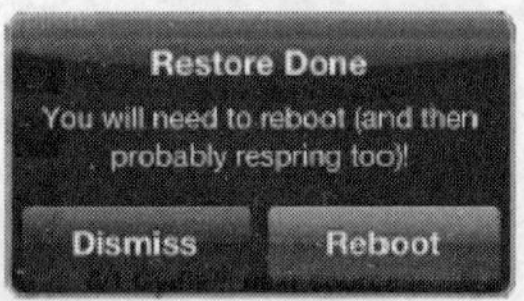

7. 如果你已经准备好重新启动你的 iPad 来使改变内容生效的话，点击“重新启动”按钮。

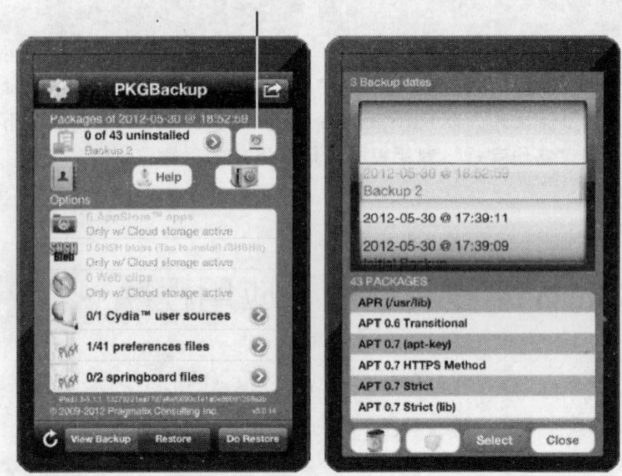

图 6-13 在“恢复”窗口（左侧）上，点击“选择备份”按钮来显示“设备备份”窗口（右侧）。点击你想要使用的备份，然后点击“选择”按钮。

项目 43：通过 SSH 从计算机连接到 iPad

在这个项目中，我们将看一看如何使用 Secure Shell（SSH）连接到你的“越狱”iPad。通过 SSH 连接使你能够访问你的 iPad 的文件系统，并且来回传输文件。

SSH 是一个你用来在两个计算机之间建立一个安全连接的网络协议。一台计算机是一个 SSH 服务器，设置它接收来自 SSH 客户端的连接。在这个项目中，你的 iPad 是 SSH 服务器，你的计算机是 SSH 客户端。

这些是我们将在这个项目中做的：

- 在你的 iPad 上安装一个叫作 OpenSSH 的免费 SSH 应用程序。这就是在你的 iPad 上运行 SSH 服务器的应用程序。
- 在你的 iPad 上安装一个叫作 SBSettings 的免费实用应用程序。这个应用程序使你能够控制首页设置，并且打开和关闭系统服务。你需要 SBSettings 来打开并且关闭 OpenSSH，因为 Openssh 没有一个用户界面。
- 在你的 PC 或者 Mac 上安装一个叫作 FileZilla 的免费 SSH 功能的应用程序。
- 连接到你的 iPad。

在你像这个项目中讨论的那样已经建立连接以后，你可以探索你的 iPad 的系统分区以及多媒体分区（如项目 44 中所述）。

在 iPad 上面安装 OpenSSH 和 SBSettings

想要在你的 iPad 上面安装 OpenSSH 和 SBSettings 的话，请按照如下步骤进行操作。

1. 在主窗口上面点击 Cydia 图标来运行 Cydia。
2. 点击窗口底部的“搜索”按钮来显示“搜索”窗口。
3. 搜索“openssh”，然后点击它的按钮来显示“详细信息”窗口。
4. 点击“安装”按钮。你的 iPad 会显示“确认”对话框。
5. 点击“确认”按钮来确认安装。然后，Cydia 会下载 OpenSSH 并且运行安装程序。
6. 当安装程序显示“完成”窗口的时候，点击“返回到 Cydia”按钮来返回 Cydia。
7. 点击窗口底部的“Cydia”按钮来显示 Cydia 的主窗口。

如果“SBSettings”按钮没有出现在 Cydia 主窗口的在 iPad 上有用的扩展项列表中的话，点击窗口底部的“搜索”按钮，然后搜索“sbsettings”。

8. 在 iPad 上有用的扩展项列表中，点击“SBSettings”按钮来显示“详细信息”窗口。

9. 点击“安装”按钮来显示“确认”对话框。

10. 点击“确认”按钮来开始安装。

11. 当“完成”窗口出现的时候，点击“重新启动首页”按钮来重启。

高级技术达人

处理“无法找到包”信息

当你试图查找一个应用程序或者实用工具的时候，如果 Cydia 显示“注意：无法找到包”信息的话，你可能需要刷新你的 Cydia 软件包目录或者添加更多的包来源。

先以刷新 Cydia 软件包目录开始，因为这通常会清除故障。按照如下步骤进行操作。

1. 点击窗口底部的“更改”按钮来显示“更改”窗口。

2. 点击左上角的“刷新”按钮，当获取到最新的包目录信息的时候，Cydia 会显示更新数据库信息。然后当 Cydia 加载新数据的时候，你将会看见一个重新加载数据信息出现在窗口的中间。

在 Cydia 加载完新信息以后，尝试再次访问应用程序或者实用工具。这一次，你应该能够找到它了——但是如果没有的话，你将需要加载更多的包来源。

想要加载包来源，请按照如下步骤进行操作。

1. 在你的网页浏览器中，搜索包来源。这取决于你想要安装的应用程序或者实用工具，所以在搜索中使用项目的名称。在撰写本文的时候，主要的包来源有以下 3 个，但是注意 Cydia 可能已经添加了这些来源。

- BigBoss http://apt.thebigboss.org/repofiles/cydia/。
- Cydia/Telesphoreo http://apt.saurik.com。
- iJailbreak www.ijailbreak.com/repository。

2. 在 Cydia 中，点击窗口底部的“源”按钮来显示“源”窗口（见下页图）。

3. 点击右上角的“编辑”按钮来打开编辑模式。“完成”按钮会取代“编辑”按钮的位置，见下图。

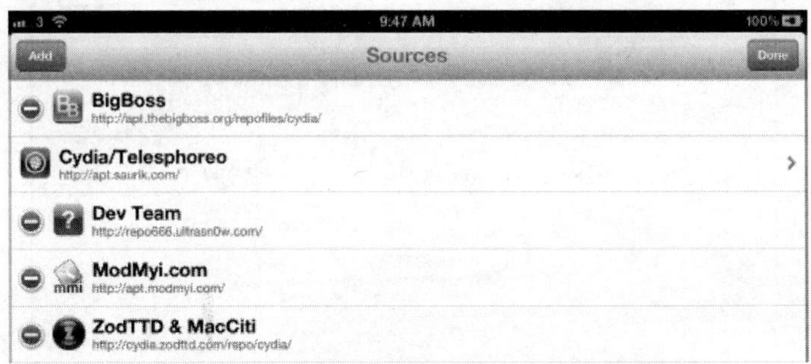

4. 点击“添加”按钮来显示“输入 Cydia/APT URL”对话框（见下图）。

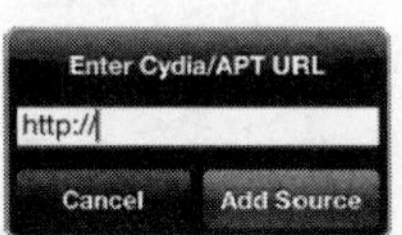

5. 输入你想要添加的包来源的地址。

6. 点击“添加源”按钮。在 Cydia 更新它的源列表的时候，你将会看见“更新源”窗口。

7. 当“完成”窗口出现的时候，点击“返回到 Cydia”按钮来返回 Cydia。现在，你可以从你添加的包来源访问软件包了。

在你的计算机上安装 FileZilla

下一步，下载 FileZilla，并且在你的 PC 或者 Mac 上面安装它。请按照如下步骤进行操作。

1. 打开你的网页浏览器，并且转到 FileZilla 网站，http://filezilla-project.org。

2. 适当地下载并安装 Windows 版本或者 Mac 版本的最新版本 FileZilla 客户端。

□ Windows 版本 运行你下载的文件，然后按照安装过程操作。如果你是你的计算机的管理员的话，你可以选择为所有用户安装 FileZilla，或者只为你自己安装。并且在“选择组件”窗口（见下图）上，选择要安装哪个选装件。Shell 扩展组件让你可以在 Internet Explorer 和 FileZilla 之间拖曳文件，通常是很有用的；是否安装图标集、语言文件以及桌面图标组件都是依你而定。

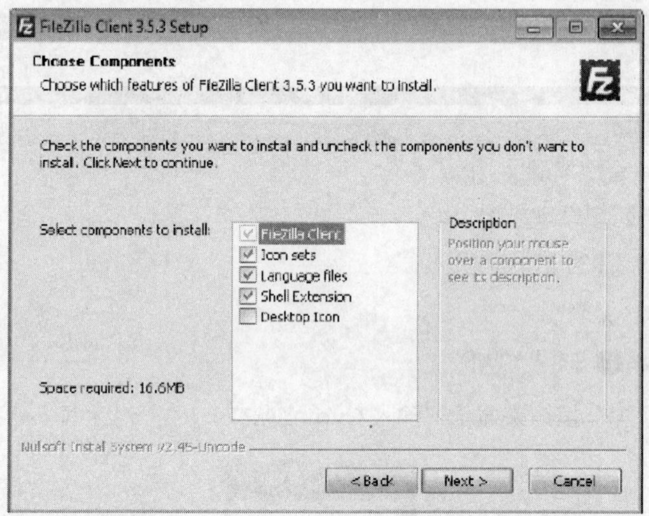

□ OS X 版本 如果 Safari 没有为你打开压缩文件的话，打开它，然后将 FileZilla 应用程序拖拽到应用程序文件夹中。现在，保持应用程序文件夹是打开状态，这样你就可以在下一步中打开 FileZilla 了。

3. 打开 FileZilla：

□ Windows 版本 在安装程序的“完成 FileZilla 客户端安装”窗口上，选择“现在开始使用 FileZilla”复选框，然后单击“完成”按钮。在将来，选择“开始 | 所有程序 | FileZilla FTP 客户端 | FileZilla”。

□ OS X 版本 在显示“应用程序”文件夹的 Finder 窗口中，按住“选项”键并且双击 FileZilla 图标。（在你双击图标的时候按住“选项”键可以使 Finder 窗口在应用程序打开的时候关闭。）

4. 如果 FileZilla 显示“欢迎来到 FileZilla”对话框的话，点击“OK”按钮来关闭它。你将会看见 FileZilla 主窗口。图 6-14 显示了 Mac 版本的软件。

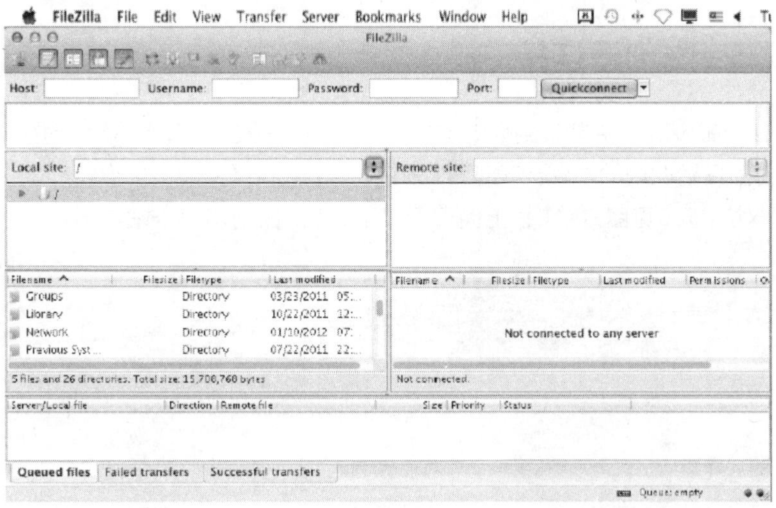

图 6-14　在 FileZilla 主窗口上，你可以通过 SSH 快速连接到你的 iPad 上

使用 SBSettings 来寻找你的 iPad 的 IP 地址，并且打开 SSH

现在运行 SBSettings，并且使用它来寻找你的 iPad 的 IP 地址，并且打开 SSH。请按照如下步骤进行操作。

1. 从主窗口上面，点击 SBSettings 图标来运行 SBSettings。

2. 按下主键来再一次显示主窗口。

3. 从左到右在主窗口顶部的状态栏上移动你的手指来显示 SBSettings 面板（见右图）。

4. 记录 IP 地址，它显示在靠近底部的 Wi-Fi IP 地址栏里——例如，10.0.0.43 或者 192.168.1.153。

5. 如果第二行右边的 SSH 图标是红色的话（表明 SSH 是关闭的），点击图标。当图标变绿的时候，SSH

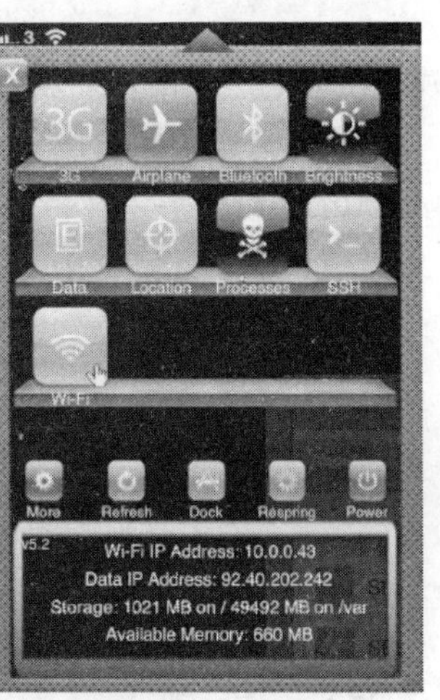

就被打开了。

6. 点击左上角的“关闭”按钮（那个 X 按钮）来关闭 SBSettings 面板。

在 FileZilla 中创建连接

现在，在 FileZilla 中创建到你的 iPad 的连接。请按照如下步骤进行操作。

1. 单击工具栏左边的“站点管理器”按钮，或者选择“文件｜站点管理器”来显示“站点管理器”对话框（见图 6-15，上面显示了 iPad 正在创建一个站点）。

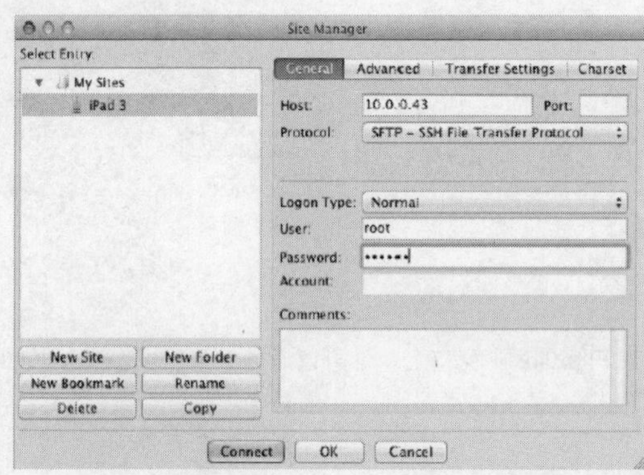

图 6-15　从 FileZilla 的“站点管理器”对话框中，你可以创建 FTP 站点，管理它们并且连接到它们

2. 单击“新建站点”按钮。FileZilla 在“选择进入”面板上的“我的站点”列表中创建一个新的进入口，并且将它命名为“新站点”。

3. 输入站点的名称——例如，“我的 iPad”——覆盖默认的名称，并且按下确认（在 Windows 系统中——或者回车（在苹果机上）来应用新的名称。

4. 在“主机”框中单击，并且输入你在前面章节中查到的 IP 地址。

5. 保留“接口”框为空白。

6. 打开“协议”下拉菜单，并且选择“SFTP-SSH 传输协议”。

7. 打开“登录类型”下拉菜单，并且选择“普通”。

8. 在“用户”框中点击，并且输入“root”。

根用户是基于 Unix 系统的超级管理员。

9. 在“密码”框中单击，并且输入标准密码，“alpine”。

保持“站点管理器”打开，这样的话，你就已经如下一章节中描述的那样准备好连接了。

连接到你的 iPad

现在，你已经为你的 iPad 在 FileZilla 中创建了一个站点，你可以快速地连接它。请按照如下步骤进行操作。

1. 确保你的 PC 或者 Mac 是连接在与 iPad 相同的网络上。

你的 PC 或者 Mac 并不一定必须连接到与 iPad 相同的无线网络上。如果你有一个结合有线和无线的网络端口的话，你的计算机可以连接到有线端口，而 iPad 可以连接到无线端口上。

2. 在 FileZilla 中的“站点管理器“窗口中，单击你的 iPad 的站点，然后单击“连接”按钮。

如果密码 alpine 不能在连接到你的 iPad 时起作用，并且也没有通过使用“越狱”的实用程序来设置一个不同的密码的话，在线搜索其他标准密码来试一试。使用像“连接 ipad ssh 密码”这样的关键词搜索。

3. 如果你看见“未知的主机密钥”对话框（见下图，这个密钥能提醒你你的计算机不知道SSH服务器的主机密钥，并且这样无法确认识别）的话，在主机那一行确认 IP 地址，然后单击“OK”按钮。如果你觉得没问题的话，你可以在单击“完成”按钮之前，选择“始终信任该主机，将这个密钥添加到缓存”复选框。

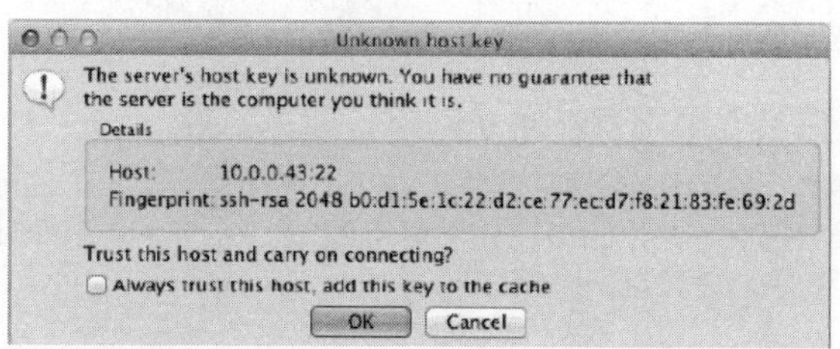

然后，FileZilla 会在右侧面板中显示你的 iPad 的文件系统，见图 6-16。左侧面板显示了在你的 PC 或者 Mac 上的当前文件夹。

现在，你已经准备好要探索你的 iPad 的分区了。想要了解详细信息，请参加下一个项目。

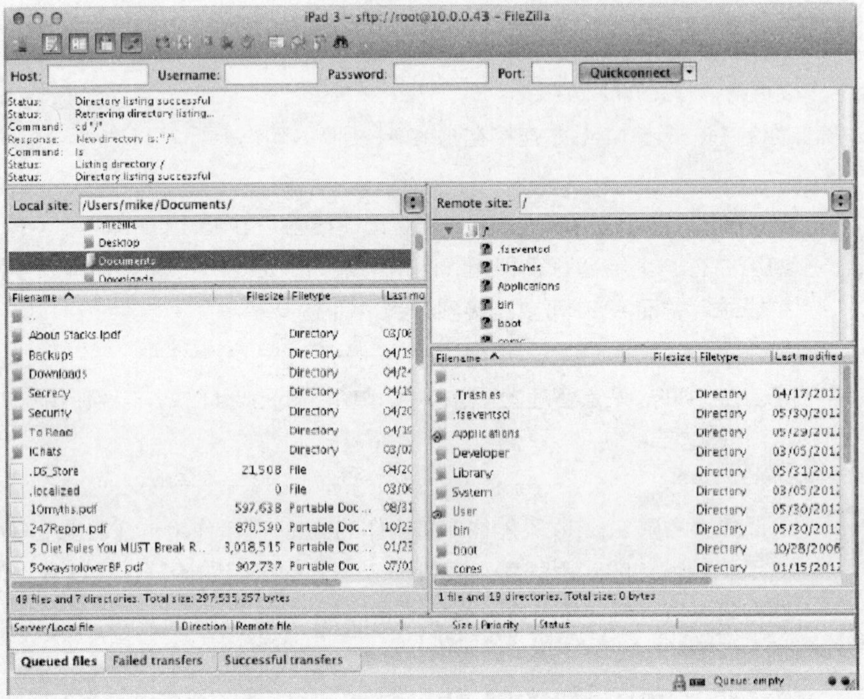

图 6-16　FileZilla 在右侧面板中显示了你的 iPad 的文件系统

高级技术达人

改变你的 iPad 的根密码

当你在正文中阅读到大多数的 iPad 使用相同的根密码——“alpine”的时候，你是否会想到“哦，不……”？

我敢肯定，你非常清楚密码一旦泄漏是不安全的。所以，如果你想要能够通过 SSH 安全地连接到你的 iPad 上的话，你需要改变你的 iPad 的根密码。

苹果公司并没有给你提供做到这一点的方法，所以，你需要转到“越狱”软件上。你所需要的就是一个叫作“移动终端（MobileTermind）”的终端应用程序——在 iOS 中相当于命令提示符（在 Windows 系统中），或者终端实用程序（在 Mac 上），你可以使用它来给出命令来改变密码。

打开 Cydia，在底部点击“搜索”选项卡，然后搜索“移动终端”。点击搜索结果并且阅读描述。

如果描述显示移动终端兼容你正在使用版本的 iOS（在撰写本文时是 iOS 5）的话，点击“安装”按钮来下载并安装它。

如果描述说明移动终端不兼容这个版本的 iOS 的话，你将需要在 iJailbreak.com 这个网站上使用外部库。按照本项目前面侧边栏“处理‘无法找到包’信息”中介绍的方法将这个库添加为一个包来源。然后再次搜索“移动终端”，你将能够找到并且安装来在 iJailbreak.com 版本的应用程序。

现在，你可以使用移动终端来改变你的密码了。请按照如下步骤进行操作。

1. 在主窗口上，点击终端图标来运行移动终端。
2. 输入下列命令：

su root

3. 点击“回车”按钮。移动终端会提示你输入密码。
4. 输入默认密码：

alpine

5. 点击“回车”按钮。你将会看见另外一个提示，向下面这样：

iPad:/variable/mobile root#

6. 输入改变密码的命令：

passwd

7. 点击“回车”按钮。移动终端会提示你输入新的密码。
8. 输入你想使用的新密码。
9. 点击“回车”按钮。移动终端会提示你再输入一次新密码。
10. 再一次输入新密码，并且再一次点击“回车”按钮。然后，你将会再一次看见提示：

iPad:/variable/mobile root#

11. 输入编辑命令：

exit

12. 点击“回车”按钮。

13. 按下主键来返回到主窗口。

现在，你的 iPad 使用了你设置的新的根密码。从现在开始，你将需要使用这个密码来通过 SSH 来进行连接。

项目 44：探索你的 iPad 的 OS 分区和媒体分区

一旦你已经按照前面项目描述的那样通过 SSH 连接到你的 iPad 上，你已经准备好要探索它的分区了。在这一章节中，你将学习到两个分区，如何探索它们，如何从你的 iPad 上复制文件或者复制文件到你的 iPad 上，以及当你完成的时候，如何从 iPad 上断开连接。

想要按照这个项目操作，你必须已经按照项目 43 中描述的那样通过 SSH 连接到了你的 iPad 上。

了解两个分区

你的 iPad 使用两个分区，OS 分区以及媒体分区。

OS 分区

OS 分区包含了 iOS 系统的文件以及其他重要文件。

这个分区相对来说较小——尺寸会根据 iOS 版本的不同进行改变，但是对于 iOS 5 来说，它通常情况下都是在 1 ～ 2GB 之间。

OS 分区通常被设置为只读，并且 iOS 被设计为不会向上面写东西。在正常情况下，OS 分区唯一被写入的时候就是当你进行固件升级以及恢复你的 iPad 的时候。

Cydia 使 OS 分区可读，这样的话，它就可以在分区上进行改变。Cydia 通过从 OS

分区移动“应用程序”文件夹（包含内置应用程序的文件夹）和各种其他文件夹到媒体分区来为自己腾出空间，为需要在 OS 分区上的应用程序添加空间。Cydia 会创建一个到“应用程序”文件夹和其他文件夹的符号链接，这样的话，应用程序仍然正常运行，并且 iOS 也会正常工作。

一个符号链接就是指向另外一个文件或者文件件的文件，就像是 Windows 中的一个快捷方式，或者 Mac 上的一个别名。

媒体分区

媒体分区包含你的媒体文件——歌曲、视频、广播等。这个分区会在你的 iPad 上占据被 OS 分区占据以后剩下的所有空间。

例如，假设你有一个 64GB 的 iPad。这些 64“千兆字节”每一个实际上是 10 亿个字节，而不是真正的 1073741824 字节（1024×1024×1024 字节）的“千兆字节”，所以，实际的容量是 59.6 个真正的“千兆字节”。OS 分区会占据 1 ～ 2GB 的空间，给你在媒体空间上剩余 57 ～ 58GB。

想要在 OS 分区上为自己创造空间，以及为任何只能在 OS 分区上运行的应用程序创造空间的话，Cydia 会从 OS 分区将各种各样的文件夹移动到媒体分区上。

高级技术达人

了解为什么一些应用程序必须从 OS 分区上运行

大多数使用正常编程技术编写的应用程序既可以从 OS 分区运行（如苹果公司计划的一样），也能使用符号链接从媒体分区上运行。在你“越狱”了你的 iPad，并且安装了 Cydia 以后，Cydia 会将这样的应用程序放在媒体分区上，在 OS 分区上保留空间。

但是一些应用程序是硬编码的——它们将需要使用的路径编写在代码中，而不是使用指向文件真实存在地方的变量。硬编码应用程序必须在 OS 分区上运行，因为它们不能从媒体分区上正确运行。

对付 iPad 文件系统上的分区和文件夹

在使用 FileZilla 连接到你的 iPad 的文件系统以后，你将会看见它包含的文件夹。在这个章节中，我们将快速浏览一下这些关键文件夹。这个例子使用 Windows 系统窗口，但是在 Mac 上，操作也是相同的。

想要进行这个过程，请按照如下步骤进行操作。

1. 沿着图 6-17 的步骤设置 FileZilla 窗口，这样的话，你可以看到"远程站点"面板：

- 选择"查看｜消息日志"，从菜单项目中删除复选标记来隐藏消息日志。这是显示命令的面板——例如，"状态：目录列表成功"。
- 选择"查看｜传输队列"，从菜单项目中删除复选标记来隐藏传输队列。这是在 FileZilla 窗口底部显示文件传输过程的面板。
- 如果"远程目录树"面板没有显示的话，选择"查看｜远程目录树（在命令旁边放置一个复选标记）"来显示它。
- 拖曳"本地目录树"面板以及"本地站点"面板（在左侧）、"远程目录树"面板以及"远程站点"面板之间的竖条，这样的话，"远程站点"面板就足够宽，可以显示它所有的文件。你可能需要在你浏览的时候调整面板的宽度。你也可能需要通过将纵列标题之间的区域向左或向右拖曳来改变"远程站点"面板上纵列的宽度。或者，双击一个纵列标题右边的栏来让列自动适应其内容。

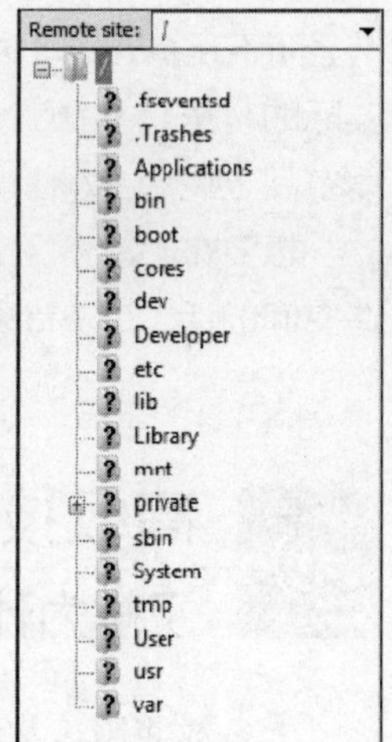

2. 在"远程目录树"面板的顶部，你将会看见根目录，它以一个正斜杠（/）表示，就如在基于 Unix 文件系统中自定义的一样。单击根目录来在"远程站点"面板中显示它的内容的一个列表，见图 6-17。

3. 如果根目录重叠了的话，单击"+"符号或者打开它左侧的三角形符号来展开它。你也可以简单地双击项目。右面这个插图显示了你将会看见的列表。

正如在 Windows 资源管理器中一样，在 FileZilla 中一个文件夹左侧的在一个框中的"+"符号表示你可以展开它，一个"-"符号表示你可以折叠它。同样，在 Mac 上，一个灰色向下指的展开三角形表示你可以展开它，一个灰色的向右指的折叠三角形表示你可以折叠它。

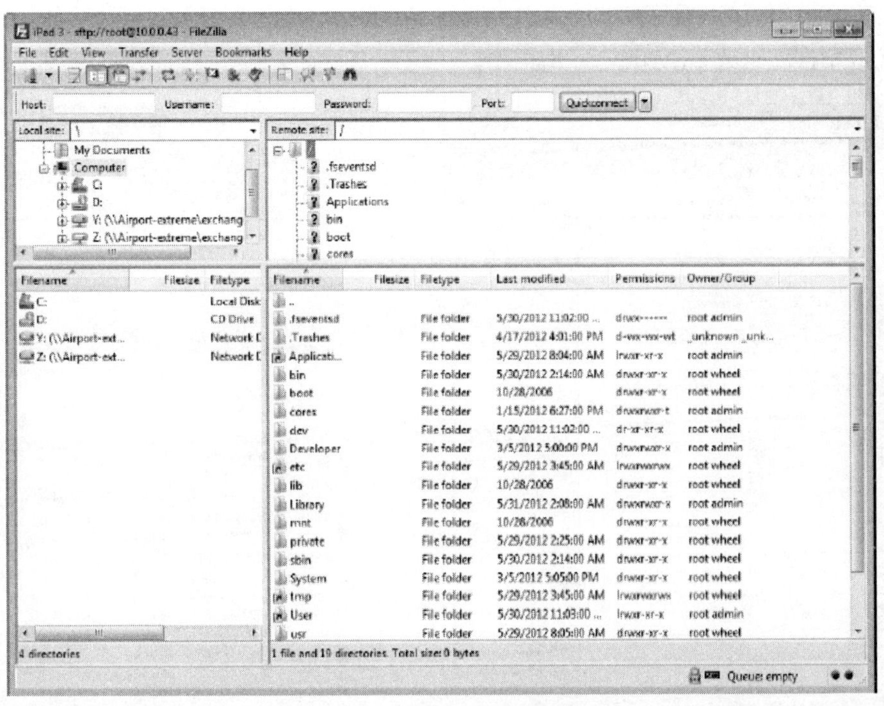

图 6-17　在 FileZilla 窗口中，隐藏消息日志和传输队列，然后将主要的竖线向左拖曳来给“远程目录树”面板（右上）和“远程站点”面板（右下）提供更多的空间

4. OS 分区被安装在根目录里，所以 OS 分区的内容会直接显示在根文件夹中——“应用程序”文件夹、“bin”文件夹、“启动”文件夹等。媒体分区被安装在“私人”文件夹中，我们将在一分钟内访问它。

5. 在 iPad 的正常、非“越狱”状态下，“应用程序”文件夹包含了应用程序——Safari 浏览器、邮件、通话以及所有其他应用程序。但是正如你前面读到的一样，Cydia 移动“应用程序”文件夹的内容来为自己在 OS 分区上腾出空间。试一下双击“应用程序”文件夹。FileZilla 会按照符号链接的指示，显示 /private/var/stash/Applications.goGsbl 文件夹的内容（见图 6–18），那里就是 Cydia 将应用程序移动到的应用程序文件夹，而不是显示“应用程序”文件夹的内容。这个文件夹的名称是以一个特定的字符串结束的——例如，Applications.PStTBz。

6. 随着 Applications.goGsbl 在“远程目录树”面板中被选中，看一下“远程站点”

面板。在这里，你可以看见在文件夹中应用程序的列表，包括“苹果商店”应用程序、“照相机”应用程序以及“Cydia”应用程序。

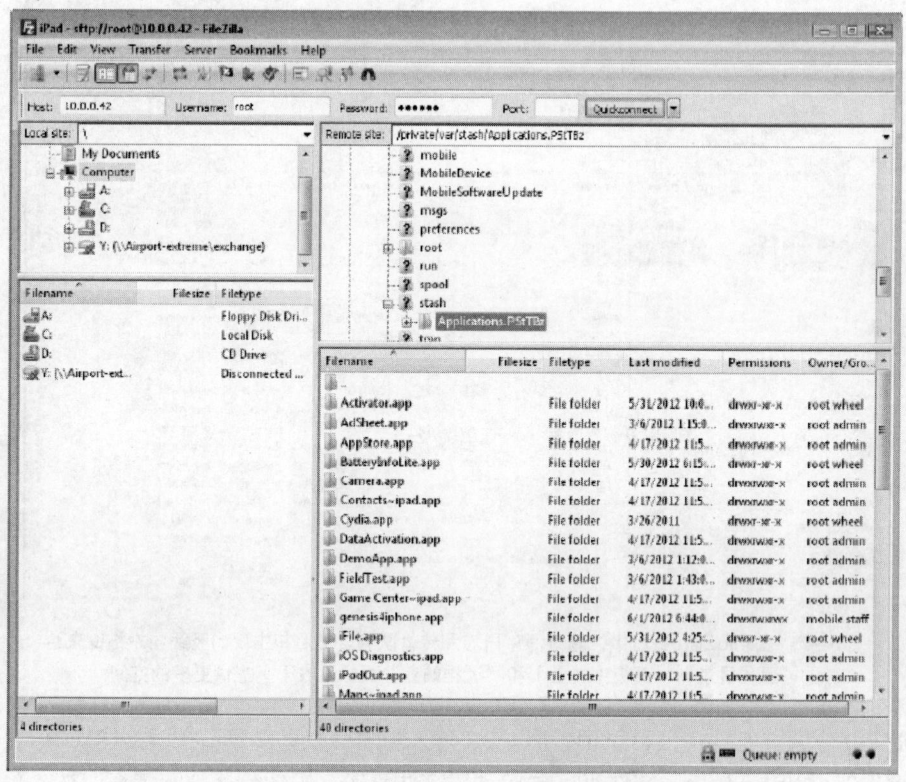

图 6-18 在一台“越狱”iPad 上双击“应用程序”文件夹将会追综到 /private/var/stash/Applications.goGsbl 文件夹，Cydia 在这里存储应用程序

7. 在“远程目录树”面板上向上滑动，直到你可以看见“移动”文件夹（仍然是在 /private/var/ 下），然后双击它来打开。

8. 现在，让我们找你的歌曲。首先，展开在“移动”文件夹下面的“媒体”文件夹。

9. 下一步，展开在“媒体”文件夹下面的“iTunes 控制”文件夹。

10. 然后展开在“iTunes 控制”文件夹下面的“音乐”文件夹。

11. 最后，单击一个名称以 F 开头的文件夹，F00 文件夹。它包含的歌曲文件列表会出现在“远程站点”面板中（见图 6-19）。

看一下在“远程站点”面板中列出的歌曲，你将会注意到它们拥有神秘的，4 个字符的名称——例如，BWYH.m4a 以及 ZFID.mp3。iTunes 和你的 iPad 的“音乐”应用程序使用这些文件名称，而不是歌曲的标题（或者由它们转变的），来在 iPad 上唯一识别歌曲。

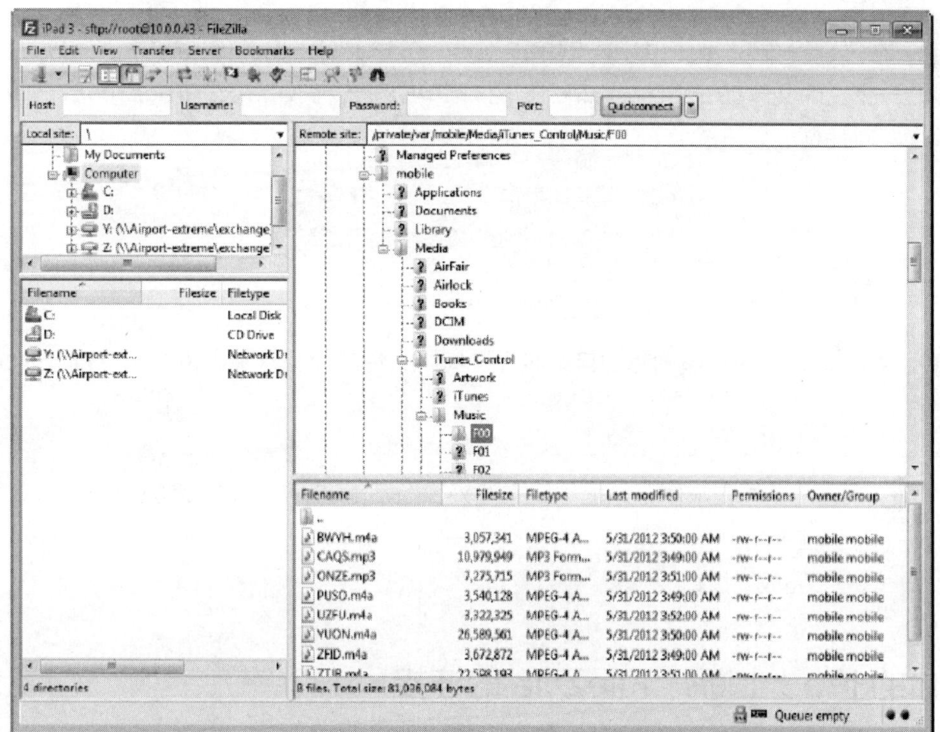

图 6-19　打开 /private/var/mobile/Media/iTunes_Control/Music 文件夹中的一个子文件夹来看一下你已经在你的 iPad 上面下载的歌曲

正如你可以看见的，你的 iPad 有很多其他文件夹，但是，我们现在将会结束这次操作。如果你想要向你的 iPad 上复制文件或者从它上面复制出文件的话，保持 FileZilla 窗口是打开的，如下一节描述的那样。

复制文件到你的 iPad 上，并且从它上面复制文件

在使用 FileZilla 连接到你的 iPad 上以后，你可以轻松地通过在“本地站点”面板和“远程站点”面板之间拖曳文件来复制文件到它上面或者从它上面复制文件。

为了在你的 iPad 上存储你的文件，你将很可能想要创建一个或者更多你自己的文件夹，而不是使用 iPad 上面已经存在的文件夹。想要创建一个文件夹的话，请按照如下步骤进行操作。

1. 在“远程站点”面板中，右键单击（或者在 Mac 上按住 ctrl 键单击）你想要在其中创建一个新的文件夹的文件夹，然后在下拉菜单中单击“创建目录”。FileZilla 会显示“创建目录”对话框（见下图）。

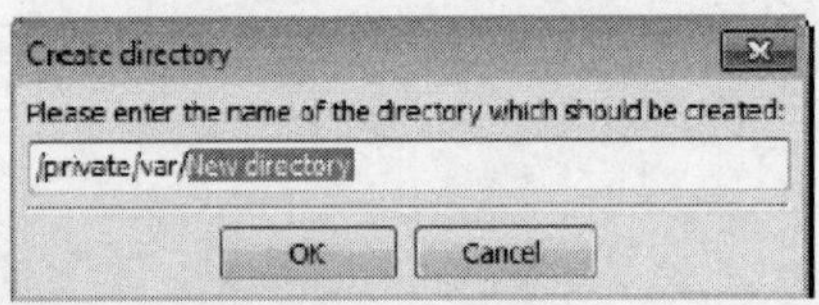

2. 在“请输入应该被创建的目录名称”框中，在新建文件夹占位符的位置输入文件夹名称。

只能在媒体分区上创建文件夹，而不能在 OS 分区上创建。

3. 单击“完成”按钮。

从你的 iPad 上断开 FileZilla 的连接

如果现在你已经完成了到你的 iPad 的 FTP 连接，单击工具栏上的“断开连接”按钮（那个带有红色 × 的按钮）来从你的 iPad 上断开连接。

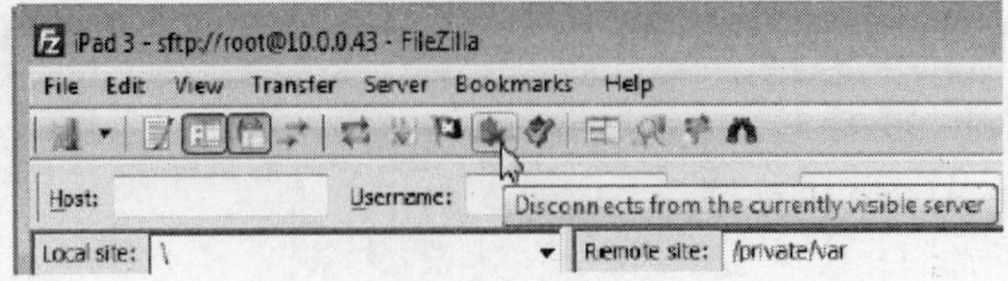

你也可通过选择“服务器 | 断开连接”或者按下 Ctrl+D（在 Windows 系统中）以及按下 ⌘ +D（在 Mac 上）来断开连接。

项目 45：管理你的 iPad 的文件——就在 iPad 上

如果你使用你的 iPad 作为你的主要计算机的话，你将很可能想要能够直接管理 iPad 的文件系统，而不必通过 FTP 从你的计算机上面操作。你可以通过使用一款像 iFile 这样的应用程序来管理文件系统。这个应用程序是共享软件，这样的话你可以尝试使用一下，并在支付之前看看你多喜欢它。

iFile 以及类似的文件管理应用程序在你快使用完 iPad 上的空间并且必须移除一些文件来为其他文件腾出空间的时候特别有用。

在你的 iPad 上面安装 iFile

想要在你的 iPad 上面安装 iFile，请按照如下步骤进行操作。

1. 在主窗口上面点击 Cydia 图标来运行 Cydia。

在搜索 iFile 之前，看一下 Cydia 主窗口上面专门为 iPad 设计的产品列表。如果你发现有一个 iFile 按钮，点击它来显示“详细信息”窗口。

2. 点击窗口底部的“搜索”按钮来显示“搜索”窗口。
3. 搜索“ifile”，然后点击它的按钮来显示“详细信息”窗口。
4. 点击“安装”按钮。你的 iPad 会显示“确认”对话框。
5. 点击“确认”按钮来确认安装。然后，Cydia 会下载 iFile 并且运行安装程序。
6. 当安装程序显示“完成”窗口的时候，点击“返回到 Cydia”按钮，返回到 Cydia。

使用 iFile 管理你的 iPad 上面的文件

现在，按下主键来显示主窗口，然后点击 iFile 图标来运行 iFile。

你既可以在横向方向使用 iFile，也可以在纵向方向使用。通常情况下，横向要更容易一些，因为这样的话，在左边就会有空间来显示侧边栏，就是那个主要的导航工具（见图 6–20）。在纵向方向，除非你点击窗口左上角的“侧边栏”按钮，是侧边栏按照弹出面板的方式出现，否则的话它不会显示。

iFile 很容易使用，你将很可能需要按照下面这 5 个步骤进行操作。

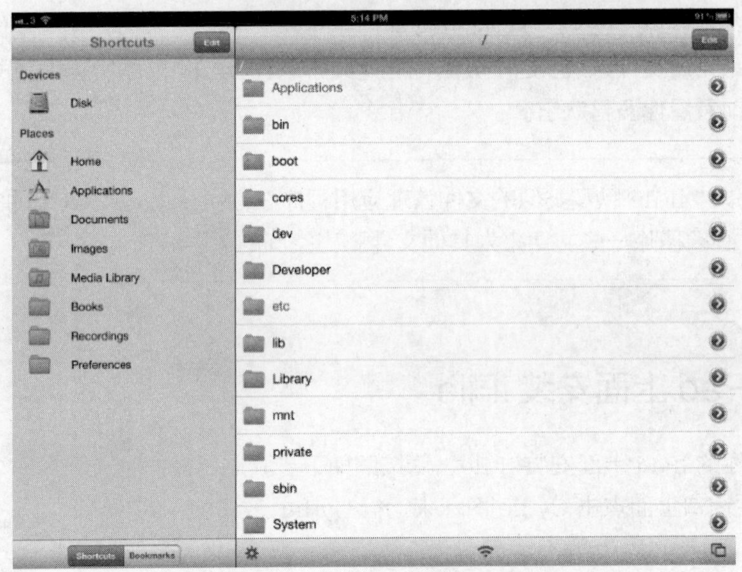

图 6-20 在横向方向，侧边栏会出现在左边，你可以在“设备”列表中设备间以及“位置”列表的位置上快速地进行导航

- 导航到一个文件夹。在“快捷键”列表中，如果你想要显示根文件夹的话，点击“设备”类别中的磁盘图标。否则的话，点击“位置”列表中的一个位置来显示这个位置。例如，这“位置”列表中点击主窗口图标来显示 /var/mobile/ 文件夹的内容，这个文件夹在 iPad 上相当于你的主文件夹。
- 导航到一个文件。点击包含文件的文件夹来显示文件夹的内容。
- 打开一个文件。点击文件来显示一个弹出面板，这个弹出面板上面包括了一列可以打开文件的应用程序的列表，然后点击你想要使用的应用程序。

□ 操作一个或者多个文件。导航到包含文件的那个文件夹，然后点击窗口右上角的“编辑”按钮来打开“编辑”模式。一个选择按钮会出现在每一个文件的左边，并且会有一条操作图标出现在窗口的底部（见图 6-21）。点击每一个你想要操作的文件相应的选择按钮，然后点击相应的操作图标。例如，点击垃圾桶图标来删除文件。当你使用完“编辑”模式以后，点击“完成”按钮。

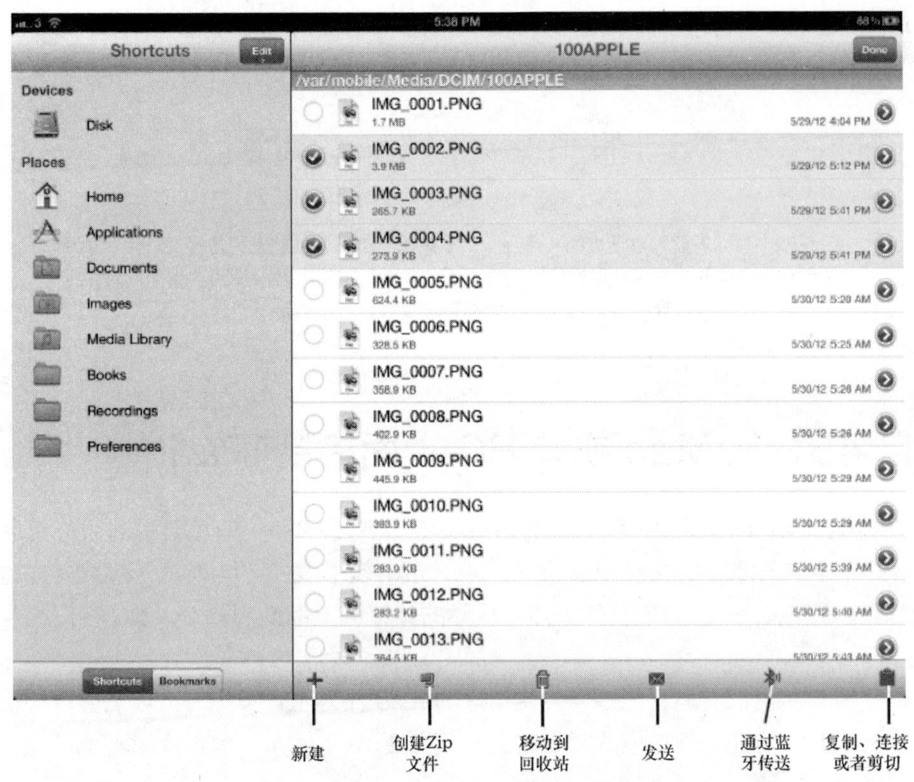

图 6-21　在“编辑”模式中，使用文件名称左边的选择按钮来选择你想要操作的文件，然后在窗口底部的操作图标栏上点击相应的操作图标

□ 创建一个新文件夹。点击“编辑”按钮来打开“编辑”模式，然后点击“新建”按钮来显示“新建”对话框（见图 6-22）。在“名称”框中输入名称，确保“属性”列表中的“类型”按钮上面的“目录”是被选择的，然后点击“创建”按钮。

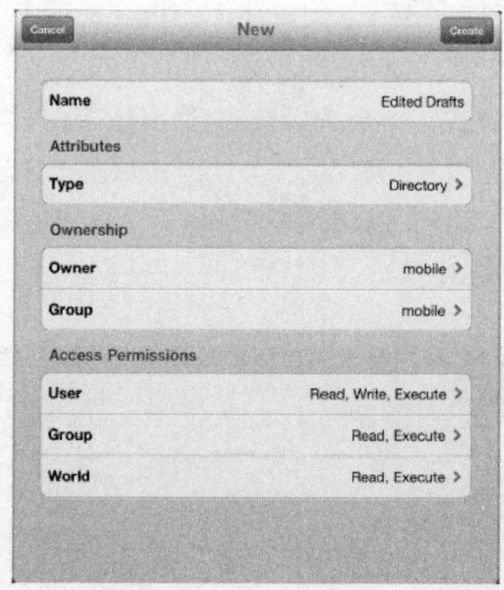

图 6-22　在“新建”对话框的“属性”列表中的“类型”按钮上面选择“目录”项目来创建一个新的文件夹。你也可以通过点击“类型”按钮，然后使用“类型”对话框选择项目来创建一个新的文件或者一个新的符号链接

项目 46：从 Mac 或者 PC 上面控制 iPad

在你的 iPad 上面控制你的 PC 或者 Mac 是非常棒的——但是有的时候你可能想要反过来，并且在你的 PC 或者 Mac 上面控制你的 iPad。这个项目将告诉你如何通过在你的 iPad 上面安装一个 VNC 服务器并且从你的计算机上面使用一个 VNC 客户端连接到 iPad 上面。

这个项目将会很有趣，但是当你使用你的 iPad 作为主计算机并且你需要能够使用另外一台计算机快速在上面工作的时候它会十分方便。

你的 iPad 必须已经“越狱”了，这样你才能按照下面这样远程控制它。

想要从你的计算机上面控制你的 iPad 的话，你需要进行如下这些步骤。

- 在你的 iPad 上面安装 Veency 应用程序。

- 配置 Veency 接收传入连接。
- 在你的计算机上安装一个 VNC 客户端。
- 将你的计算机上面的 VNC 客户端连接到你的 iPad 上面。

让我们从第 1 步开始吧。

在你的 iPad 上面安装 Veency 应用程序

首先，在你的 iPad 上面安装 Veency 应用程序。请按照如下步骤进行操作。

1. 通过在主窗口上面点击 Cydia 图标来运行 Cydia。
2. 点击“搜索”按钮来显示“搜索”窗口。
3. 开始输入“Veency”，直到你输入了足够进行匹配的字母。
4. 点击“Veency”按钮来显示 Veency 的“详细信息”窗口。
5. 点击“安装”按钮。Cydia 会显示“确认”对话框。
6. 点击“确认”按钮来设置安装程序运行。
7. 当“完成”窗口出现的时候，点击“重新启动首页”按钮来重启首页。

配置 Veency 接收传入连接

在首页重新启动以后，拖动滑块来解锁你的 iPad，如果你使用了密码的话，输入它。当你的 iPad 再一次显示主窗口的时候，按照如下步骤来配置 Veency 接收传入连接。

1. 点击设置图标来显示“设置”窗口。
2. 向下滑动到“扩展”部分，然后点击“Veency”按钮来显示“Veency”窗口（见下图）。

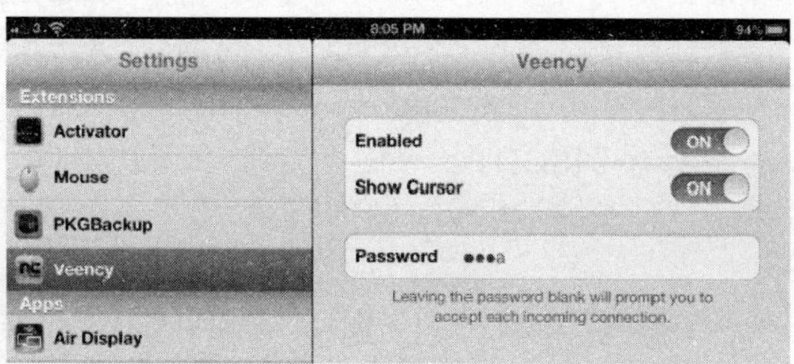

3. 设置“启动”开关为开启位置。
4. 设置“显示光标切换”开关为开启位置。
5. 点击“密码”区域，并且输入你想要使用的密码。
6. 按下主键来再次显示主窗口。

安装一个 VNC 客户端

接下来，你需要在你的 PC 或者 Mac 上面安装一个 VNC 客户端。这部分内容会向你推荐 2 个适用于 PC 的 VNC 客户端程序以及 2 个适用于 Mac 的 VNC 客户端程序。

在 Windows 系统中安装并且运行 RealVNC

很多不同的 VNC 客户端都适用于 Windows 系统，但是开始的时候比较好的一个是 RealVNC。这个程序有几个不同的版本，其中有 2 个很符合我们的目的。

- RealVNC 免费版本。这个版本是免费的，并且工作得很好，但是它不能适应窗口的分辨率。

如果你有一台新 iPad 的话，你最好还是使用一个能够显示适合窗口分辨率的 VNC 客户端程序——否则，iPad 的分辨率很可能太亮了，以至于不能适合立刻在你的计算机上面显示。RealVNC 个人版可以降低窗口分辨率，但是 RealVNC 免费版却不能。

- Real 个人版。这个版本需要花费 30 美元。它比免费版拥有更多的功能，但是，最重要的功能就是桌面扩展——这个功能是在一个不同的尺寸而不是实际尺寸来显示 VNC 服务器的桌面。在进行支付之前，你可以试一下免费的个人版本。

你可以从 http://realvnc.com/products/download.html 网站上面下载任何一个版本。选择可执行文件，而不是 Zip 归档文件。

在下载完文件以后，双击它来运行 VNC 安装向导。安装是很简单的，只需要决定一些选项：

- 选择组件。在“选择组件”窗口（见下图），你可以选择是否安装 VNC 服务器、

VNC 查看器或者两个都安装。通常情况下，你将会只想要安装 VNC 查看器，所以清除“VNC 服务器”复选框。

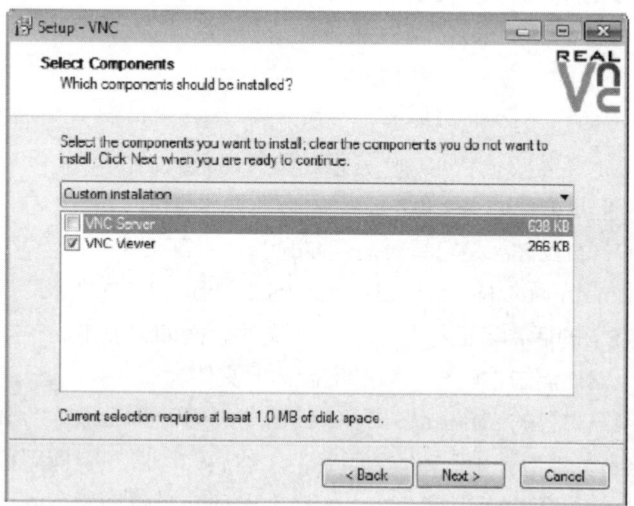

□ 选择附加任务。在“选择附加任务”窗口上，清除“创建一个 VNC 查看器桌面图标”复选框，除非你想要在你的桌面上创建一个 VNC 查看器的图标。同样地，清除“创建一个 VNC 查看器快捷登陆图标”复选框，除非你想要在你的快速启动工具栏上创建一个图标。

当“完成 VNC 安装向导”窗口出现的时候，点击“完成”按钮。然后你可以从“开始”菜单中运行 VNC——选择“开始｜所有程序｜RealVNC｜VNC 查看器”。如果你允许向导创建了桌面图标或者快速启动工具栏图标的话，你也可以从那里运行程序。

在 Mac 上面安装并且运行一个 VNC 客户端应用程序

你可以获得各种各样的适用于 Mac 的 VNC 客户端，但是在撰写本文的时候，这里有 2 个最好的选择：

□ Chicken of the VNC。这个应用程序是免费的，并且你可以从 SourceForge.net（http://sourceforge.net/projects/cotvnc/files/latest/download）网站上面下载它。Chicken of the VNC 是非常不错的 VNC 客户端，但是它不能适应窗口分辨率。

如果你有一台新 iPad 的话，你最好还是使用一个能够显示适合窗口分辨率的 VNC 客户端程序来使 iPad 的高分辨率窗口能够适合你的计算机的窗口。JollyFastVNC 可以降低窗口分辨率，但是 Chicken of VNC 却不能。

- JollyFast VNC。这个应用程序是全功能的 VNC 客户端，其功能包括适应窗口分辨率。JollyFast VNC 需要花费 19.99 美元。最容易获取这个应用程序的地方就是 Mac 应用程序商店——但是如果你这么做的话，你必须立即支付。如果你想在支付之前尝试一下 JollyFast VNC，直到你清楚它是否适合你的话，转到开发者的网站，www.jinx.de。

在下载完 Chicken of VNC 或者试用版本的 JollyFast VNC 以后，如果 OS X 系统没有为你自动打开它的话，自己打开磁盘镜像文件。例如，点击底栏上面的“下载”图标来显示下载栈，然后点击你已经下载的磁盘镜像文件。

在显示磁盘镜像内容的 Finder 窗口中，单击“VNC”图标或者“JollyFast VNC”图标来将它们拖曳到你的“应用程序”文件夹中。然后你可以在“应用程序”文件夹中单击应用程序的图标来运行应用程序，或者如果你发现使用登录板更方便的话，那就使用它运行应用程序。

如果你想要的话，你也可以直接从磁盘镜像运行 Chicken of the VNC 或者 JollyFast VNC：只需要简单地双击应用程序的图标。但是如果你计划经常使用应用程序的话，将它添加到你的“应用程序”文件夹中。

当你从 Mac 应用程序商店购买 JollyFast VNC 的时候，你的 Mac 会自动安装它。然后你可以通过在登录板窗口上点击图标来运行 JollyFast VNC。

通过 VNC 连接到你的 iPad 上面

当你已经安装完 VNC 客户端以后，你可以通过 VNC 连接到你的 iPad 上面。

想要让一个 VNC 连接工作的话，你可能需要将你的计算机连接到与你的 iPad 相同的无线网络上面。如果你的计算机是在一个相同网络的有线部分上的话，VNC 连接可能不会工作。

在 Windows 系统中使用 RealVNC 通过 VNC 连接到你的 iPad 上面

想要使用 RealVNC 连接到你的 iPad 上面的话，请按照如下步骤进行操作。

1. 选择“开始｜所有程序｜ RealVNC ｜ VNC 查看器”来运行 VNC 查看器。你将会看见 VNC 查看器窗口，见下图，上面已经选好了设置。

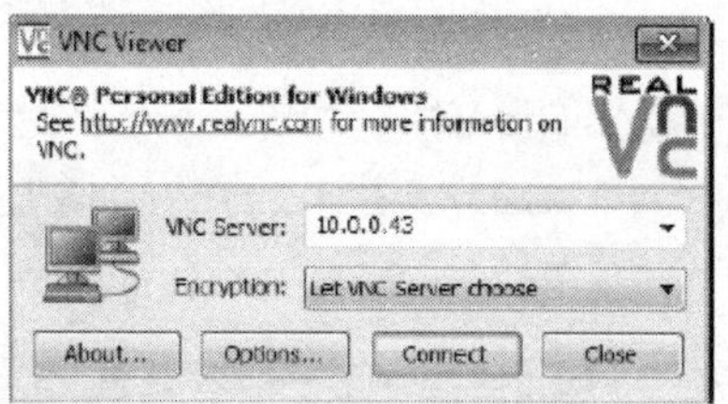

2. 在“VNC 服务器”框中输入你的 iPad 的 IP 地址。

3. 在“加密”下拉列表中，选择“让 VNC 服务器选择”一项。

4. 如果你正在使用 RealVNC 个人版，而不是 RealVNC 免费版的话，单击“选项”按钮来显示“选项”对话框（见下图）。在“显示”区域，选择“扩展到窗口大小”复选框。然后点击“OK”按钮。

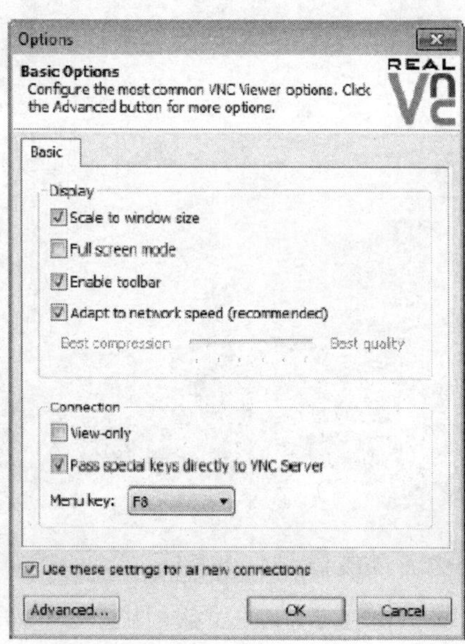

5. 单击“连接”按钮。然后，RealVNC 会显示“身份验证凭证”对话框（见下图）。

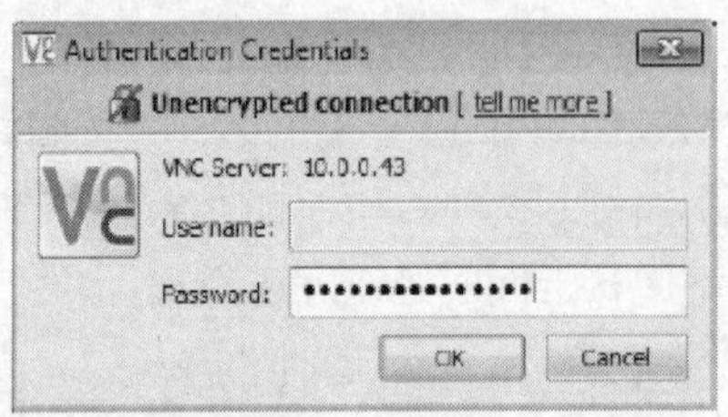

6. 在“密码”文本框中输入你的 VNC 密码。

7. 单击“OK”按钮。RealVNC 会建立连接并且在一个窗口中显示你的 iPad 的窗口（见图 6–23）。

图 6-23　当 RealVNC 显示你的 iPad 的窗口时，你可以开始工作了。当你需要显示工具栏时，将鼠标箭头移动到窗口的顶部

当你准备结束你的 VNC 会话的时候，只需要简单地点击“关闭”按钮（在窗口题目栏右边的那个 × 按钮），或者将鼠标箭头移动到窗口的顶部，并且单击工具栏上面出现的“关闭连接”按钮。

在 Mac 上面使用 Chicken of the VNC 连接到你的 iPad 上面

想要使用 Chicken of the VNC 连接到你的 iPad 上面，请按照如下步骤进行操作。

1. 运行 Chicken of the VNC。例如，单击底栏上面的登录板图标，然后在“登录板”窗口上面单击Chicken of the VNC的图标。Chicken of the VNC会显示“VNC登录”对话框（见下图）。

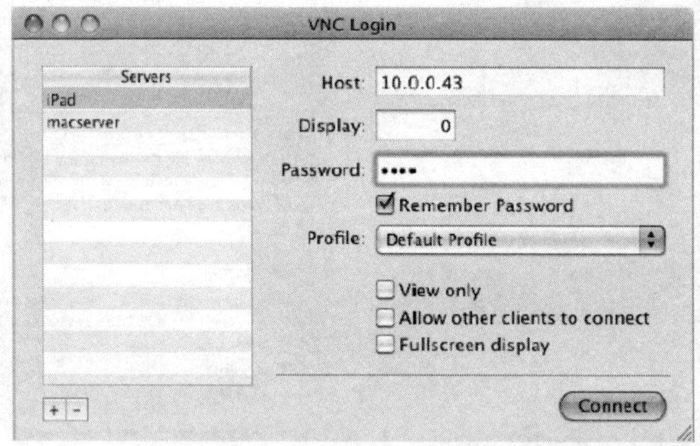

2. 单击左下角的“+”按钮来添加一个新的入口到“服务器”列表中。
3. 输入连接的名称——例如，iPad。
4. 在“主机”框中输入 iPad 的 IP 地址。
5. 在“密码”框中输入密码。
6. 如果你想要存储密码的话，选择“记住密码”复选框。
7. 单击“连接”按钮。Chicken of the VNC 会连接到你的 iPad 上面，并且你的 iPad 的窗口会出现在 VNC 窗口中。你可以从你的 Mac 上面使用 iPad 了。

当你准备结束你的 vnc 会话的时候，选择“Chicken of the VNC ｜退出 Chicken of the VNC”。

在 Mac 上面使用 JollyFast VNC 连接到你的 iPad 上面

想要使用 JollyFast 连接到你的 iPad 上面的话，请按照如下步骤进行操作。

1. 运行 JollyFast VNC。例如，在底栏上面单击“登录板”图标，并且在“登录板”窗口上面单击“JollyFast VNC”图标。“服务器列表”窗口就会出现。

2. 单击左下角的“+”按钮来添加一个新的入口到列表中。“服务器列表”窗口会在右边显示“详细信息”面板（见图 6-24）。

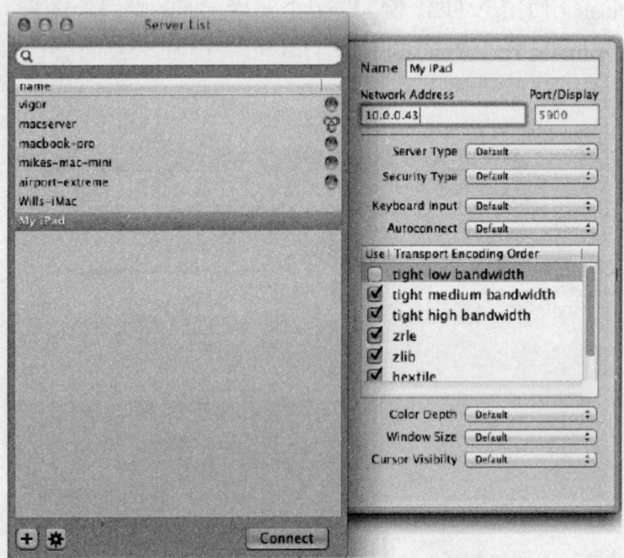

图 6-24 在“服务器列表”窗口中输入 iPad 的详细信息，并且单击“连接”按钮

3. 在“名称”框中输入连接的名称——例如，我的 iPad。

4. 在“网络地址”框中输入 IP 地址。

5. 保留其他默认的设置。

6. 单击“连接”按钮。JollyFast VNC 会显示“身份认证”对话框（见下图）。

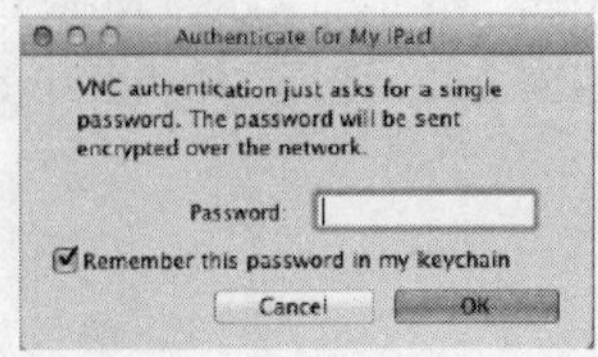

7. 在“密码”框中输入密码。

8. 如果你想要 OS X 存储密码以备将来使用的话，选择“在我的密码链中记住这个密码”复选框。

图 6-25　你的 iPad 的窗口会出现在“JollyFasst VNC”窗口上。在这里，颜色会有一点暗，但是操作起来会很不错

9. 单击“OK”按钮。JollyFast VNC 会在一个窗口中显示你的 iPad 的窗口（见图 6–25），你可以开始使用你的 iPad 了。

想要调整 iPad 的窗口的话，选择“视图 | 一半大小”或者按下“⌘+0”。如果你想要图像变大的话，你也可以选择“视图 | 实际尺寸（⌘+1）”或者“视图 | 双倍尺寸（⌘+2）”。

当你准备结束你的VNC会话的时候，选择"JollyFast VNC｜退出JollyFast VNC"。

项目 47：应用一个主题到 iPad 上面

如果你想要使你的 iPad 的用户界面看起来与众不同的话，你可以在上面应用一个主题。一个主题就是一个不同的外观——壁纸、图标等。

你可以使用 Cydia 下载一个主题，或者在网站上找到主题，并且自己应用它们。

使用 Cydia 安装一个主题

想要使用 Cydia 安装一个主题的话，请按照如下步骤进行操作。

1. 如果 Cydia 没有在运行的话，在主窗口上点击"Cydia"按钮来运行它。
2. 点击"分类"选项卡来显示"分类"窗口。

你也可以搜索主题。例如，点击"搜索"按钮，然后在"搜索"窗口上输入"主题"——或者，如果你正在搜索一个你知道名称的主题的话，在名称中输入一个独特的单词。

3. 向下滑动到列表的"主题"部分。你将会发现在这里有大量的不同项目——主题、主题（运营商）、主题（完整的）、主题（系统）等。
4. 点击你想要浏览的主题的类别。
5. 点击你想要查看的主题。"详细信息"窗口就会出现。
6. 如果你想要安装主题的话，点击"安装"按钮。"确认"窗口就会出现。
7. 点击"确认"按钮。Cydia 会运行安装程序，它会下载并安装它。
8. 点击"返回到Cydia"按钮来返回到Cydia，如果主题需要重启的话，点击"重启设备"按钮。

大多数你使用Cydia安装的主题都包括用来选择主题的WinterBoard应用程序。如果你选择的主题不包括 WinterBoard 的话，或者如果你想手动下载并安装一个主题的话，在 Cydia 中搜索"Winterboard"，并且自己安装它。

手动安装一个主题

使用 Cydia 安装一个主题是很容易的，但是你在网上能够找到在 Cydia 包中不可用的其他主题。你需要手动安装这样的主题。请按照如下步骤进行操作。

1. 将主题下载到你的计算机上。
2. 解压缩包含主题的压缩文件。你将会获得一个包含主题文件的文件夹。
3. 使用 FileZilla 连接到你的 iPad 上，如项目 43 中描述的那样。
4. 将包含主题文件的文件夹复制到 /var/stash/Themes/ 文件夹中。

现在，你可以使用 WinterBoard 应用主题，如下一章节中描述的那样。

使用 WinterBoard 应用一个主题

在使用 Cydia 安装一个主题（或者手动安装它）以后，使用 WinterBoard 来应用主题。请按照如下步骤进行操作。

1. 按下主键来显示主窗口。
2. 点击“WinterBoard”按钮来运行“WinterBoard”应用程序（见下图）。

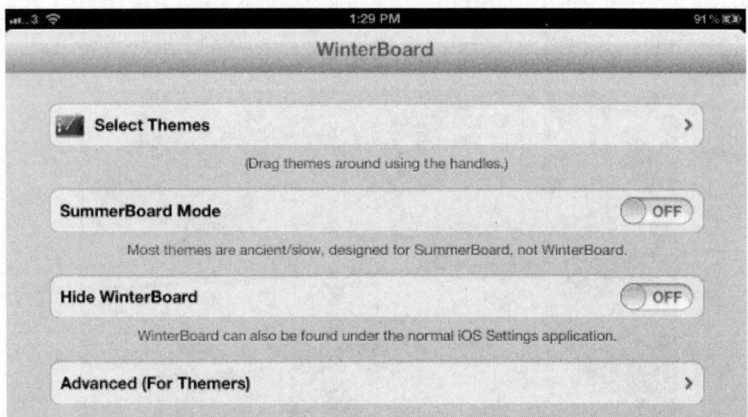

3. 点击“选择主题”按钮来显示“主题”窗口（见图 6-26）。

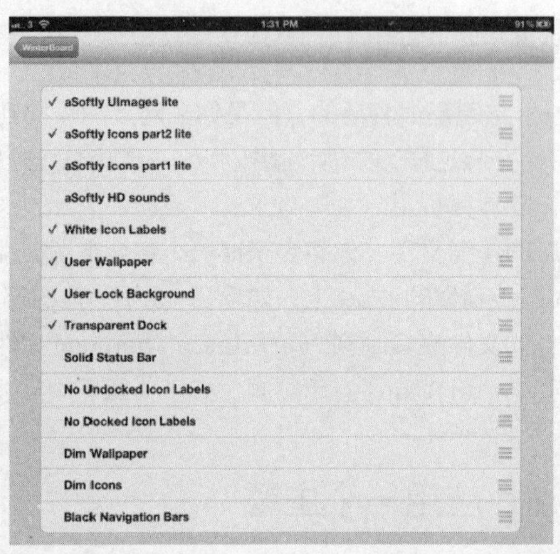

图 6-26　在每一个你想要使用的主题上面放置一个复选标记。
你也可以通过抓住每一个按钮右边的控制键来上下拖动主题

4. 在每一个你想要使用的项目上放置一个复选标记。
5. 或者，使用右边的控制键来将拖曳主题，将它们变成另外一个顺序。
6. 点击在左上角的“WinterBoard”按钮来返回到“WinterBoard”窗口。
7. 点击左上角的“重启桌面”按钮来重新登录首页。然后你会看见主题，见图 6-27。

图 6-27　在你重新启动桌面以后，你选择的主题就会出现

项目 48：使仅用于 Wi-Fi 的应用程序在 3G 连接上运行

一些应用程序被设计为只能在 Wi-Fi 连接上运行，而不能既在 Wi-Fi 连接上又在 3G 连接上运行。通常的原因是因为应用程序通常会以不是很好的速度通过一个正常数据流量限额运行传输足够大数量的数据。

但是如果你有一个数据量很大的蜂窝 iPad，或者如果这个应用程序是如此重要，以至于你准备为你的运行支付额外的费用，你可能想要在 3G 上运行一个应用程序。

想要这样做的话，你需要一个叫作“My 3G”的应用程序。“My 3G”在 Cydia 商店需要花费 3.99 美元，但是有一个为期 3 天的免费试用期，这样的话，你将很可能想要先测试一下看看它是否适合你。

获取并安装“My 3G”

运行 Cydia，点击“搜索”选项卡来显示“搜索”窗口，然后搜索“My 3G”。点击搜索结果来显示“详细信息”窗口，点击“安装”按钮，然后点击“确认”按钮。当“完成”窗口出现的时候，点击“重新启动首页”按钮来重新启动首页。

在主窗口上点击“My 3G”图标来登录“My 3G”。如果你正在使用试用版本的话，在“欢迎来到 My 3G”窗口上点击“开始试用”按钮。然后，“My 3G”会下载一个使用许可，在这之后你不得不重新启动首页。

最简单的重新启动首页的方法就是通过在主窗口的状态栏上滑动你的手指来显示 SBSettings，然后点击“重启桌面”按钮。

现在，在主窗口上点击“My 3G”图标来再一次登录“My 3G”，然后你就可以使用了。

分辨哪个应用程序需要在 3G 上面运行

现在，你需要做的就是分辨哪些应用程序是你想要在 3G 上运行的。通常情况下，你将只挑选特定的应用程序，而不是让很多的应用程序疯狂地运行超过你的数据流量限额。

在“My 3G”窗口（见图 6-28 左侧）上，点击代表每一个你想要使用的应用程序的按钮，在它旁边放置一个复选标记。

在 3G 连接上运行你的应用程序

现在，你可以在 3G 网络上而不是 Wi-Fi 无线网络上运行那些你选择的应用程序。如果你尝试运行一个应用程序，并且它给出信息说它需要 Wi-Fi 无线网络的话，像这样打开直接标志。

1. 返回到“My 3G”应用程序。例如，连续两次快速按下主键，然后在应用程序切换栏上点击“My 3G”图标。

2. 点击在应用程序按钮上的“>”按钮来显示“设置”窗口（见图 6-28 右侧）。

3. 点击“使用直接标志”开关，并且将它移动到开启位置。

现在，再试一次这个应用程序，它应该可以在 3G 上工作了。

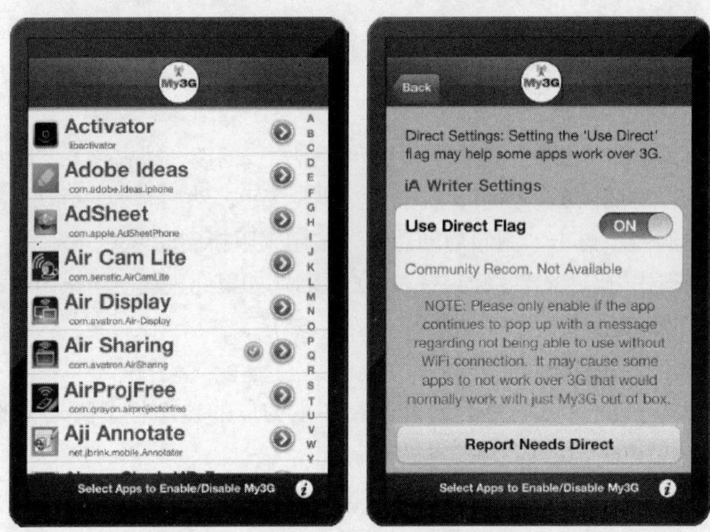

图 6-28　在“My 3G”窗口（左侧）上，在每一个你想要在 3G 上运行的应用程序处放置一个复选标记。如果你发现一个应用程序显示它需要 Wi-Fi 的警告信息的话，在“My 3G”窗口上点击在应用程序按钮上的“>”按钮来显示“设置”窗口（右侧）。然后将“使用直接标志”开关移动到开启位置

项目 49：玩模拟游戏

在“苹果商店”中，你可以找到大量的游戏，但是人们还想玩很多很老的游戏：世

嘉 5 代、任天堂和超级任天堂、Game Boy Advance、PlayStation……甚至于古老的街机游戏。

想要玩不是设计在 iPad 上运行的游戏的话，你需要安装和使用一个模拟器。

这个项目将告诉你如何让模拟器运行，如何在模拟器上安装游戏，以及如何运行游戏。

安装你的模拟器，并且让它运行

游戏机	模拟器	花费
世嘉 5 代	genesisphone	免费的
Game Boy Advance	gpSPhone	4.99 美元
街机游戏	mame4iphone	免费的
任天堂	NES	5.99 美元
超级任天堂	snes4iphone	免费的
PlayStation	psx4iphone	2.99 美元

想要获取这些模拟器的其中之一，请按照如下这些通用步骤进行操作。

1. 通过在主窗口上点击 Cydia 的图标来打开它。
2. 点击"搜索"选项卡来显示"搜索"窗口。
3. 通过名称来搜索模拟器。
4. 点击搜索结果来显示"详细信息"窗口。
5. 点击"安装"按钮。Cydia 会显示"确认"窗口。
6. 点击"确认"按钮。Cydia 会运行安装程序，它会下载并安装应用程序。
7. 点击"返回到 Cydia"按钮或者"重新登录主页"按钮。

在模拟器上安装游戏

想要安装一个游戏的话，如本章前面内容项目 43 中描述的那样，使用 FileZilla 连接到你的 iPad。然后使用 FileZilla 将游戏的 ROM 复制到你的 iPad 上合适的文件夹中。

- 世嘉 5 代。/var/mobile/Media/ROMs/GENESIS/

一个 ROM 就是包含游戏的只读存储文件。如果你没有想要安装的游戏机的 ROM 的话，你肯定可以在互联网上能找到它们。检查一下是谁在合法地发布它们是一个好主意。

- Game Boy Advance。/var/mobile/Media/ROMs/GBA/

对于 Game Boy Advance 来说，你也必须在 /var/mobile/Media/ROMs/GBA/ 文件夹中安装一个叫作 gba_bios.bin 的文件。你可以通过在线搜索来找到这个文件。

- 各种街机模拟器。/var/mobile/Media/ROMs/MAME/roms/
- 任天堂。/var/mobile/Media/ROMs/NES/
- 超级任天堂。/var/mobile/Media/ROMs/SNES/
- PlayStation。/var/mobile/Media/ROMs/PSX/

对于 PlayStation 来说，你也必须在 /var/mobile/Media/ROMs/PSX/ 文件夹中安装一个叫作 scph1001.bin 的文件，你可以通过在线搜索来找到这个文件。如果你不能通过使用谷歌找到这个文件的话，试一下雅虎。

在模拟器上运行游戏

在安装完游戏以后，你已经准备好要运行它们了。从主窗口上运行仿真器，从你已经安装的游戏列表中挑选游戏，然后开始运行。图 6-29 左侧窗口显示了在 genesis4iphone 模拟器上的游戏列表。图 6-29 右侧窗口显示了准备进行操作的《Sonic the Hedgehog》。

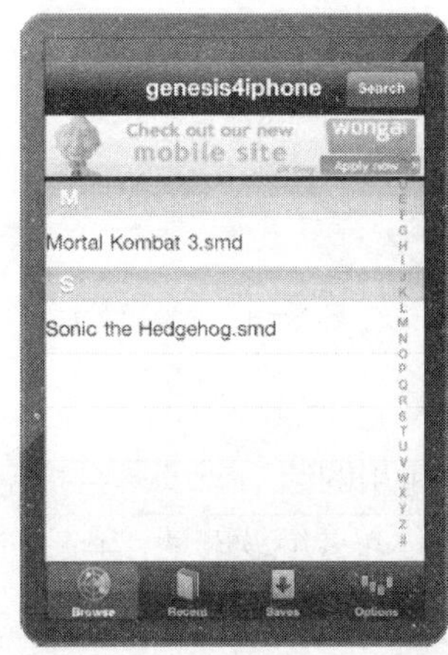

图 6-29　在模拟器中选择游戏（左侧），然后开始游戏（右侧）

项目 50：将你的 iPad 反“越狱”回去

在你将你的 iPad 按照本章开头所描述的那样“越狱”以后，你可能会发现你需要反“越狱”。这个项目将告诉你怎么做。

当你将你的 iPad 反“越狱”的时候，你将会失去 Cydia 和你已经安装的“越狱”应用程序。

想要反“越狱”你的 iPad 的话，请按照如下步骤进行操作。

1. 将你的 iPad 连接到你的计算机上，等待它出现在 iTunes 的“源”列表中。

2. 在“源”列表中的“设备”类别里单击进入你的 iPad 来显示“iPad”窗口。

3. 如果“摘要”选项卡没有显示的话，单击它。

4. 单击“恢复”按钮。iTunes 会显示一个“确认”对话框，见下图，来确保你知道你准备从设备上抹掉所有的数据。

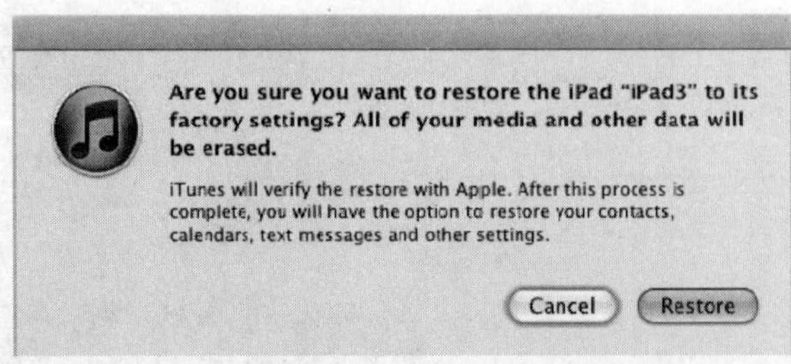

如果一个新版本的 iPad 软件可用的话，iTunes 会提示你恢复和升级设备，而不仅仅只是恢复它。如果你想要继续的话，单击“恢复并且升级”按钮；否则的话，单击“取消”按钮。

5. 单击“恢复”按钮来关闭对话框。iTunes 会抹掉设备的内容，然后恢复软件，并且在它工作的时候显示它的工作过程。

6. 在恢复过程结束的时候，iTunes 会重新启动你的 iPad。iTunes 在它这么做的时候会显示一个 10 秒的信息消息框。单击“完成”按钮，或者让倒计时器自动关闭那个信息框。

7. 当你的 iPad 重新启动以后，它会出现在 iTunes 中的“源”列表中。出现的不是 iPad 的普通选显卡窗口，而是“设置你的 iPad”窗口（如本章前面的图 6-32 所示）。

8. 想要恢复你的数据的话，确保“从备份恢复选项”按钮被选择，并且确定正确的 iPad 出现在下拉列表中。

9. 单击“继续”按钮。iTunes 会恢复你的数据，然后重新启动 iPad，在它这么做的时候会显示另外一个“倒计时”信息框。单击“完成”按钮，或者让倒计时计时器自动关闭信息框。

10. 在你的 iPad 重新启动并且出现在 iTunes 的“源“列表中以后，你就可以正常使用它了。